W0257084

Teubner Studienbücher

Mathematik

Ahlswede/Wegener: **Suchprobleme**
328 Seiten. DM 28,80

Ansorge: **Differenzenapproximationen partieller Anfangswertaufgaben**
298 Seiten. DM 29,80 (LAMM)

Böhmer: **Spline-Funktionen**
Theorie und Anwendungen. 340 Seiten. DM 28,80

Bröcker: **Analysis in mehreren Variablen**
einschließlich gewöhnlicher Differentialgleichungen und des Satzes von Stokes
VI, 361 Seiten. DM 29,80

Clegg: **Variationsrechnung**
138 Seiten. DM 17,80

Collatz: **Differentialgleichungen**
Eine Einführung unter besonderer Berücksichtigung der Anwendungen
5. Aufl. 226 Seiten. DM 24,80 (LAMM)

Collatz/Krabs: **Approximationstheorie**
Tschebyscheffsche Approximation mit Anwendungen. 208 Seiten. DM 28,–

Constantinescu: **Distributionen und ihre Anwendung in der Physik**
144 Seiten. DM 19,80

Fischer/Sacher: **Einführung in die Algebra**
2. Aufl. 240 Seiten. DM 18,80

Grigorieff: **Numerik gewöhnlicher Differentialgleichungen**
Band 1: Einschrittverfahren. 202 Seiten. DM 18,80
Band 2: Mehrschrittverfahren. 411 Seiten. DM 29,80

Hainzl: **Mathematik für Naturwissenschaftler**
2. Aufl. 311 Seiten. DM 29,– (LAMM)

Hässig: **Graphentheoretische Methoden des Operations Research**
160 Seiten. DM 26,80 (LAMM)

Hilbert: **Grundlagen der Geometrie**
12. Aufl. VII, 271 Seiten. DM 25,80

Jaeger/Wenke: **Lineare Wirtschaftsalgebra**
Eine Einführung
Band 1: vergriffen
Band 2: IV, 160 Seiten. DM 19,80 (LAMM)

Jeggle: **Nichtlineare Funktionalanalysis**
Existenz von Lösungen nichtlinearer Gleichungen. 255 Seiten. DM 24,80

Kall: **Mathematische Methoden des Operations Research**
Eine Einführung. 176 Seiten. DM 24,80 (LAMM)

Kochendörffer: **Determination und Matrizen**
IV, 148 Seiten. DM 17,80

Kohlas: **Stochastische Methoden des Operations Research**
192 Seiten. DM 24,80 (LAMM)

Fortsetzung auf der 3. Umschlagseite

Darstellungstheorie von endlichen Gruppen

Von Dr. rer. nat. Wolfgang Müller
o. Professor an der Universität Bayreuth

 B. G. Teubner Stuttgart 1980

Prof. Dr. rer. nat. Wolfgang Müller

Geboren 1942 in Huttendorf (CSSR). Von 1963 bis 1969
Studium der Mathematik und Physik. 1969 Promotion an
der Universität München. 1970/71 Stipendiat der
Deutschen Forschungsgemeinschaft. Von 1971 bis 1974
wissenschaftlicher Assistent. 1974 Habilitation.
1975 Wissenschaftlicher Rat und Professor an der
Universität München. Seit 1976 o. Professor an der
Universität Bayreuth.

CIP-Kurztitelaufnahme der Deutschen Bibliothek

Müller, Wolfgang:
Darstellungstheorie von endlichen Gruppen / von
Wolfgang Müller. - Stuttgart : Teubner, 1980.
  (Teubner-Studienbücher : Mathematik)
  ISBN 978-3-519-02060-8   ISBN 978-3-322-93107-8 (eBook)
  DOI 10.1007/978-3-322-93107-8

Gesamtherstellung: Beltz Offsetdruck, Hemsbach/Bergstraße
Umschlaggestaltung: W. Koch, Sindelfingen

Vorwort

Dieses Skriptum ist aus Vorlesungen hervorgegangen, die ich an
den Universitäten München und Bayreuth gehalten habe, und gibt
eine Einführung in die Darstellungstheorie endlicher Gruppen,
die etwa dem Umfang einer zweisemestrigen Vorlesung entspricht.
Das Skriptum ist insbesondere für Studenten der Mathematik nach
den Vorprüfungen gedacht, wenn auch an algebraischem Grundwissen
nur elementare Kenntnisse der Körper-, Gruppen- und Modultheorie
vorausgesetzt werden.

Der Inhalt besteht aus zwei Teilen. Der erste Teil befaßt sich
mit der gewöhnlichen Darstellungstheorie, bei der man Gruppen in
halbeinfache Algebren über einem Körper einbettet und die Darstellungen der Gruppen aus den Moduln über diesen Algebren erhält.

Der zweite Teil behandelt die modulare Darstellungstheorie. Dabei
werden zunächst die Grundlagen aus der Ring- und Modultheorie
dargelegt. Dann wird auf die Theorie der nicht-halbeinfachen
Gruppenalgebren eingegangen, wie sie vor allem von D.G. Higman,
J.A. Green und G.O. Michler aufgebaut worden ist. Schließlich
wird die klassische Methode der modularen Darstellungstheorie
entwickelt, bei der man von einem bewerteten Körper mit der
Charakteristik 0 zu dem Radikalfaktorring des zugehörigen Bewer-
tungsrings übergeht.

Einen genaueren Überblick gewinnt der Leser durch das Inhalts-
verzeichnis sowie den schematischen Leitfaden, der die logische
Abhängigkeit der einzelnen Abschnitte anzeigt. Insbesondere ist
zum Verständnis des zweiten Teils, wenn man von den Abschnitten
10.4 und 10.5 absieht, vom ersten Teil nur die Kenntnis der
Abschnitte 1.1 bis 1.3 und die Definition 2.11 der Gruppenalgebra notwendig.

Schließlich danke ich den Herren F. Dischinger und W. Zimmermann
für kritische Bemerkungen und dem Verlag für die gute Zusammen-
arbeit.

Bayreuth, im Juni 1980   W. Müller

Inhalt

Schematischer Leitfaden

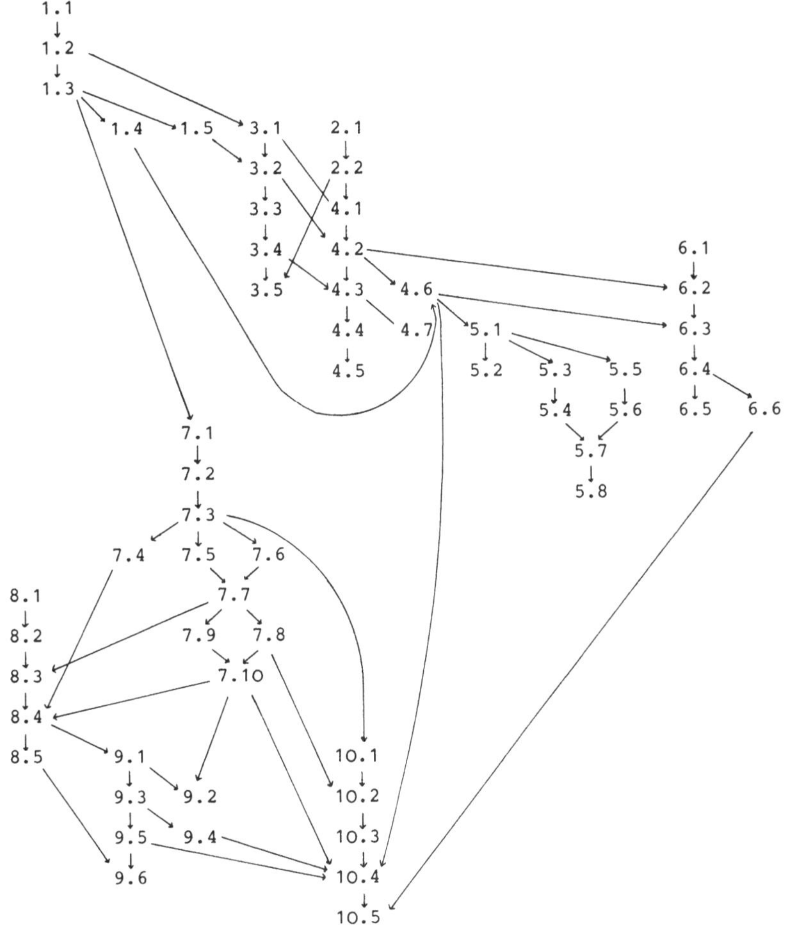

I. Gewöhnliche Darstellungstheorie.

§ 1. Halbeinfache Moduln und Ringe.

In diesem Paragraphen werden jene Hilfsmittel aus der Theorie der
halbeinfachen Moduln und Ringe bereitgestellt, die in der gewöhnlichen Darstellungstheorie von Bedeutung sind.

Dabei werden grundlegende modultheoretische Begriffe wie innere und
äußere direkte Summe von Moduln (beide bezeichnet mit $\oplus$), Basis
eines freien Moduls, unzerlegbarer (genauer: direkt unzerlegbarer) Modul, einfacher und maximaler Untermodul, Normalreihe, Kompositionsreihe und Länge eines Moduls als bekannt vorausgesetzt sowie der Homomorphiesatz, die Isomorphiesätze, das modulare Gesetz und der Satz
von Jordan-Hölder. Hierzu sei auf das Buch von Kasch [11] verwiesen.

Alle Ringe, die wir in dieser Ausarbeitung betrachten, seien Ringe
mit Einselement und alle Rechts- und Linksmoduln seien unitär. Bei
Moduln M über einem kommutativen Ring K wollen wir zwischen Rechts-
und Linksmoduln nicht unterscheiden, d.h. es sei km = mk für alle
$k \in K$, $m \in M$.

Im folgenden sei R ein Ring. Sein Einselement 1 wird in Zweifelsfäl-
len mit 1_R bezeichnet. Unter Modul wird ein R-Rechtsmodul verstan-
den. Ist M ein Modul, so bedeutet die Schreibweise $U \leq M$, daß U Untermodul von M ist.

1.1 Halbeinfache Moduln

__Lemma__ 1.1 . Sei M ein endlich erzeugter Modul und U ein echter Untermodul von M. Dann gibt es einen maximalen Untermodul V in M, der U
enthält.

Beweis (mit dem Lemma von Zorn). Sei $\mathfrak{M}$ die Menge $\{W \mid W \lneq M, U \leq W\}$
mit der Ordnung $\leq$. Wegen $U \in \mathfrak{M}$ ist $\mathfrak{M} \neq \emptyset$. Für eine Kette $\mathfrak{k}$ in $\mathfrak{M}$
zeigen wir, daß $W_o := \bigcup_{W \in \mathfrak{k}} W$ eine obere Schranke von $\mathfrak{k}$ in $\mathfrak{M}$ darstellt.
$U \leq W_o \leq M$ ist klar. Da M endlich erzeugt ist, gibt es Elemente

$m_1, \ldots, m_n \in M$ mit $M = \sum_{i=1}^{n} m_i R$. Angenommen $W_o = M$, dann gibt es $W_1, \ldots, W_n \in \mathcal{R}$ mit $m_i \in W_i$ für $i = 1, \ldots, n$. Da $\mathcal{R}$ eine Kette ist, existiert unter (den endlich vielen) $W_1, \ldots, W_n$ ein größter Modul W_{i_o}. Wegen $m_1, \ldots, m_n \in W_{i_o}$ ist dann $W_{i_o} = M$. Ein Widerspruch zu $W_{i_o} \in \mathcal{R}$!

Nach dem Lemma von Zorn existiert damit in $\mathfrak{M}$ ein maximales Element V. V ist maximaler Untermodul von M, was wir leicht einsehen, wenn wir das Gegenteil annehmen.

<u>Satz</u> 1.2 . Für einen Modul M sind äquivalent:

a) Jeder Untermodul von M ist Summe von einfachen Untermoduln.

b) M ist Summe von einfachen Untermoduln.

c) M ist direkte Summe von einfachen Untermoduln.

d) Jeder Untermodul von M ist direkter Summand von M.

Beweis. a $\Longrightarrow$ b. Trivial.

b $\Longrightarrow$ c. Sei $M = \sum_{i \in I} M_i$ die Summe einfacher Untermoduln M_i. Wir betrachten die Menge $\mathfrak{M} = \{J \mid J \subseteq I,$ die Summe $\sum_{i \in J} M_i$ ist direkt$\}$ mit der Ordnung $\subseteq$. Wegen $\emptyset \in \mathfrak{M}$ ist $\mathfrak{M} \neq \emptyset$. Für eine Kette $\mathcal{R}$ in $\mathfrak{M}$ zeigen wir, daß $J_o := \bigcup_{J \in \mathcal{R}} J$ eine obere Schranke von $\mathcal{R}$ in $\mathfrak{M}$ darstellt.

Sei $O = \sum_{i \in J_o} m_i$ mit $m_i \in M_i$ für $i \in J_o$. Da die Menge $J' := \{i \mid i \in J_o, m_i \neq O\}$ endlich oder leer ist, existiert $J_1 \in \mathcal{R}$ mit $J' \subseteq J_1$. Aus $O = \sum_{i \in J_1} m_i$ folgt nun $m_i = O$ für $i \in J_1$, d.h. $J' = \emptyset$. Also ist die Summe $\sum_{i \in J_o} M_i$ direkt.

Nach dem Lemma von Zorn existiert daher in $\mathfrak{M}$ ein maximales Element J^*. Angenommen $\sum_{i \in J^*} M_i \lneq M$, dann gibt es ein $i_o \in I$ mit $M_{i_o} \nsubseteq \sum_{i \in J^*} M_i$. Da M_{i_o} einfach ist, folgt $M_{i_o} \cap (\sum_{i \in J^*} M_i) = O$ und $J^* \cup \{i_o\} \in \mathfrak{M}$. Ein Widerspruch zur Maximalität von J^*! Also ist $M = \bigoplus_{i \in J^*} M_i$.

c $\Longrightarrow$ d. Sei $U \leq M = \bigoplus_{i \in I} M_i$, wobei M_i einfacher Untermodul von M ist für $i \in I$. Wir betrachten die Menge $\mathfrak{M} = \{J \mid J \subseteq I, U \cap \bigoplus_{i \in J} M_i = O\}$ mit der Ordnung $\subseteq$. Wegen $\emptyset \in \mathfrak{M}$ ist $\mathfrak{M} \neq \emptyset$. Ist $\mathcal{R}$ eine Kette in $\mathfrak{M}$, so machen wir uns leicht klar, daß $\bigcup_{J \in \mathcal{R}} J$ eine obere Schranke von $\mathcal{R}$ in $\mathfrak{M}$ ist.

Auf Grund des Lemmas von Zorn existiert nun in $\mathfrak{M}$ ein maximales Element

J^*. Wäre $U + \bigoplus_{i \in J^*} M_i \lneq M$, dann gibt es $i_o \in I$ mit $M_{i_o} \cap (U + \bigoplus_{i \in J^*} M_i) = O$; also ist auch $U \cap \bigoplus_{i \in J^* \cup \{i_o\}} M_i = O$, was einen Widerspruch zur Maximalität von J^* darstellt. Daher ist $M = U \oplus \bigoplus_{i \in J^*} M_i$.

$d \Longrightarrow a$. 1) Wir zeigen für alle $U \leq M$, daß jeder Untermodul $V \leq U$ ein direkter Summand von U ist: Nach Voraussetzung gibt es $W \leq M$ mit $V \oplus W = M$. Mit Hilfe des modularen Gesetzes folgt $V \oplus (W \cap U) = U$.
2) Wir zeigen für alle $U \leq M$, daß jeder Untermodul $O \neq V \leq U$ einen einfachen Untermodul enthält: Sei $O \neq v \in V$. In vR gibt es nach Lemma 1.1 einen maximalen Untermodul V'. Nach 1) existiert $V'' \leq vR$ mit $vR = V' \oplus V''$. Auf Grund der Maximalität von V' in vR und $V'' \cong vR/V'$ ist V'' einfach.
3) Sei nun $U \leq M$ und V die Summe aller einfachen Untermoduln von U. Wir haben zu zeigen: $V = U$.
Wäre $V \lneq U$, dann gibt es nach 1) $W \leq U$ mit $V \oplus W = U$. Nach 2) enthält W einen einfachen Untermodul W'. Aus $W' \leq U$ und W' einfach folgt $W' \leq V$. Somit haben wir in $W' \leq V \cap W$ einen Widerspruch.
Damit ist der Satz vollständig bewiesen.

<u>Definition</u> 1.3 . Ein Modul, der die Bedingungen von Satz 1.2 erfüllt, heißt halbeinfach.

Wir bezeichnen den Ring R, wenn wir ihn als R-Rechts- bzw. R-Linksmodul ansehen, mit R_R bzw. $_R R$.

<u>Folgerung</u> 1.4 . a) Summen, Unter- und Faktormoduln von halbeinfachen Moduln sind halbeinfach.
b) Ist R_R halbeinfach, dann ist jeder R-Rechtsmodul halbeinfach.

Beweis. a) In den ersten zwei Fällen prüft man leicht die Eigenschaft 1.2,b) nach.
Sei nun M ein halbeinfacher Modul. Jeder Faktormodul von M hat die Form M/U mit $U \leq M$. Nach 1.2,d) gibt es $V \leq M$ mit $U \oplus V = M$. V ist nach 1.2,a) Summe von einfachen Untermoduln. Wegen $M/U \cong V$ hat auch M/U diese Eigenschaft.

b) Sei M ein Modul. Für $m \in M$ setzen wir $R_m := R_R$. Nach a) ist $\bigoplus_{m \in M} R_m$ halbeinfach. Die Abbildung

$$\bigoplus_{m \in M} R_m \ni \sum_{m \in M} r_m \overset{\alpha}{\longmapsto} \sum_{m \in M} m\, r_m \in M$$

ist ein R-Epimorphismus, d.h. M ist isomorph zu dem Faktormodul

4

$(\bigoplus_{m \in M} R_m)/\text{Ke}(\alpha)$. Nach a) ist daher M halbeinfach.

<u>Satz</u> 1.5 . Sei M ein halbeinfacher Modul von endlicher Länge und
seien $M = \bigoplus_{i=1}^{m} U_i = \bigoplus_{j=1}^{n} V_j$ zwei Zerlegungen von M in eine direkte
Summe von einfachen Untermoduln. Dann gilt:

a) m = n.

b) Es gibt eine Permutation σ aus der symmetrischen Gruppe $\mathcal{S}_n$, so
daß $U_i \cong V_{\sigma(i)}$ für $i = 1,\dots,n$.

Beweis. Wir betrachten die Normalreihen

$$\sum_{i=1}^{m} U_i > \sum_{i=1}^{m-1} U_i > \dots > U_1 + U_2 > U_1 > 0$$

und

$$\sum_{j=1}^{n} V_j > \sum_{j=1}^{n-1} V_j > \dots > V_1 + V_2 > V_1 > 0.$$

Wegen

$$(\sum_{i=1}^{k} U_i)/(\sum_{i=1}^{k-1} U_i) \cong U_k/(U_k \cap \sum_{i=1}^{k-1} U_i) = U_k/0 \cong U_k \text{ für } k=1,\dots,m$$

und

$$(\sum_{j=1}^{l} V_j)/(\sum_{j=1}^{l-1} V_j) \cong V_l \text{ für } l = 1,\dots,n$$

sind beide Normalreihen sogar Kompositionsreihen von M. Somit folgt
aus dem Satz von Jordan-Hölder die Behauptung.

<u>Lemma</u> 1.6 (Schur). a) Sind M und M' einfache Moduln und
$\alpha \in \text{Hom}_R(M, M')$, dann ist α ein Isomorphismus oder $\alpha = 0$.
b) Ist M ein einfacher Modul, dann ist $\text{End}_R(M)$ ein Schiefkörper.

Beweis. a) Ist $\alpha \neq 0$, dann gilt $\text{Ke}(\alpha) \subsetneq M$ und $0 \neq \text{Bi}(\alpha)$. Wegen der
Einfachheit von M und M' haben wir $0 = \text{Ke}(\alpha)$ und $\text{Bi}(\alpha) = M'$. Also
ist α ein Isomorphismus.

b) Nach a) ist jedes von Null verschiedene Element von $\text{End}_R(M)$ invertierbar, d.h. $\text{End}_R(M)$ ist ein Schiefkörper.

1.2 Idempotente

__Definition__ 1.7 . Ein Element $O \neq e \in R$ heißt Idempotent, wenn $e^2 = e$
ist. Zwei Idempotente $e, f \in R$ heißen orthogonal, wenn $ef = fe = O$ ist.
Ein Idempotent $e \in R$ heißt primitiv, wenn es kein Paar f, f' von orthogonalen Idempotenten in R gibt mit $e = f + f'$.
Ein Idempotent $e \in R$ heißt zentral, wenn es im Zentrum $Z(R)$ von R liegt.
Ein Idempotent $e \in R$ heißt zentral-primitiv, wenn e zentral ist und es
kein Paar f, f' von orthogonalen zentralen Idempotenten in R gibt mit
$e = f + f'$.
Eine Summe $\sum_{i=1}^{n} e_i$ heißt (primitive, zentrale, zentral-primitive) Zerle-
gung des Idempotents e in R, wenn $e_1, \ldots, e_n$ paarweise orthogonale
(primitive, zentrale, zentral-primitive) Idempotente in R sind mit
$e = \sum_{i=1}^{n} e_i$.
Ein Ideal in R, das von einem zentral-primitiven Idempotent erzeugt
wird, heißt Block. Danach heißen zentral-primitive Idempotente auch
Blockidempotente.

Ist e ein zentrales Idempotent in R, so ist $eR = Re = eRe$. Wir verwenden die Schreibweise eR bzw. Re, wenn wir dieses Ideal als R-Rechts-
bzw. R-Linksmodul betrachten; sehen wir es als Ring an, schreiben wir
eRe.
Bevor wir einen Zusammenhang zwischen den Idempotenten eines Ringes
und seiner Struktur herstellen, sei bemerkt, daß ein Idempotent
$1 \neq e \in R$ die Zerlegung $e + (1 - e)$ der 1 in R liefert.

__Lemma__ 1.8 .I) Seien $J_i \neq O$ für $i \in I$ Rechtsideale in R mit $R = \bigoplus_{i \in I} J_i$.
Dann ist I endlich. Für die eindeutig bestimmten Elemente $e_i \in J_i$ mit
$1 = \sum_{i \in I} e_i$ gilt neben $e_i R = J_i$ für $i \in I$:
a) $\sum_{i \in I} e_i$ ist eine Zerlegung der 1 in R.
b) Ist J_i unzerlegbar, dann ist e_i primitiv.
c) Sind J_i zweiseitige Ideale für alle $i \in I$, dann sind alle e_i zentral.
d) Sind J_i zweiseitige Ideale für alle $i \in I$ und ist J_{i_o} als zweiseitiges Ideal unzerlegbar, dann ist e_{i_o} zentral-primitiv.

II) Sei $\sum_{i=1}^{n} e_i$ eine Zerlegung der 1 in R. Für die Rechtsideale
$e_1 R, \ldots, e_n R$ gilt:

a) $R = \bigoplus_{i=1}^{n} e_i R$.

b) Ist e_i primitiv, dann ist $e_i R$ unzerlegbar.

c) Ist e_i zentral, dann ist $e_i R$ ein zweiseitiges Ideal.

c') Sind $e_1, \ldots, e_n$ zentral, dann annullieren sich die Ideale $e_i R$ paarweise und die Abbildung

$$R \ni r \longmapsto (e_1 r, \ldots, e_n r) \in \prod_{i=1}^{n} e_i R e_i$$

ist ein Ringisomorphismus.

d) Ist e_i zentral-primitiv, dann ist $e_i R$ unzerlegbar als zweiseitiges Ideal.

Beweis. I) Die Menge $I_o := \{i \mid i \in I, e_i \neq 0\}$ ist endlich. Aus $1 = \sum_{i \in I_o} e_i$ folgt $R = (\sum_{i \in I_o} e_i) R \subseteq \bigoplus_{i \in I_o} J_i$. Auf Grund von $J_i \neq 0$ für $i \in I$ ergibt sich daraus $I = I_o$.

Ist $r \in J_{i_o}$, dann gilt $r = \sum_{i \in I} e_i r$, d.h. $0 = \sum_{i \neq i_o} e_i r + (e_{i_o} r - r)$. Aus $R = \bigoplus_{i \in I} J_i$ folgt $e_{i_o} r = r$. Also ist $J_{i_o} = e_{i_o} R$.

Die Behauptungen a,b,c,d wie auch II) a,b,c',d sind ebenso leicht zu zeigen. Man nützt dabei die Eigenschaften der direkten Summe bzw. die Orthogonalität der Idempotente aus.

Lemma 1.9. Sind $\sum_{i=1}^{m} e_i$ und $\sum_{j=1}^{n} f_j$ zentral-primitive Zerlegungen der 1 in R, dann ist $\{e_1, \ldots, e_m\} = \{f_1, \ldots, f_n\}$.

Beweis. Die Elemente $e_i f_j$ mit $i = 1, \ldots, m$ und $j = 1, \ldots, n$ annullieren sich paarweise. Ist $e_i f_j \neq 0$, dann ist $e_i f_j$ ein zentrales Idempotent. Da $e_i = \sum_{j=1}^{n} e_i f_j$ und e_i zentral-primitiv ist, gibt es somit genau ein $j = j(i) \in \{1, \ldots, n\}$ mit $e_i = e_i f_{j(i)}$. Aus $f_{j(i)} = \sum_{k=1}^{m} e_k f_{j(i)}$ erhalten wir analog $f_{j(i)} = e_i f_{j(i)}$. Damit ist $f_{j(i)} = e_i$. Hieraus folgt $\{e_1, \ldots, e_m\} \subseteq \{f_1, \ldots, f_n\}$.

Analog zeigt man die entgegengesetzte Inklusion.

Lemma 1.10. Sei M ein Modul und $e \in R$ ein Idempotent. Dann gilt:

a) $\mathrm{Hom}_R(eR, M) \cong Me$ \quad (als abelsche Gruppen).

b) $\mathrm{End}_R(eR) \cong eRe$ \quad (als Ringe).

Beweis. a) Die Abbildung $\mathrm{Hom}_R(eR, M) \ni \alpha \longmapsto \alpha(e) \in Me$ ist ein Isomorphismus.

b) Setze in a) M = eR.

<u>Satz</u> 1.11 . R_R ist genau dann halbeinfach, wenn $_RR$ halbeinfach ist.

Beweis."$\Longrightarrow$". Ist R_R halbeinfach, dann ist R insbesondere eine direkte Summe von unzerlegbaren Rechtsidealen, und es gibt nach Lemma 1.8 eine primitive Zerlegung $\sum_{i=1}^{n} e_i$ der 1 in R. Außerdem ist e_iR einfach für i = 1,...,n. Es genügt zu zeigen, daß Re_i einfach ist für i = 1,...,n.

Sei $0 \neq a \in Re_i$. $\mathscr{r}(a) := \{r \mid r \in R, ar = 0\}$ bezeichne den Rechtsannullator von a in R. $\mathscr{r}(a)$ ist ein Rechtsideal in R mit der Eigenschaft $(1 - e_i)R \leq \mathscr{r}(a) \nleq R_R$. Da $R = e_iR \oplus (1 - e_i)R$ und e_iR einfach ist, ist $(1 - e_i)R$ maximal in R, also $(1 - e_i)R = \mathscr{r}(a)$. Wegen der Halbeinfachheit von R_R existiert $Q \leq R_R$ mit $aR \oplus Q = R$. Damit gibt es $r \in R$, $q \in Q$, so daß $ar + q = 1$ ist. Es folgt der Reihe nach: a = ara, $a(1 - ra) = 0$, $(1 - ra) \in \mathscr{r}(a) = (1 - e_i)R$, $e_i(1 - ra) = 0$ und $e_i = e_ira \in Ra$. Also ist Re_i einfach.

"$\Longleftarrow$". Analog.

<u>Definition</u> 1.12 . Ein Ring R heißt halbeinfach, wenn R_R halbeinfach ist. Ein Ring R heißt einfach, wenn O und R die einzigen zweiseitigen Ideale in R sind.

<u>Folgerung</u> 1.13 . Sei R halbeinfach und $e \in R$ ein Idempotent. Dann haben eR und Re die gleiche Länge: $l(eR) = l(Re) < \infty$.

Beweis. Sei $\sum_{i=1}^{m} e_i$ eine primitive Zerlegung von e in R. e_iR und Re_i sind nach dem Beweis von Satz 1.11 einfach. Aus $eR = \bigoplus_{i=1}^{m} e_iR$ und $Re = \bigoplus_{i=1}^{m} Re_i$ folgt die Behauptung.

<u>Satz</u> 1.14 . Ist R halbeinfach, dann gibt es eine zentral-primitive Zerlegung der 1 in R.

Beweis. Angenommen, es gibt keine solche Zerlegung, dann läßt sich jede zentrale Zerlegung der 1 in R echt "vergrößern" und es existiert eine zentrale Zerlegung mit mehr als $l(R_R)$ Summanden. Nach Lemma 1.8,IIa) hat dann R_R mehr als $l(R_R)$ echte direkte Summanden, was aber nicht sein kann.

$\underline{\text{Satz}}$ 1.15 . Sei R halbeinfach, $\sum\limits_{i=1}^{k} \epsilon_i$ eine zentral-primitive Zerlegung der 1 in R und seien M , N Moduln. Dann gilt:

a) Für $i = 1,\ldots,k$ ist $M\epsilon_i$ ein Untermodul von M, und $M = \bigoplus\limits_{i=1}^{k} M\epsilon_i$.

b) Zu jedem einfachen Untermodul $U \leq M$ gibt es genau ein $i \in \{1,\ldots,k\}$ mit $U \leq M\epsilon_i$. Ist V ein zu U isomorpher Untermodul von M, dann ist auch $V \leq M\epsilon_i$.

c) Alle einfachen Untermoduln von $M\epsilon_i$ sind isomorph.

d) $\text{Hom}_R(M , N) \cong \prod\limits_{i=1}^{k} \text{Hom}_R(M\epsilon_i , N\epsilon_i)$

   $\text{End}_R(M) \cong \prod\limits_{i=1}^{k} \text{End}_R(M\epsilon_i)$.

Beweis. a) Trivial.

b) Aus U einfach und $U = \bigoplus\limits_{i=1}^{k} U\epsilon_i$ folgt der erste Teil. Ist $\alpha: U \longrightarrow V$ ein Isomorphismus, dann gilt

$V = \alpha(U) = \alpha(U\epsilon_i) = \alpha(U)\epsilon_i = V\epsilon_i \leq M\epsilon_i$.

c) Sei U ein einfacher Untermodul von $M\epsilon_i$. Wegen $U = U\epsilon_i$ existiert ein Epimorphismus $\beta: \epsilon_i R \longrightarrow U$. Da $\epsilon_i R$ halbeinfach ist, ist $\text{Ke}(\beta)$ ein direkter Summand von $\epsilon_i R$. Nach dem Homomorphiesatz kommt daher U bis auf Isomorphie in $\epsilon_i R$ vor. Es bedeutet also keine Einschränkung, wenn wir die Behauptung nur für $M = R_R$ beweisen. Dies ist in Satz 1.16 mit enthalten.

d) Ist $\alpha \in \text{Hom}_R(M , N)$, dann gilt $\alpha(M\epsilon_i) = \alpha(M)\epsilon_i \leq N\epsilon_i$ für $i = 1,\ldots,k$. Bezeichnet α_i die Abbildung

$$M\epsilon_i \ni m\epsilon_i \longmapsto \alpha(m\epsilon_i) \in N\epsilon_i$$

für $i = 1,\ldots,k$, dann lautet "der" gesuchte Isomorphismus

$$\text{Hom}_R(M , N) \ni \alpha \longmapsto (\alpha_1,\ldots,\alpha_k) \in \prod\limits_{i=1}^{k} \text{Hom}_R(M\epsilon_i , N\epsilon_i)$$

Diese Abbildung ist im Fall $M = N$ ein Ringisomorphismus.

$\underline{\text{Satz}}$ 1.16 . Sei R und $\sum\limits_{i=1}^{k} \epsilon_i$ wie in Satz 1.15. Dann gibt es genau k Isomorphieklassen von einfachen Moduln.

Beweis. Sei $R_R = \bigoplus\limits_{i=1}^{n} U_i$ eine direkte Summe einfacher Untermoduln. Da jeder einfache Modul bis auf Isomorphie in R vorkommt, enthält die Menge $\{U_1,\ldots,U_n\}$ nach Satz 1.5 ein vollständiges Repräsentantensystem der Isomorphieklassen aller einfachen Moduln; dieses sei ohne Einschränkung $\{U_1,\ldots,U_m\}$ mit $m \leq n$.

$m \geq k$: Jeder Block $\varepsilon_i R$ besitzt einen einfachen Untermodul V_i. $V_1, \ldots, V_k$ sind nach Satz 1.15,b) paarweise nichtisomorph.

$m \leq k$: Ist $U_i \cong U_j$ mit $i \in \{1, \ldots, m\}$ und $j \in \{1, \ldots, n\}$, dann gibt es einen Homomorphismus $\alpha: R_R \longrightarrow R_R$ mit $\alpha(U_i) = U_j$. Wegen $\alpha(U_i) = \alpha(1)U_i$ liegt daher jeder zu U_i isomorphe Modul U_j in dem zweiseitigen Ideal $\hat{U}_i := \sum_{r \in R} rU_i \leq R$. (Für $r \in R$ ist nach dem Lemma von Schur $rU_i \cong U_i$ oder $rU_i = 0$.) Also gilt $R = \sum_{i=1}^{m} \hat{U}_i$.

Die Ideale $\hat{U}_i$ annullieren sich gegenseitig. Ist nämlich $\hat{U}_i \hat{U}_j \neq 0$, so gibt es r_i, $r_j \in R$ und $u_i \in U_i$, $u_j \in U_j$ mit $r_i u_i r_j u_j \neq 0$. Damit ist der Homomorphismus

$$U_j \ni u \longmapsto r_i u_i r_j u \in r_i U_i$$

nach dem Lemma von Schur ein Isomorphismus, und folglich $i = j$.

Es gibt nun Elemente $e_i \in \hat{U}_i$ mit $1 = \sum_{i=1}^{m} e_i$. Da diese sich gegenseitig annullieren und $\hat{U}_1, \ldots, \hat{U}_m$ zweiseitige Ideale sind, sind $e_1, \ldots, e_m$ orthogonale zentrale Idempotente, was $m \leq k$ zur Folge hat.

Satz 1.17 . Ein einfacher Ring, der ein einfaches Rechtsideal enthält, ist halbeinfach.

Beweis. Sei U ein einfaches Rechtsideal in dem einfachen Ring R. $\hat{U} := \sum_{r \in R} rU$ ist ein zweiseitiges Ideal in R, also $U = R$. Folglich ist R Summe von einfachen Rechtsidealen.

Wir erhalten aus dem Beweis von Satz 1.16 auch, daß jedes nichttriviale zweiseitige Ideal in einem halbeinfachen Ring Summe von Blöcken ist. Es wird somit von einem zentralen Idempotent erzeugt.

1.3 Endomorphismenringe

Satz 1.18 . Der Endomorphismenring eines halbeinfachen Moduls von endlicher Länge ist halbeinfach.

Beweis. Sei $M = \bigoplus_{i=1}^{n} U_i$ eine direkte Summe einfacher Untermoduln U_i, $S = \text{End}_R(M)$, $\pi_i': M \longrightarrow U_i$ die Projektion und $\iota_i: U_i \longrightarrow M$ die Inklusion.

Setze $\pi_i := \iota_i \pi_i'$. $\sum_{i=1}^{n} \pi_i$ ist eine Zerlegung der $1 = \text{id}_M$ in S. Es genügt zu zeigen, daß $\pi_i S$ einfach für alle $i = 1, \ldots, n$ ist.

Sei $\alpha \in S$ mit $\pi_i \alpha \neq 0$. Dann ist auch $\pi_i' \alpha \neq 0$ und somit $\pi_i' \alpha$ ein Epimorphismus. Da M halbeinfach ist, gibt es $U \leq M$ mit $M = \mathrm{Ke}(\pi_i'\alpha) \oplus U$. Bezeichnet $\iota: U \longrightarrow M$ die Inklusion, so ist $\beta := \pi_i'\alpha\iota$ ein Isomophismus. Es folgt:

$$\pi_i = \iota_i\pi_i' = \iota_i(\pi_i'\alpha\iota)\beta^{-1}\pi_i' = \pi_i\alpha(\iota\beta^{-1}\pi_i') \in \pi_i\alpha S.$$

Dies war zu zeigen.

<u>Satz</u> 1.19 . Sei $M = \bigoplus\limits_{i=1}^{n} U_i$ eine direkte Summe isomorpher Untermoduln U_i, $D = \mathrm{End}_R(U_1)$ und $S = \mathrm{End}_R(M)$. Dann ist S isomorph zum Matrizenring $D_{n \times n}$ der $n \times n$-Matrizen über D.

Beweis. Seien die Homomorphismen π_i', ι_i, π_i wie im vorangegangenen Beweis definiert, und sei $f_i: U_1 \longrightarrow U_i$ ein Isomorphismus für $i = 1,\ldots,n$. Die Abbildung

$$S \ni \alpha \longmapsto ((f_i^{-1}\pi_i'\alpha\iota_j f_j))_{i,j=1}^{n} \in D_{n \times n}$$

ist ein Ringisomorphismus. Die Umkehrabbildung lautet:

$$D_{n \times n} \ni ((d_{ij}))_{i,j=1}^{n} \longmapsto \sum_{i,j=1}^{n} \iota_i f_i d_{ij} f_j^{-1}\pi_j' \in S$$

<u>Bemerkung</u>. Sei Z_i bzw. S_i die Menge aller Elemente von $D_{n \times n}$, bei denen nur die i-te Zeile bzw. Spalte besetzt ist. Es ist klar, daß $Z_1,\ldots,Z_n$ bzw. $S_1,\ldots,S_n$ isomorphe Rechts- bzw. Linksideale von $D_{n \times n}$ sind. Ist D ein Schiefkörper, dann sind $Z_1,\ldots,Z_n$ und $S_1,\ldots,S_n$ einfach.

<u>Satz</u> 1.20 (Wedderburn). Jeder halbeinfache Ring R ist isomorph zu einem endlichen Produkt von Matrizenringen über Schiefkörpern: Ist $\sum\limits_{i=1}^{k} \varepsilon_i$ eine zentral-primitive Zerlegung der 1 in R, $E_i \leq \varepsilon_i R$ ein einfacher Untermodul, $D^i = \mathrm{End}_R(E_i)$ und $n_i = 1(\varepsilon_i R)$ für $i = 1,\ldots,k$, dann ist $R \cong \prod\limits_{i=1}^{k} D^i_{n_i \times n_i}$.

Beweis. Nach Lemma 1.8 und Satz 1.14 ist $R \cong \prod\limits_{i=1}^{k} \varepsilon_i R\varepsilon_i$, und nach Lemma 1.10 $\varepsilon_i R\varepsilon_i \cong \mathrm{End}_R(\varepsilon_i R)$. $\varepsilon_i R$ ist direkte Summe von n_i einfachen Untermoduln, die nach Satz 1.15,c) alle zu E_i isomorph sind. Damit folgt die Behauptung sofort aus Satz 1.19.

Jeder R-Rechtsmodul M kann als Linksmodul über seinem Endomorphismenring $S = \mathrm{End}_R(M)$ aufgefaßt werden: Setze

$$\alpha m := \alpha(m) \quad \text{für alle } \alpha \in S, \ m \in M.$$

Somit ist im letzten Satz E_i ein D^i-Linksvektorraum, dessen Dimension mit $[E_i : D^i]$ bezeichnet wird.

Satz 1.21 . Mit den Bezeichnungen von Satz 1.20 gilt:
$[E_i : D^i] = n_i$.

Beweis. Sei $\sum_{j=1}^{n_i} e_j$ eine primitive Zerlegung von ε_i in R. Ohne Einschränkung setzen wir $E_i := e_1 R$ und $D^i = e_1 R e_1$. Da die Anwendung eines Endomorphismus auf $e_1 R$ der Linksmultiplikation mit einem Element von $e_1 R e_1$ entspricht, untersuchen wir $e_1 R$ als natürlichen $e_1 R e_1$-Linksmodul.
Es gilt:
$$e_1 R = e_1 R \varepsilon_i = \bigoplus_{j=1}^{n_i} e_1 R e_j.$$

Dabei ist $e_1 R e_j$ für $j = 1, \ldots, n_i$ ein $e_1 R e_1$-Linksmodul, der zu $e_1 R e_1$ isomorph ist, was durch die R-Isomorphie von $R e_1$ und $R e_j$ impliziert wird. Folglich gilt $[e_1 R : e_1 R e_1] = n_i$.

Satz 1.22 . Sind $D^1, \ldots, D^k$ Schiefkörper und $n_1, \ldots, n_k$ natürliche Zahlen, dann ist $\prod_{i=1}^{k} D^i_{n_i \times n_i}$ ein halbeinfacher Ring. Sein Zentrum ist $\prod_{i=1}^{k} 1_{n_i} \cdot Z(D^i)$, wobei 1_{n_i} die Einheitsmatrix in $D^i_{n_i \times n_i}$ bezeichnet.

Beweis. Sei V_i ein n_i-dimensionaler D^i-Rechtsvektorraum und $V = \prod_{i=1}^{k} V_i$ der natürliche Rechtsmodul über $R := \prod_{i=1}^{k} D^i$. V ist halbeinfach von endlicher Länge und $\mathrm{End}_R(V) \cong \sum_{i=1}^{k} D^i_{n_i \times n_i}$. Nach Satz 1.18 folgt daraus die erste Behauptung.
Es genügt, die Aussage über das Zentrum für $k = 1$ zu beweisen, was leicht gelingt, wenn man die Zentralität von Matrizen aus $D^1_{n_1 \times n_1}$ dadurch überprüft, daß man sie zuerst mit Matrixeinheiten und dann mit Matrizen der Form $1_{n_1} \cdot d$, $d \in D$ vertauscht.

1.4 Dualität halbeinfacher Ringe

In diesem Abschnitt schreiben wir Homomorphismen von Rechtsmoduln wie üblich links von den Elementen, aber Homomorphismen von Linksmoduln rechts von den Elementen.

Definition 1.23 . Der Annullator $\mathrm{ann}_R(M)$ eines Moduls M in R ist die Menge $\{r \mid r \in R,\ mr = 0$ für alle $m \in M\}$. Ein Modul M heißt treu, wenn $\mathrm{ann}_R(M) = 0$ ist.

$\underline{\text{Satz}}$ 1.24 . Sei R halbeinfach und $\sum\limits_{i=1}^{k} \varepsilon_i$ eine zentral-primitive Zerlegung der 1 in R. Ein Modul M ist genau dann treu, wenn $M\varepsilon_i \neq 0$ ist für $i = 1,\ldots,k$.

Beweis. "$\Longrightarrow$". Trivial.

"$\Longleftarrow$". Es genügt zu bemerken, daß $\text{ann}_R(M)$ ein zweiseitiges Ideal in R ist, also eine Summe von Blöcken. Folglich enthielte $\text{ann}_R(M)$ im Falle $\text{ann}_R(M) \neq 0$ ein zentral-primitives Idempotent.

$\underline{\text{Lemma}}$ 1.25 . Sei D ein Schiefkörper und m,n natürliche Zahlen. Die Menge $P = D_{m \times n}$ aller m×n-Matrizen über D ist ein Rechtsmodul über $R = D_{n \times n}$ und ein Linksmodul über $S = D_{m \times m}$. Die Zeilen von P sind einfache R-Rechtmoduln und die Spalten von P einfache S-Linksmoduln. Die Abbildungen

$$S \ni s \longmapsto (p \longmapsto sp) \in \text{End}_R(P)$$

und

$$R \ni r \longmapsto (p \longmapsto pr) \in \text{End}_S(P)$$

sind Ringisomorphismen. O und P sind die einzigen S-R-Biuntermoduln von P.

Beweis. Wir zeigen hier nur, daß jeder R-Endomorphismus α von P einer Linksmultiplikation $s\cdot-$ mit einem Element $s \in S$ entspricht. Der Rest ist einfach.

Seien p_{ij} die Matrixeinheiten von P und r_{ij} die von R. $p_{i1}R$ besteht aus allen Matrizen von P, bei denen nur die i-te Zeile besetzt ist. Folglich ist $P = \bigoplus\limits_{i=1}^{m} p_{i1}R$. α wird also vollständig durch die Bilder der Elemente $p_{11},\ldots,p_{m1}$ beschrieben. Wegen $p_{i1} = p_{i1}r_{11}$ gilt $\alpha(p_{i1}) = \alpha(p_{i1})r_{11} \in Pr_{11}$. Da aber Pr_{11} aus allen Matrizen von P besteht, bei denen nur die erste Spalte besetzt ist, existieren $d_{1i},\ldots,d_{mi} \in D$ mit

$$\alpha(p_{i1}) = \begin{pmatrix} d_{1i} & 0 & \ldots & 0 \\ \vdots & & & \vdots \\ d_{mi} & 0 & \ldots & 0 \end{pmatrix}.$$

Somit entspricht α der Linksmultiplikation mit

$$\begin{pmatrix} d_{11} & \cdots & d_{1m} \\ \vdots & & \vdots \\ d_{m1} & \cdots & d_{mm} \end{pmatrix} \in S.$$

<u>Satz</u> 1.26 . Sei R ein halbeinfacher Ring, P ein treuer Modul von end-
licher Länge und S = $\text{End}_R(P)$. Dann gilt:

a) S ist halbeinfach.
b) $\text{End}_S(P) \cong R$, d.h. die Rechtsmultiplikationen mit Elementen aus R
sind die einzigen S-Endomorphismen.
c) Zu jedem S-Untermodul U von P gibt es ein Idempotent $e \in R$ mit
U = Pe. U ist genau dann einfach, wenn e primitiv ist. Ist $f \in R$ ein
weiteres Idempotent, so sind Pe und Pf genau dann isomorph, wenn Re
und Rf isomorph sind.

Beweis. a) Folgerung 1.4,b) und Satz 1.18.

b) Wir setzen $T := \text{End}_S(P)$. Da P treu ist, ist die Abbildung
$R \ni r \longmapsto - \cdot r \in T$ ein Ringmonomorphismus. Wir identifizieren von nun an
R mit seinem Bild in T.

Das Zentrum von R liegt im Zentrum von T, denn für $p \in P, \tau \in T$ und
$r \in Z(R)$ gilt, weil die Rechtsmultiplikation mit $r \in Z(R)$ auch ein
R-Homomorphismus ist:

$$(p)r\tau = (pr)\tau = ((-\cdot r)p)\tau = (-\cdot r)((p)\tau) = ((p)\tau)r = (p)\tau r.$$

Folglich muß nur für jedes zentral-primitive Idempotent $\varepsilon \in R$ gezeigt
werden: $\varepsilon R \varepsilon = \varepsilon T \varepsilon$.

Da nun die Projektion $\pi := -\cdot \varepsilon \in S$ ein zentrales Idempotent in S ist,
gilt $\varepsilon T \varepsilon \cong \text{End}_S(P\varepsilon) \cong \text{End}_{\pi S \pi}(P\varepsilon)$. Außerdem ist $P\varepsilon$ ein treuer Modul
über $\varepsilon R \varepsilon$ und $\pi S \pi \cong \text{End}_{\varepsilon R \varepsilon}(P\varepsilon)$.

Wir können also ohne Einschränkung sogar annehmen, daß R ein einfacher Ring ist. Ist α ein Ringisomorphismus von R in einen Matrizen-
ring $D_{n \times n}$ über einem Schiefkörper D und m die Länge von P als R-Rechtsmodul, dann macht α den $D_{n \times n}$-Rechtsmodul $D_{m \times n}$ zu einem R-Rechtsmodul,
der zu P isomorph ist. Da die $D_{n \times n}$-Endomorphismen von $D_{m \times n}$ mit den
R-Endomorphismen von $D_{m \times n}$ übereinstimmen, ist nach Lemma 1.25 jeder
$\text{End}_R(D_{m \times n})$-Endomorphismus von $D_{m \times n}$ eine Rechtsmultiplikation mit
einem Element aus R, was zu zeigen war.

c) Da P ein halbeinfacher S-Linksmodul ist, ist U ein direkter Summand von P. Somit gibt es eine Projektion $\pi \in \text{End}_S(P)$ mit $P\pi = U$.
Nach b) existiert ein Ringisomorphismus $\alpha: \text{End}_S(P) \longrightarrow R$. Dieser bildet π wegen $\pi^2 = \pi$ auf ein Idempotent e ab. Für dieses gilt ebenso
Pe = U.

Ist U nicht einfach, dann gibt es $U_1, U_2 \leq U$ mit $U = U_1 \oplus U_2$ und zugehörige Projektionen $\pi_1, \pi_2 \in \text{End}_S(P)$ mit $\pi = \pi_1 + \pi_2$ und
$\pi_1 \pi_2 = \pi_2 \pi_1 = 0$. Folglich ist $e = \alpha(\pi_1) + \alpha(\pi_2)$ eine Zerlegung von e

in orthogonale Idempotente. Ist umgekehrt $e = e_1 + e_2$ eine solche, dann ist $U = Ue_1 \oplus Ue_2$, also U nicht einfach.

Ohne Einschränkung seien nun e und f primitiv. Sind Pe und Pf isomorph, dann gibt es ein $r \in R$ mit Pf = Per. Somit liegen e und f im gleichen Block von R. Sind umgekehrt Re und Rf isomorph, dann gibt es ein $r \in R$ mit Rf = Rer, woraus sich Pf = Per und daraus wiederum $Pf \cong Pe$ ergibt.

1.5 Zerfällungskörper

Für den Rest des Paragraphen sei R eine endlich-dimensionale Algebra über einem Körper K. Die Einbettung $K \ni k \longmapsto 1_R \cdot k \in R$ macht jeden R-Modul zu einem K-Vektorraum.

Definition 1.27 . K heißt Zerfällungskörper für R, wenn für alle einfachen R-Rechtsmoduln E die Einbettung

$$K \ni k \longmapsto id_E \cdot k \in End_R(E)$$

ein Isomorphismus ist.

Lemma 1.28 . Sei D ein Schiefkörper mit $K \leq Z(D)$ und $[D : K] < \infty$. Ist K algebraisch abgeschlossen, dann ist D = K.

Beweis. Sei $O \neq d \in D$. Betrachte die Körpererweiterung $K \subset K(d)$. Es ist $[K(d) : K] < \infty$. Bezeichnet $P \in K[X]$ das Minimalpolynom von d über K, dann ist $K(d) \cong K[X]/(P)$. Da K algebraisch abgeschlossen ist, hat P den Grad 1. Daher ist K(d) = K, also $d \in K$, was zu zeigen war.

Satz 1.29 . Ist K algebraisch abgeschlossen, dann ist K Zerfällungskörper für R.

Beweis. Sei E ein einfacher R-Rechtsmodul und $D = End_R(E)$. Es gilt $[D : K] \leq [End_K(E) : K] = [E : K]^2$. Da jeder einfache Modul Faktormodul von R ist, haben wir $[E : K] \leq [R : K] < \infty$, und somit auch $[D : K] < \infty$. Wegen $K \cong id_E \cdot K \leq Z(D)$ liefert jetzt Lemma 1.28 die Behauptung.

In der Definition 1.27 könnten wir die einfachen R-Rechtsmoduln auch durch die einfachen R-Linksmoduln ersetzen, zumindest wenn R halbeinfach ist, wie der nächste Satz zeigt, da die Bedingung b) darin symmetrisch bezüglich der Seiten ist.

Im folgenden nennen wir ein vollständiges Repräsentantensystem der Isomorphieklassen von einfachen R-Rechtsmoduln kurz Transversale von einfachen R-Rechtsmoduln.

$\underline{\text{Satz}}$ 1.30 . Sei R halbeinfach, $\{E_1,\ldots,E_k\}$ eine Transversale von einfachen R-Rechtsmoduln, und seien $e_1,\ldots,e_k$ Idempotente in R mit
$E_i \cong e_i\Gamma$ für $i = 1,\ldots,k$. Dann sind äquivalent:

a) K ist Zerfällungskörper für R.

b) Es gibt natürliche Zahlen $n_1,\ldots,n_k$, so daß R und $\prod\limits_{i=1}^{k} K_{n_i \times n_i}$ als
K-Algebren isomorph sind.

c) $\sum\limits_{i=1}^{k} [E_i : K]^2 = [R : K]$

d) $e_i R\, e_i = e_i K$ für $i = 1,\ldots,k$.

Beweis. a$\longrightarrow$b. Klar nach Satz 1.20.

b$\longrightarrow$c. Die "Zeilen" $z^i_1,\ldots,z^i_{n_i}$ von $K_{n_i \times n_i}$ sind isomorphe einfache
$K_{n_i \times n_i}$-Rechtsmoduln. Sie haben die K-Dimension n_i. Betrachten wir sie
als natürliche Moduln über $A := \prod\limits_{i=1}^{k} K_{n_i \times n_i}$, dann ist $\{z^1_1,\ldots,z^k_1\}$ eine
Transversale von einfachen A-Rechtsmoduln. Aus

$$\sum\limits_{i=1}^{k} [z^i_1 : K]^2 = \sum\limits_{i=1}^{k} n_i^2 = [A : K]$$

folgt c) auf Grund der Isomorphie von R und A.

c$\longrightarrow$d. Setzen wir $D_i := \text{End}_R(E_i)$, dann kommt nach Satz 1.21 E_i bis
auf Isomorphie genau $[E_i : D_i]$ -mal als direkter Summand in R_R vor.
Also gilt

$$[R : K] = \sum\limits_{i=1}^{k} [D_i : K][E_i : D_i]^2 \leq \sum\limits_{i=1}^{k} [E_i : K]^2 = [R : K].$$

Hieraus folgt $[D_i : K] = 1$ für $i = 1,\ldots,k$. Wegen $D_i \cong e_i Re_i$ ist auch
$[e_i Re_i : K] = 1$. Letzteres ist aber gleichbedeutend mit $e_i Re_i = e_i K$.

d$\longrightarrow$a. Trivial

$\underline{\text{Folgerung}}$ 1.31 . Sei R halbeinfach. Dann sind äquivalent:

a) R ist kommutativ und K ist Zerfällungskörper für R.

b) Jeder einfache R-Rechtsmodul ist eindimensional über K.

Beweis. a$\longrightarrow$b. Da R kommutativ ist, sind im letzten Satz $e_1,\ldots,e_k$
zentral-primitive Idempotente. Nach d) ist $e_i K = e_i Re_i = e_i R$, also
$e_i R$ eindimensional.

b$\longrightarrow$a. Es ist klar, daß K Zerfällungskörper für R ist. Mit Hilfe
von Satz 1.20 und Satz 1.21 ergibt sich, daß R kommutativ ist.

§ 2. <u>Darstellungen.</u>

Wir wollen hier den Zusammenhang zwischen den Matrizendarstellungen
einer Gruppe und den Rechtsmoduln über der zugehörigen Gruppenalgebra
untersuchen.

Da wir vorwiegend Rechtsmoduln betrachten, erweist es sich als vor-
teilhaft, wenn wir in diesem Paragraphen alle Homomorphismen rechts
von den Elementen schreiben.

2.1 <u>Darstellungen von Algebren</u>

Sei K ein Körper, R eine K-Algebra und seien M,N K-Vektorräume. Alle
auftretenden K-Algebrenhomomorphismen seien unitär.

Ein K-Isomorphismus α: M$\longrightarrow$N induziert den K-Algebrenisomorphismus

$$\text{End}_K(M) \ni \gamma \longmapsto \alpha^{-1}\gamma\alpha \in \text{End}_K(N),$$

den wir mit $\hat{\alpha}$ bezeichnen. Eine invertierbare Matrix $\alpha \in K_{n \times n}$ induziert
den K-Algebrenisomorphismus

$$K_{n \times n} \ni \varrho \longmapsto \alpha^{-1}\varrho\alpha \in K_{n \times n},$$

den wir mit $\hat{\alpha}$ bezeichnen. Ist $B = \{b_1, \ldots, b_n\}$ eine K-Basis von M, so
sei ω_B : $\text{End}_K(M) \longrightarrow K_{n \times n}$ der kanonische K-Algebrenisomorphismus zu B,
d.h. für $\gamma \in \text{End}_K(M)$ ist $(\gamma)\omega_B = ((k_{ij}))$, wobei die Koeffizienten
$k_{ij} \in K$ gegeben sind durch

$$(b_i)\gamma = \sum_{j=1}^{n} b_j k_{ij} \quad \text{für } i = 1, \ldots, n.$$

<u>Definition</u> 2.1 . a) Eine Darstellung von R in M ist ein K-Algebren-
homomorphismus ρ: R$\longrightarrow$End$_K$(M). Zwei Darstellungen ρ:R$\longrightarrow$End$_K$(M) und
ρ':R$\longrightarrow$End$_K$(N) heißen äquivalent, falls es einen K-Isomorphismus
α:M$\longrightarrow$N gibt, so daß $\rho' = \rho\hat{\alpha}$ ist.

b) Eine Matrizendarstellung von R mit Koeffizienten in K, die den
Grad n hat, ist ein K-Algebrenhomomorphismus π:R$\longrightarrow K_{n \times n}$. Zwei Matrizendarstellungen π:R$\longrightarrow K_{n \times n}$ und π':R$\longrightarrow K_{n \times n}$ heißen äquivalent,
falls es eine invertierbare Matrix $\alpha \in K_{n \times n}$ gibt, so daß $\pi' = \pi\hat{\alpha}$ ist.

<u>Satz</u> 2.2 . Sei [M : K] = n und B eine K-Basis von M. Dann induziert
ω_B eine Bijektion von der Menge der Darstellungen von R in M auf die
Menge der Matrizendarstellungen von R mit Koeffizienten in K, die den
Grad n haben.

Beweis. Einer Darstellung $\rho:R \longrightarrow End_K(M)$ wird die Matrizendarstellung $\rho\omega_B$ zugeordnet.

Satz 2.3 . Sei $[M : K] = [N : K] = n$ und B bzw. C eine K-Basis von M bzw. N. Zwei Darstellungen ρ und ρ' (wie in Definition 2.1,a)) sind genau dann äquivalent, wenn die Matrizendarstellungen $\rho\omega_B$ und $\rho'\omega_C$ äquivalent sind.

Beweis. Sei $B = \{b_1,...,b_n\}$, $C = \{c_1,...,c_n\}$ und $\kappa : N \longrightarrow M$ der K-Isomorphismus mit $(c_i)\kappa = b_i$ für $i = 1,...,n$. Dann ist das Diagramm

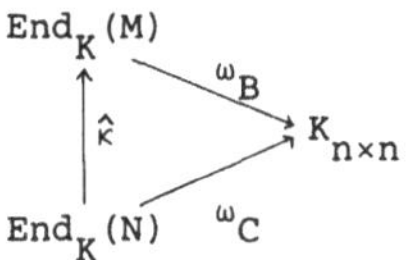

kommutativ, was man leicht an der durch C induzierten Basis von $End_K(N)$ überprüft.

Ist $\alpha:M \longrightarrow N$ ein K-Isomorphismus mit der Eigenschaft $\rho' = \rho\hat{\alpha}$, dann setzt man $\mathcal{A} := (\alpha\kappa)\omega_B$ und weist die Beziehung $\rho'\omega_C = \rho\omega_B\hat{\mathcal{A}}$ nach. Ist umgekehrt $\mathcal{A} \in K_{n\times n}$ invertierbar mit der Eigenschaft $\rho'\omega_C = \rho\,\omega_B\hat{\mathcal{A}}$, so gilt $\rho' = \rho\hat{\alpha}$, wobei α der K-Isomorphismus

$$M \ni m \longmapsto (m)(\mathcal{A})\omega_B^{-1}\kappa^{-1} \in N$$

ist.

Satz 2.4 . Es gibt eine Bijektion von der Menge der Darstellungen von R in M auf die Menge der R-Rechtsmodulstrukturen auf M :

a) Eine Darstellung $\rho:R \longrightarrow End_K(M)$ definiert durch

$$m \cdot r := (m)(r)\rho \quad \text{für alle } r \in R, m \in M$$

eine R-Rechtsmodulstruktur auf M. (M^ρ sei der zugehörige R-Rechtsmodul.)

b) Eine R-Rechtsmodulstruktur auf M liefert die Darstellung

$$R \ni r \longmapsto - \cdot r \in End_K(M) \ .$$

Beweis. Trivial.

Würden wir die Homomorphismen links von den Elementen schreiben, ergäben sich im letzten Satz R-Linksmodulstrukturen.

Satz 2.5 . Zwei Darstellungen ρ und ρ' (wie in Definition 2.1,a) sind genau dann äquivalent, wenn die zugehörigen R-Rechtsmoduln M^ρ und $N^{\rho'}$ isomorph sind.

Beweis. "$\Longrightarrow$". Sei $\alpha:M \longrightarrow N$ ein K-Isomorphismus mit $\rho' = \rho\hat{\alpha}$. α induziert einen R-Isomorphismus von M^ρ nach $N^{\rho'}$, denn für alle $m \in M$, $r \in R$ gilt:

$$(m \cdot r)\alpha = ((m)(r)\rho)\alpha = ((m)\alpha (r)\rho' \alpha^{-1})\alpha = ((m)\alpha)(r)\rho' =$$
$$= (m)\alpha \cdot r \ .$$

"$\Longleftarrow$". Ist β: $M^\rho \longrightarrow N^{\rho'}$ ein R-Isomorphismus, so gilt für alle $m \in M$, $r \in R$:

$$(m)(\beta \cdot (r)\rho') = ((m)\beta)(r)\rho' = (m)\beta \cdot r = (m \cdot r)\beta = (m)((r)\rho\beta) .$$

Also ist $\beta \cdot (r)\rho' = (r)\rho \cdot \beta$ für alle $r \in R$, woraus die Behauptung folgt.

<u>Definition</u> 2.6 . Sei M ein R-Rechtsmodul, ρ die zu M gemäß Satz 2.4,b) gehörende Darstellung, $[M : K] = n$ und B eine K-Basis von M. Die Abbildung $\rho\omega_B : R \longrightarrow K_{n \times n}$ heißt die zu M und B gehörende Matrizendarstellung; sie wird mit $\pi_{M,B}$ bezeichnet.

2.2 Darstellungen von Gruppen

Sei G eine (multiplikative) Gruppe, $K_{n \times n}^*$ die Einheitengruppe von $K_{n \times n}$ und $\mathrm{Aut}_K(M)$ die Gruppe der K-Automorphismen von M. Sie ist die Einheitengruppe von $\mathrm{End}_K(M)$. Quelle und Ziel der in Abschnitt 2.1 definierten Homomorphismen $\hat{a}$, $\hat{\alpha}$ und ω_B seien hier auf die Einheitengruppen eingeschränkt.

<u>Definition</u> 2.7 . a) Eine Darstellung von G in M ist ein Gruppenhomomorphismus $\psi : G \longrightarrow \mathrm{Aut}_K(M)$. Zwei Darstellungen $\psi : G \longrightarrow \mathrm{Aut}_K(M)$ und $\psi' : G \longrightarrow \mathrm{Aut}_K(N)$ heißen äquivalent, falls es einen K-Isomorphismus $\alpha : M \longrightarrow N$ gibt, so daß $\psi' = \psi\hat{a}$ ist.

b) Eine Matrizendarstellung von G mit Koeffizienten in K, die den Grad n hat, ist ein Gruppenhomomorphismus $\varphi : G \longrightarrow K_{n \times n}^*$. Zwei Matrizendarstellungen $\varphi : G \longrightarrow K_{n \times n}^*$ und $\varphi' : G \longrightarrow K_{n \times n}^*$ heißen äquivalent, falls es eine Matrix $\alpha \in K_{n \times n}^*$ gibt, so daß $\varphi' = \varphi \cdot \hat{\alpha}$ ist.

<u>Beispiel.</u> Sei $K = \mathbb{C}$ der Körper der komplexen Zahlen und $G = \mathcal{S}_3$ die symmetrische Gruppe der Ordnung 3!. $\mathcal{S}_3$ besteht aus den Elementen (1), (12), (13), (23), (123) und (132). (12) und (123) erzeugen die Gruppe. Ist $\eta \in \mathbb{C}$ eine dritte Einheitswurzel, dann wird eine Matrizendarstellung $\varphi : \mathcal{S}_3 \longrightarrow \mathbb{C}_{2 \times 2}^*$ gegeben durch

$$((12))\varphi = \begin{pmatrix} 0 & 1 \\ 1 & 0 \end{pmatrix} \quad \text{und} \quad ((123))\varphi = \begin{pmatrix} \eta & 0 \\ 0 & \eta^{-1} \end{pmatrix} .$$

Die Beweise der folgenden zwei Sätze entsprechen denen von Satz 2.2
und Satz 2.3 .

<u>Satz</u> 2.8 . Sei $[M : K] = n$ und B eine K-Basis von M. Dann induziert ω_B
eine Bijektion von der Menge der Darstellungen von G in M auf die Menge der Matrizendarstellungen von G mit Koeffizienten in K, die den Grad
n haben.

<u>Satz</u> 2.9 . Sei $[M : K] = [N : K] = n$ und B bzw. C eine K-Basis von
M bzw. N. Zwei Darstellungen ψ und ψ' (wie in Definition 2.7,a) sind genau dann äquivalent, wenn die Matrizendarstellungen $\psi\omega_B$ und $\psi'\omega_C$
äquivalent sind.

Wir stellen nun einen Zusammenhang zwischen den Darstellungen von Gruppen und den Darstellungen von Algebren her. Dazu betrachten wir den
freien K-Modul über G und sehen die Elemente der Gruppe G als dessen
Basis an, d.h. die Elemente des freien Moduls haben die Form
$\sum\limits_{g\in G} k_g\, g$ $(= \sum\limits_{g\in G} g\, k_g)$, wobei $k_g \in K$ ist für alle $g \in G$.

Der Beweis des nächsten Satzes ist eine leichte Übung. Den Körper K
könnte man dabei durch einen beliebigen kommutativen Ring ersetzen.

<u>Satz</u> 2.10 . Der freie K-Modul über G wird mit der Multiplikation
$$(\sum\limits_{g\in G} k_g\, g)(\sum\limits_{g\in G} k'_g\, g) := \sum\limits_{g\in G}(\sum\limits_{\substack{s,t\in G \\ st=g}} k_s\, k'_t)g\ ,$$
wobei $k_g, k'_g \in K$ für alle $g \in G$, zu einer Algebra über K.

<u>Definition</u> 2.11 . Die in Satz 2.10 definierte Algebra heißt Gruppen-
algebra von G mit Koeffizienten in K und wird mit KG bezeichnet.

Es sei bemerkt, daß die Multiplikation in KG so festgelegt worden ist,
daß die Gruppe G auf natürliche Weise in der Einheitengruppe von KG
enthalten ist.

<u>Satz</u> 2.12 . Es gibt eine Bijektion von der Menge der Darstellungen von
G in M auf die Menge der Darstellungen von KG in M, die Äquivalenzklassen erhält.

Beweis. Betrachte das Diagramm

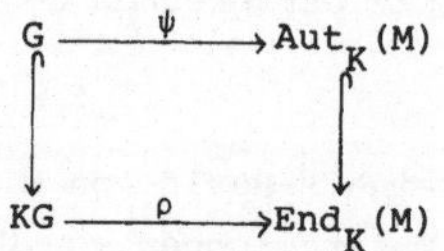

Zu einem Gruppenhomomorphismus ψ gibt es genau einen K-Algebrenhomomorphismus ρ, der das Diagramm kommutativ macht, und umgekehrt:
Zu ψ definiere ρ durch $(\sum_{g\in G} k_g\, g)\rho := \sum_{g\in G} k_g \cdot (g)\psi$, und

zu ρ definiere ψ durch $\qquad (g)\psi := (g)\rho$.

Diese Zuordnungen sind zueinander invers. Daß dabei äquivalente Darstellungen ψ,ψ' in äquivalente Darstellungen ρ,ρ' übergehen, und umgekehrt, ist klar.

Zusammenfassend haben wir damit bewiesen:

<u>Das</u> <u>Problem</u>, <u>alle</u> <u>Äquivalenzklassen</u> <u>von</u> <u>Matrizendarstellungen</u> <u>einer</u>
<u>Gruppe</u> G <u>mit</u> <u>Koeffizienten</u> <u>in einem</u> <u>Körper</u> K <u>zu bestimmen</u>, <u>ist äquiva-</u>
<u>lent</u> <u>zu</u> <u>dem</u>, <u>alle</u> <u>Isomorphieklassen</u> <u>von</u> <u>endlich-dimensionalen</u>
<u>KG-Rechtsmoduln</u> <u>zu</u> <u>finden</u>.

<u>Definition</u> 2.13 . Sei M ein KG-Rechtsmodul mit $[M : K] = n$ und B eine
K-Basis von M. Die Abbildung $G \ni g \longmapsto -\cdot g \in \mathrm{Aut}_K(M)$ heißt die zu M gehörende Darstellung; sie wird mit ψ_M bezeichnet. Die Abbildung
$\psi_M\,\omega_B : G \longrightarrow K^*_{n\times n}$ heißt die zu M und B gehörende Matrizendarstellung;
sie wird mit $\varphi_{M,B}$ bezeichnet. Ist M einfach, dann werden ψ_M und $\varphi_{M,B}$
irreduzibel genannt.

<u>Bemerkung</u> . Im Hinblick auf Definition 2.6 gilt für M wie in Defini-
tion 2.13 :
$$(g)\pi_{M,B} = (g)\varphi_{M,B} \qquad \text{für alle } g \in G.$$

§ 3. Halbeinfache Gruppenalgebren.

In diesem Paragraphen sei K ein Körper und G eine endliche Gruppe. Wir werden zeigen, daß die Gruppenalgebra KG genau dann halbeinfach ist, wenn die Charakteristik von K die Ordnung von G nicht teilt (kurz: $\mathrm{char}(K) \nmid |G|$), und in diesem Fall die in §1 entwickelte Theorie der halbeinfachen Ringe und Moduln auf die Gruppenalgebra KG und deren Moduln anwenden.

3.1 Der Satz von Maschke

<u>Satz</u> 3.1 (Maschke). Die Gruppenalgebra KG ist genau dann halbeinfach, wenn $\mathrm{char}(K) \nmid |G|$.

Beweis. "$\Longrightarrow$". Für das von $a := \sum\limits_{g \in G} g \in KG$ erzeugte Rechtsideal gilt $aKG = aK$; denn $ah = a$ für alle $h \in G$. Da KG halbeinfach ist, ist aK ein direkter Summand von KG_{KG} und wird nach Lemma 1.8 von einem Idempotent ak mit $0 \neq k \in K$ erzeugt. Aus $(ak)^2 = a^2 k^2 = ak$ und $a^2 = a \cdot |G|$ folgt $1_K = |G| \cdot k$. Damit ist $|G|$ eine Einheit in K.

"$\Longleftarrow$". Wir zeigen, daß jedes Rechtsideal $U \leq KG_{KG}$ direkter Summand von KG_{KG} ist. Betrachten wir U und KG nur als K-Vektorräume, dann existiert ein K-Vektorraum $V \leq KG$ mit der Eigenschaft $KG = U \oplus V$. Sei $\iota : U \longrightarrow KG$ die Inklusion und $\pi : KG \longrightarrow U$ die Projektion. π ist nur ein K-Homomorphismus. Aus π gewinnen wir die Abbildung $\hat{\pi}$:

$$KG \ni a \longmapsto \frac{1}{|G|} \sum_{g \in G} \pi(ag)g^{-1} \in U \ .$$

$\hat{\pi}$ ist ein KG-Homomorphismus; denn für alle $h \in G$ gilt:

$$\hat{\pi}(ah) = \frac{1}{|G|} \sum_{g \in G} \pi(ahg)g^{-1} = \frac{1}{|G|} \sum_{g \in G} \pi(a(hg))(hg)^{-1}h = \hat{\pi}(a)h,$$

wobei der letzte Schritt wegen $G = \{hg \mid g \in G\}$ richtig ist. Aus der Tatsache, daß $\pi\iota$ die Identität auf U ist, folgern wir leicht, daß $\hat{\pi}\iota$ ebenfalls die Identität auf U ist. Also erhalten wir (siehe nachstehende Bemerkung)

$$KG = \mathrm{Bi}(\iota) \oplus \mathrm{Ke}(\hat{\pi}) = U \oplus \mathrm{Ke}(\hat{\pi}) \ ;$$

dabei ist $\mathrm{Ke}(\hat{\pi})$ ein Rechtsideal von KG.

Zur Erläuterung des letzten Beweisschrittes sei an folgende elementaren Eigenschaften von Modulhomomorphismen $\alpha : M \longrightarrow N$ und $\beta : N \longrightarrow P$ erinnert.

Ist $\beta\alpha$ ein Monomorphismus, dann gilt $O = Bi(\alpha) \cap Ke(\beta)$;

ist $\beta\alpha$ ein Epimorphismus , dann gilt $N = Bi(\alpha) + Ke(\beta)$;

ist $\beta\alpha$ ein Isomorphismus , dann gilt $N = Bi(\alpha) \oplus Ke(\beta)$.

3.2 Das Zentrum

Bekanntlich heißen zwei Elemente $g, h \in G$ konjugiert zueinander, falls es $x \in G$ gibt mit $h = x^{-1}gx$. Dadurch wird eine Äquivalenzrelation - die Konjugation - auf G gegeben, deren Äquivalenzklassen Konjugationsklassen genannt werden. Ist C eine Konjugationsklasse von G, dann heißt $C^+ := \sum_{g \in C} g \in KG$ die zu C gehörende Klassensumme.

<u>Lemma</u> 3.2 . Sei $\{C_1, \ldots, C_r\}$ die Menge der Konjugationsklassen von G. Dann ist $\{C_1^+, \ldots, C_r^+\}$ eine K-Basis des Zentrums $Z(KG)$ der Gruppenalgebra KG.

Beweis. Für $i = 1, \ldots, r$ liegt C_i^+ in $Z(KG)$; denn es ist $x^{-1}C_i x = C_i$ für alle $x \in G$.

$C_1^+, \ldots, C_r^+$ sind K-linear unabhängig: Sei $O = \sum_{i=1}^{r} k_i C_i^+$ mit $k_1, \ldots, k_r \in K$. Setzen wir $k_g := k_i$ für $g \in C_i$, so folgt $O = \sum_{g \in G} k_g g$. Da $\{g \mid g \in G\}$ eine K-Basis von KG bildet, ist $k_g = O$ für alle $g \in G$; also auch $k_i = O$ für $i = 1, \ldots, r$.

$\{C_1^+, \ldots, C_r^+\}$ ist ein K-Erzeugendensystem: Sei $\sum_{g \in G} k_g g \in Z(KG)$. Für alle $x \in G$ gilt:

$$\sum_{g \in G} k_g g = x^{-1}(\sum_{g \in G} k_g g) x = \sum_{g \in G} k_g (x^{-1}gx).$$

Ein Koeffizientenvergleich liefert $k_{x^{-1}gx} = k_g$ für alle $x, g \in G$, d.h. für $i = 1, \ldots, r$ sind die Funktionen $C_i \ni g \longmapsto k_g \in K$ konstant, woraus sich die Behauptung ergibt.

Im Falle der Gruppenalgebra KG ist es üblich, den Ausdruck "K ist Zerfällungskörper für KG" zu ersetzen durch "K ist Zerfällungskörper für G".

<u>Lemma</u> 3.3 . Sei $\sum_{i=1}^{k} \varepsilon_i$ eine zentral-primitive Zerlegung der 1 in KG. Dann sind $\varepsilon_1, \ldots, \varepsilon_k$ K-linear unabhängig. Ist K Zerfällungskörper für G mit $\mathrm{char}(K) \nmid |G|$, dann ist $\{\varepsilon_1, \ldots, \varepsilon_k\}$ eine K-Basis von $Z(KG)$ und $\varepsilon_1 K, \ldots, \varepsilon_k K$ sind Ideale in $Z(KG)$, die sich gegenseitig annullieren.

Beweis. Die lineare Unabhängigkeit von $\varepsilon_1, \ldots, \varepsilon_k$ folgt sofort aus der Orthogonalität dieser Idempotente.

Unter den zusätzlichen Voraussetzungen an K schließen wir nach Satz 3.1
und Satz 1.20 $KG \cong \prod_{i=1}^{k} K_{n_i \times n_i}$ mit gewissen natürlichen Zahlen n_i.

Nach Satz 1.22 ist $Z(\prod_{i=1}^{k} K_{n_i \times n_i}) = \prod_{i=1}^{k} 1_{n_i} \cdot K$. Also bilden die zentral-

primitiven Idempotente von $\prod_{i=1}^{k} K_{n_i \times n_i}$ eine K-Basis des Zentrums dieser

Algebra, womit auch $\{\varepsilon_1, \ldots, \varepsilon_k\}$ eine K-Basis des Zentrums von KG ist.
Der Rest ist klar.

$\underline{\text{Satz}}$ 3.4 . Sei K ein Körper mit char(K) $\nmid$ |G|, G eine Gruppe mit genau r Konjugationsklassen, und $\mathfrak{E}$ eine Transversale von einfachen KG-
Rechtsmoduln. Dann gilt $| \mathfrak{E} | \leq$ r. Ist K zusätzlich Zerfällungskörper
für G, dann ist $| \mathfrak{E} | = r$ und $\sum_{E \in \mathfrak{E}} [E : K]^2 = |G|$.

Beweis. Die Aussagen sind eine unmittelbare Konsequenz von Satz 1.16,
Lemma 3.2 und 3.3, und Satz 1.30 .

3.3 $\underline{\text{Zerfällungskörper}}$

Ist $K \subset L$ eine Körpererweiterung, so betrachten wir die Gruppenalgebra
KG als natürlich eingebettet in die Gruppenalgebra LG.

$\underline{\text{Lemma}}$ 3.5 . Sei r die Anzahl der Konjugationsklassen von G und $\sum_{i=1}^{r} \varepsilon_i$

eine zentral-primitive Zerlegung der 1 in KG; sie habe also genau

r Summanden. Dann ist $\sum_{i=1}^{r} \varepsilon_i$ auch eine solche Zerlegung der 1 in LG für

jede Körpererweiterung $K \subset L$. Außerdem gibt es einen eindeutigen mini-
malen Unterkörper $K' \subset K$ mit $\varepsilon_1, \ldots, \varepsilon_r \in K'G$; $\sum_{i=1}^{r} \varepsilon_i$ ist auch eine zentral-primitive Zerlegung der 1 in K'G.

Beweis. Klar nach Lemma 3.2 und 3.3 .

Wir werden in Abschnitt 4.7 zeigen, daß dieser minimale Unterkörper K'
Zerfällungskörper für G ist, falls char(K) > O und char(K) $\nmid$ |G|.

$\underline{\text{Satz}}$ 3.6 . Ist K ein Zerfällungskörper für G mit char(K) $\nmid$ |G| und
$K \subset L$ eine Körpererweiterung, dann ist auch L Zerfällungskörper für G.

Beweis. Seien $e_1, \ldots, e_r \in KG$ primitive Idempotente mit der Eigenschaft,
daß $\{e_i KG \mid i=1, \ldots, r\}$ eine Transversale von einfachen KG-Rechtsmoduln

ist. Nach Satz 1.30 ist $e_i KGe_i = e_i K$ für $i = 1,\ldots,r$. Folglich gilt $e_i LGe_i = e_i L$ für $i = 1,\ldots,r$. Somit sind $e_1,\ldots,e_r$ auch primitive Idempotente in LG, und mit Hilfe von Lemma 3.5 schließen wir, daß $\{e_i LG \mid i=1,\ldots,r\}$ eine Transversale von einfachen LG-Rechtsmoduln ist.

<u>Satz</u> 3.7 . Zu jedem Körper K mit $\mathrm{char}(K) \nmid |G|$ gibt es eine endliche Körpererweiterung $K \subset L$ derart, daß L Zerfällungskörper für G ist.

Beweis. Sei $\hat{K}$ die algebraische Hülle von K, d.h. $\hat{K}$ ist algebraisch abgeschlossener Körper mit $K \subset \hat{K}$ und $\hat{K}$ ist algebraisch über K. Seien weiter $e_1,\ldots,e_r \in \hat{K}G$ primitive Idempotente, so daß $\{e_i \hat{K}G \mid i=1,\ldots,r\}$ eine Transversale von einfachen $\hat{K}G$-Rechtsmoduln ist, und sei L der kleinste Zwischenkörper $K \subset L \subset \hat{K}$ mit $e_1,\ldots,e_r \in LG$. (Ist

$$e_i = \sum_{g \in G} k_g^{(i)} g \text{ mit } k_g^{(i)} \in \hat{K}, \text{ dann ist } L = K(k_g^{(i)} \mid g \in G; i=1,\ldots,r).)$$

Da alle Koeffizienten $k_g^{(i)}$ algebraisch über K sind, gilt $[L : K] < \infty$. Es ist klar, daß $e_1,\ldots,e_r$ auch primitive Idempotente in LG sind. Aus $e_i LG \cong e_j LG$ folgt $e_i \hat{K}G \cong e_j \hat{K}G$; also ist $\{e_i LG \mid i=1,\ldots,r\}$ eine Transversale von einfachen LG-Rechtsmoduln. Schließlich ergibt sich aus $e_i \hat{K}Ge_i = e_i \hat{K}$ und $e_i \in LG$, daß $e_i LGe_i = e_i L$ ist, was nach Satz 1.30 die Behauptung liefert.

3.4 . <u>Eindimensionale Moduln</u>

<u>Definition</u> 3.8 . Ist $g,h \in G$, dann heißt $[g,h] := g^{-1}h^{-1}gh$ der Kommutator von g und h. Die von allen Kommutatoren $[g,h]$ mit $g,h \in G$ erzeugte Untergruppe G' von G heißt Kommutatoruntergruppe. Man schreibt auch $G' = [G,G]$.

<u>Lemma</u> 3.9 . Für die Kommutatoruntergruppe G' von G gilt:

a) $G' \triangleleft G$.

b) G/G' ist abelsch.

c) Ist $H \triangleleft G$ und G/H abelsch, dann ist $G' \leq H$.

Beweis. a) Es genügt zu zeigen, daß $u^{-1}[g,h]u$ ein Kommutator ist für alle $u,g,h \in G$.

$$u^{-1}[g,h]u = u^{-1}g^{-1}h^{-1}ghu = (u^{-1}g^{-1}u)(u^{-1}h^{-1}u)(u^{-1}gu)(u^{-1}hu) =$$
$$= [u^{-1}gu, u^{-1}hu].$$

b) Für $g,h \in G$ gilt:

$G' = g^{-1}h^{-1}ghG' = (g^{-1}G')(h^{-1}G')(gG')(hG') = (gG')^{-1}(hG')^{-1}(gG')(hG')$.

Es folgt: $(hG')(gG') = (gG')(hG')$.

c) Für $g,h \in G$ ist $(hH)(gH) = (gH)(hH)$. Eine Umformung gemäß b) liefert $H = g^{-1}h^{-1}ghH$. Also ist $[g,h] \in H$.

<u>Satz</u> 3.10 . Sei $\hat{G} = G/G'$ die Kommutatorfaktorgruppe. Dann sind die Anzahlen der Isomorphieklassen der eindimensionalen KG-Rechtsmoduln und der Isomorphieklassen der eindimensionalen $K\hat{G}$-Rechtsmoduln gleich.

Beweis. Der natürliche Gruppenepimorphismus $G \longrightarrow \hat{G}$ induziert einen K-Algebrenhomomorphismus $KG \longrightarrow K\hat{G}$, der eindimensionale $K\hat{G}$-Rechtsmoduln zu eindimensionalen KG-Rechtsmoduln macht. Dabei bleiben Isomorphieklassen erhalten.

Sei nun umgekehrt $M = mK$ ein eindimensionaler KG-Rechtsmodul und $\psi_M : G \longrightarrow \mathrm{Aut}_K(M)$ die zu M gehörende Darstellung. Wegen $\mathrm{Aut}_K(M) \simeq K^*$ (K^* ist die Einheitengruppe von K) ist $\mathrm{Bi}(\psi_M)$ und damit auch $G/\mathrm{Ke}(\psi_M)$ abelsch, also $G' \subseteq \mathrm{Ke}(\psi_M)$. Folglich ist die Multiplikation

$$m \cdot (gG') := mg \quad \text{für alle } g \in G$$

wohldefiniert. Durch sie wird M zu einem eindimensionalen $K\hat{G}$-Rechtsmodul.

Man stellt leicht fest, daß diese Zuordnungen zueinander invers sind.

<u>Definition</u> 3.11 . Die kleinste natürliche Zahl m, so daß $g^m = 1$ für alle $g \in G$ ist, heißt Exponent der Gruppe G. Wir schreiben $m = \exp(G)$.

Der Ausdruck "$\sqrt[m]{1} \in K$" soll bedeuten, daß "eine primitive m-te Einheitswurzel in K liegt".

<u>Lemma</u> 3.12 . Sei $G = \langle g \mid g^m = 1 \rangle$ eine (von g erzeugte) zyklische Gruppe (mit $|G| = m$), und K Zerfällungskörper für G mit $\mathrm{char}(K) \nmid |G|$. Dann gilt: $\sqrt[m]{1} \in K$.

Beweis. Auf Grund der Kommutativität von KG ist nach Folgerung 1.31 jeder einfache KG-Modul eindimensional. Sei $E = eK$ ein solcher. Dann gibt es $k_E \in K$ mit $eg = ek_E$. k_E ist unabhängig von der Wahl des Basiselementes $e \in E$. Aus $e = eg^m = ek_E^m$ folgt $k_E^m = 1$. k_E ist also eine m-te Einheitswurzel.

Da zwei einfache Moduln E,F genau dann isomorph sind, wenn $k_E = k_F$
ist, und es nach Satz 3.4 m paarweise nichtisomorphe einfache
KG-Moduln gibt, muß K m paarweise verschiedene m-te Einheitswurzeln
enthalten, woraus die Behauptung folgt.

Ist H Untergruppe von G(kurz H ≤ G) und M ein KG-Rechtsmodul, dann
macht die Inklusion KH ↪ KG M zu einem KH-Rechtsmodul, den wir mit
$M|_H$ bezeichnen.

<u>Satz</u> 3.13 . Sei G eine abelsche Gruppe mit dem Exponenten m und K ein
Körper mit char(K) ∤ |G|. K ist genau dann Zerfällungskörper für G,
wenn $\sqrt[m]{1} \in K$. Hat K diese Eigenschaft, dann ist jeder einfache
KG-Modul eindimensional und es gibt genau |G| Isomorphieklassen von
einfachen KG-Moduln.

Beweis. Sei K Zerfällungskörper für G. Ist $m = m_1 \cdot \ldots \cdot m_s$ ein Produkt von paarweise teilerfremden Primzahlpotenzen m_i, dann genügt es
zu zeigen: $\sqrt[m_i]{1} \in K$ für i = 1,...,s.

Zu jedem i ∈ {1,...,s} existiert g ∈ G mit der Ordnung m_i. Sei H = ⟨g⟩
die von g erzeugte Untergruppe von G. Da KG nach Folgerung 1.31 direkte Summe von eindimensionalen Untermoduln ist, ist dies auch der
Modul $KG|_H$. Nun ist aber KH direkter Summand von $KG|_H$. Mit Hilfe von
Satz 1.5 schließen wir, daß auch KH direkte Summe von eindimensionalen Untermoduln ist. Damit ist K Zerfällungskörper für H und aus
Lemma 3.12 folgt $\sqrt[m_i]{1} \in K$.

Sei nun umgekehrt $\sqrt[m]{1} \in K$. Wir betrachten eine Körpererweiterung
K ⊂ L derart, daß L Zerfällungskörper für G ist. LG ist direkte Summe
von eindimensionalen Idealen. Diese werden nach Lemma 1.8 von (zen-
tral-)primitiven Idempotenten $e_1, \ldots, e_{|G|}$ erzeugt: $LG = \bigoplus_{i=1}^{|G|} e_i L$. Um
zu beweisen, daß K Zerfällungskörper für G ist, genügt es zu zeigen,
daß $e_1, \ldots, e_{|G|}$ in KG liegen (vgl. Beweis von Satz 3.7).

Sei dazu $e_i = \sum_{g \in G} l_g\, g$ mit $l_g \in L$. Zu h ∈ G existiert $0 \neq k_h \in L$ mit
$e_i h = e_i k_h$. Die Abbildung $G \ni h \longmapsto k_h \in L^*$ ist offensichtlich ein
Gruppenhomomorphismus. Wegen $h^m = 1$ ist $k_h^m = 1$ und damit $k_h \in K$.
Setzen wir $e_i = \sum_{g \in G} l_g\, g$ in $e_i h = e_i k_h$ ein, so liefert ein Koeffi-
zientenvergleich an 1 ∈ G: $l_{h^{-1}} = l_1 k_h$. Also ist $e_i = l_1 (\sum_{h \in G} k_h\, h^{-1})$.
Aus $e_i^2 = e_i$ erhalten wir durch einen ähnlichen Koeffizientenvergleich

$$l_1^2 \left(\sum_{h \in G} k_h\, k_{h^{-1}} \right) = l_1\, k_1.$$

Auf Grund von $l_1 \neq 0$, $k_1 = 1$ und $k_{h^{-1}} = k_h^{-1}$ folgt $l_1 = |G|^{-1}$. Somit ist $e_i \in KG$, was wir zeigen wollten.

Die weiteren Aussagen des Satzes ergeben sich sofort aus Folgerung 1.31 und Satz 3.4 .

Der Beweis der nächsten Folgerung ist im vorangegangenen Beweis mitenthalten.

<u>Folgerung</u> 3.14 . Seien G und K wie in Lemma 3.12. Jedes primitive Idempotent in KG hat die Form $|G|^{-1} \sum_{i=0}^{m-1} \eta^{-i\ell}\, g^i$, wobei η eine primitive m-te Einheitswurzel in K ist.

<u>Bemerkung</u>. Ist G eine zyklische Gruppe mit der Ordnung m, dann ist KG ein Faktorring des Polynomrings K[X]: Die Abbildung

$$K[X] \ni \sum_i k_i\, X^i \longmapsto \sum_i k_i\, g^i \in KG \qquad (\text{mit } k_i \in K)$$

ist ein surjektiver K-Algebrenhomomorphismus mit dem Kern $(X^m - 1) \cdot K[X]$. Im Falle $\mathrm{char}(K) \nmid m$ ist $X^m - 1$ ein Produkt paarweise verschiedener irreduzibler Polynome $P_1, \ldots, P_s$ und es gilt:

$$KG \simeq K[X]/(X^m - 1) \simeq \prod_{i=1}^{s} K[X]/(P_i).$$

3.5 <u>Diedergruppen und Quaternionengruppen</u>

Die genannten Gruppentypen dienen als Beispiele für die bisher entwickelte Theorie.

Die Diedergruppe der Ordnung 2m wird gegeben durch

$$G = \langle g\,, h \mid g^m = 1,\ h^2 = 1,\ h^{-1} g h = g^{-1} \rangle.$$

Sei dazu K ein Körper mit $\mathrm{char}(K) \nmid |G|$ und $\sqrt[m]{1} \in K$, und $\eta \in K$ eine primitive m-te Einheitswurzel. Wir wollen die Struktur der Gruppenalgebra KG untersuchen.

<u>1.Fall</u>: m ist ungerade.

Wir setzen $n := \frac{m-1}{2}$. Es gibt genau $n + 2$ Konjugationsklassen in G, nämlich

$$\{1\}, \{g, g^{-1}\}, \ldots, \{g^n, g^{-n}\}, \{h, hg, \ldots, hg^{2n}\}.$$

Die Kommutatoruntergruppe von G ist $G' = \langle g \rangle$. Sei $H = \langle h \rangle$. Die primitiven Idempotente von KG' bzw. KH sind

$$e_1 = \frac{1}{m} \sum_{i=0}^{m-1} \eta^{-li} g^i \qquad \text{für } l = 0, \pm 1, \ldots, \pm n$$

bzw.

$$f_0 = \frac{1}{2}(1 + h) \ , \quad f_1 = \frac{1}{2}(1 - h) .$$

Wegen $h^{-1} e_1 h = e_{-1}$ sind $\epsilon_1 := e_1 + e_{-1}$ für $l = 1, \ldots, n$ orthogonale zentrale Idempotente in KG. Zwei weitere sind $\epsilon := f_0 e_0$ und $\epsilon' := f_1 e_0$. Damit kennen wir $n + 2$ orthogonale zentrale Idempotente, die folglich sogar zentral-primitiv sein müssen. Man stellt leicht fest:

$$\epsilon KG \epsilon \cong K, \quad \epsilon' KG \epsilon' \cong K, \quad \text{und } \epsilon_1 KG \epsilon_1 \cong K_{2 \times 2} \text{ für } l = 1, \ldots, n.$$

Im letzten Fall ist $\{e_1, e_1 h, h e_1, e_{-1}\}$ eine K-Basis von $\epsilon_1 KG \epsilon_1$ und ein K-Algebrenisomorphismus wird gegeben durch

$$e_1 \longmapsto \begin{pmatrix} 1 & 0 \\ 0 & 0 \end{pmatrix}, \quad e_1 h \longmapsto \begin{pmatrix} 0 & 1 \\ 0 & 0 \end{pmatrix}, \quad h e_1 \longmapsto \begin{pmatrix} 0 & 0 \\ 1 & 0 \end{pmatrix}, \quad e_{-1} \longmapsto \begin{pmatrix} 0 & 0 \\ 0 & 1 \end{pmatrix}.$$

Der einfache Modul $e_1 KG$ hat die K-Basis $\{e_1, e_1 h\}$, zu der die Matrizendarstellung

$$g \longmapsto \begin{pmatrix} \eta^l & 0 \\ 0 & \eta^{-l} \end{pmatrix}, \quad h \longmapsto \begin{pmatrix} 0 & 1 \\ 1 & 0 \end{pmatrix}$$

gehört.

2.Fall: m ist gerade.

Auf eine Durchführung verzichten wir, da sie nahezu mit der folgenden bei den Quaternionengruppen übereinstimmt. Insbesondere sind die Gruppenalgebren, die zu den Diedergruppen und Quaternionengruppen der Ordnung 4n gehören, isomorph.

Die Quaternionengruppe der Ordnung 4n wird definiert durch

$$G = \langle g , h \mid g^{2n} = 1, \ h^2 = g^n, \ h^{-1} g h = g^{-1} \rangle.$$

Hier sei K ein Körper mit $\mathrm{char}(K) \nmid |G|$ und $\sqrt[2n]{1} \in K$, und η eine primitive $2n$ - te Einheitswurzel.

Es gibt genau $n + 3$ Konjugationsklassen in G, nämlich

$$\{1\}, \{g, g^{-1}\}, \ \ldots \ , \{g^{n-1}, g^{-n+1}\}, \{g^n\}, \{h, hg^2, \ldots, hg^{2n-2}\},$$

$$\{hg, hg^3, \ldots, hg^{2n-1}\} .$$

Sei $G^* := \langle g \rangle$ und $H := \langle h \rangle$. Wir benötigen die folgenden Idempotente von KG^* und KH:

$$e_1 := \frac{1}{2n} \sum_{i=0}^{2n-1} \eta^{-li} g^i \qquad \text{für } l = 0, \pm 1, \ldots, \pm(n-1), n;$$

$$f_0 := \tfrac{1}{4}(1 + h + g^n + hg^n) \quad, \quad f_1 := \tfrac{1}{4}(1 - h + g^n - hg^n).$$

Aus diesen erhalten wir die zentral-primitiven Idempotente von KG: $f_0 e_0$, $f_1 e_0$, $f_0 e_n$, $f_1 e_n$, und $\varepsilon_1 := e_1 + e_{-1}$ für $1 = 1,\ldots,n-1$. Die von den 4 ersten Idempotenten erzeugten Blöcke sind zu K isomorph, die restlichen zu $K_{2 \times 2}$. Ist $1 \in \{1,\ldots,n-1\}$, so hat der einfache Modul $e_1 KG$ die K-Basis $\{e_1, e_1 h\}$, zu der die Matrizendarstellung

$$g \longmapsto \begin{pmatrix} \eta^1 & 0 \\ 0 & \eta^{-1} \end{pmatrix} \quad, \quad h \longmapsto \begin{pmatrix} 0 & 1 \\ -1 & 0 \end{pmatrix}$$

gehört.

§ 4. <u>Charaktere.</u>

In diesem Paragraphen bezeichne K einen Körper und G eine Gruppe.

Wir zeigen zunächst, daß, falls die Gruppenalgebra KG halbeinfach ist, die Werte der Charaktere von G in K bis auf einen Faktor als Koeffizienten der zentral-primitiven Idempotente von KG auftreten. Dann leiten wir daraus die wichtigsten Rechenregeln über Charaktere her und wenden schließlich unsere Ergebnisse auf einige schöne Fragestellungen an.

4.1 <u>Charaktere und zentral-primitive Idempotente</u>

<u>Definition</u> 4.1 . Eine Abbildung $\alpha:G\longrightarrow K$ heißt zentrale Funktion, wenn

$$(*) \qquad \alpha(gh) = \alpha(hg) \qquad \text{für alle } g,h \in G.$$

Die Menge aller zentralen Funktionen $\alpha : G\longrightarrow K$ wird mit $Z(G\,,\,K)$ bezeichnet.

Die Bedingung $(*)$ ist äquivalent zu der Bedingung

$$\alpha(g) = \alpha(h^{-1}g\,h) \qquad \text{für alle } g,h \in G.$$

Daher ist eine zentrale Funktion auf jeder Konjugationsklasse C konstant. Wir schreiben statt $\alpha(g)$ auch $\alpha(C)$, wenn $g \in C$ ist.

<u>Satz</u> 4.2 . Die Menge $Z(G\,,\,K)$ bildet mit den Verknüpfungen

$$\left.\begin{array}{rcl} \alpha + \beta &:=& (g\longmapsto\alpha(g) + \beta(g)) \\ \alpha\beta &:=& (g\longmapsto\alpha(g)\cdot\beta(g)) \\ \alpha k &:=& (g\longmapsto\alpha(g)\cdot k) \end{array}\right\} \text{für alle } \alpha,\beta \in Z(G\,,\,K) \text{ und } k \in K$$

eine kommutative Algebra über K. Ist G endlich, $\{C_1,\ldots,C_r\}$ die Menge der Konjugationsklassen von G, und sind $\gamma_i : G\longrightarrow K$ für $i = 1,\ldots,r$ die Abbildungen definiert durch

$$\gamma_i(g) := \begin{cases} 1 & \text{für } g \in C_i, \\ 0 & \text{sonst}, \end{cases}$$

dann ist $\{\gamma_1,\ldots,\gamma_r\}$ eine K-Basis von $Z(G\,,\,K)$.

Beweis. Trivial.

Im folgenden spielen die Spuren von Matrizen eine wichtige Rolle.
Ist $\alpha = ((a_{ij})) \in K_{n\times n}$, so heißt $\mathrm{Sp}(\alpha):= \sum_{i=1}^{n} a_{ii}$ die Spur von α .

Ist $\mathcal{b} \in K_{n \times n}$ eine weitere Matrix, so zeigt man leicht $\mathrm{Sp}(\alpha \mathcal{b}) = \mathrm{Sp}(\mathcal{b}\alpha)$. Wenn $\mathcal{b}$ invertierbar ist, folgt daraus

$$\mathrm{Sp}(\alpha) = \mathrm{Sp}((\alpha \mathcal{b})\mathcal{b}^{-1}) = \mathrm{Sp}(\mathcal{b}^{-1}\alpha \mathcal{b}).$$

__Definition__ 4.3 . a) Sei $\varphi : G \longrightarrow K_{n \times n}^{*}$ eine Matrizendarstellung von G. Die Abbildung $G \ni g \longmapsto \mathrm{Sp}((g)\varphi) \in K$ heißt Charakter von φ und wird mit χ_{φ} bezeichnet.

b) Sei M ein endlich-dimensionaler KG-Rechtsmodul mit einer K-Basis B und $\varphi_{M,B}$ die zu M und B gehörende Matrizendarstellung. Die Abbildung $G \ni g \longmapsto \mathrm{Sp}((g)\varphi_{M,B}) \in K$ heißt Charakter von M und wird mit χ_{M} bezeichnet. Ist M einfach, so heißt χ_{M} irreduzibel; ist $[M : K] = 1$, so heißt χ_{M} linear.

c) Eine zentrale Funktion $\alpha \in Z(G , K)$ heißt Charakter, wenn es einen KG-Rechtsmodul M mit $\alpha = \chi_{M}$ gibt.

Es sei dazu bemerkt, daß man Charaktere von KG-Linksmoduln ganz analog definiert; nur die Darstellungen werden dann links von den Elementen geschrieben.

__Lemma__ 4.4 . a) Charaktere sind zentrale Funktionen.

b) Äquivalente Matrizendarstellungen bzw. isomorphe endlich-dimensionale KG-Rechtsmoduln haben den gleichen Charakter.

c) Der Charakter eines KG-Rechtsmoduls M ist unabhängig von der Basis B.

Beweis. a) Trivial.

b) Der erste Teil der Aussage ist klar, der zweite folgt mit R = KG aus den Sätzen 2.3 und 2.5 .

c) Spezialfall von b).

__Definition__ 4.5 . Der Körper K zusammen mit der Multiplikation

$$K \times KG \ni (k, \sum_{g \in G} k_{g} g) \longmapsto k(\sum_{g \in G} k_{g}) \in K$$

heißt trivialer KG-Modul. Der zugehörige Charakter χ_{K} heißt 1-Charakter.

__Lemma__ 4.6 . a) Ist M ein endlich-dimensionaler KG-Rechtsmodul, dann gilt $\chi_{M}(1) = [M : K]$. Ist $[M : K] = 1$, dann ist die Abbildung

$G \ni g \longmapsto \chi_M(g) \in K^*$ ein Gruppenhomomorphismus, und für $g \in G$ mit $g^m = 1$ ist $\chi_M(g)$ eine m-te Einheitswurzel.

b) Für den trivialen KG-Modul K gilt: $\chi_K(g) = 1$ für alle $g \in G$.

c) Ist G eine endliche Gruppe, dann gilt für die Gruppenalgebra KG als KG-Rechtsmodul

$$\chi_{KG}(g) = \begin{cases} |G|, & \text{falls } g = 1, \\ 0 & \text{sonst.} \end{cases}$$

Beweis. a) Ist B eine K-Basis von M, dann ist $(1)\varphi_{M,B}$ die Einheitsmatrix, also $\chi_M(1) = [M:K]$.

Ist $[M:K] = 1$, dann hat $\varphi_{M,B}$ das Ziel $K_{1\times 1}^* \cong K^*$.

b) Trivial.

c) Sei $\varphi_{KG,G}$ die zu KG und der K-Basis G von KG gehörende Matrizendarstellung. Die Matrix $(g)\varphi_{KG,G}$ enthält genau dann in der Diagonale ein Element ungleich Null, wenn $g = 1$ ist.

<u>Satz</u> 4.7 . Für endlich-dimensionale KG-Rechtsmoduln M , N gilt:

$$\chi_{M \oplus N} = \chi_M + \chi_N .$$

Beweis. Sei $B = \{b_1, \ldots, b_m\}$ eine K-Basis von M und $C = \{c_1, \ldots, c_n\}$ eine von N. $B' = \{b_1, \ldots, b_m, c_1, \ldots, c_n\}$ ist eine K-Basis von $M \oplus N$. Aus

$$(g)\varphi_{M \oplus N, B'} = \left(\begin{array}{c|c} (g)\varphi_{M,B} & 0 \\ \hline 0 & (g)\varphi_{N,C} \end{array} \right)$$

für alle $g \in G$ folgt sofort die Behauptung.

<u>Satz</u> 4.8 . Sei G eine endliche Gruppe, K ein Körper mit $\operatorname{char}(K) \nmid |G|$, E ein einfacher KG-Rechtsmodul und $D = \operatorname{End}_{KG}(E)$. Dann ist

$$\frac{[E:D]}{|G|} \sum_{g \in G} \chi_E(g^{-1})g$$

das eindeutige zentral-primitive Idempotent ε_E in KG mit $E\varepsilon_E = E$.

Beweis. Sei $\mathcal{E}$ eine Transversale von einfachen KG-Rechtsmoduln mit $E \in \mathcal{E}$. $M \in \mathcal{E}$ komme in KG_{KG} bis auf Isomorphie genau n_M-mal als direkter Summand vor. Nach Satz 1.21 ist $n_M = [M : \operatorname{End}_{KG}(M)]$. Somit erhalten wir aus Satz 4.7 $\chi_{KG} = \sum_{M \in \mathcal{E}} n_M \chi_M$.

Für eine zu M gehörende Matrizendarstellung $\pi_{M,B}$ gilt:

$$(\varepsilon_E)\pi_{M,B} = \begin{cases} \text{Einheitsmatrix,} & \text{falls } M = E, \\ \text{Nullmatrix} & \text{sonst.} \end{cases}$$

Sei jetzt $\varepsilon_E := \sum\limits_{g\in G} k_g\, g$ und $h \in G$. Da $\pi_{M,B}$ ein K-Algebrenhomomorphismus ist, erhalten wir einmal

$$Sp((\varepsilon_E h)\pi_{M,B}) = \sum_{g\in G} k_g\, Sp((gh)\pi_{M,B}) = \sum_{g\in G} k_g\, \chi_M(gh)\ ,$$

aber auch

$$Sp((\varepsilon_E h)\pi_{M,B}) = \begin{cases} Sp((h)\pi_{M,B}) & \text{für } M = E \\ 0 & \text{sonst} \end{cases} = \begin{cases} \chi_E(h) & \text{für } M = E \\ 0 & \text{sonst.} \end{cases}$$

Nun ist einerseits

$$\sum_{g\in G} k_g\, \chi_{KG}(gh) = \sum_{g\in G} k_g\,(\sum_{M\in\ell} n_M\, \chi_M(gh)) = \sum_{M\in\ell} n_M\,(\sum_{g\in G} k_g\, \chi_M(gh)) = n_E\, \chi_E(h)\ ,$$

andererseits nach Lemma 4.6,c)

$$\sum_{g\in G} k_g\, \chi_{KG}(gh) = k_{h^{-1}}\cdot |G|\ .$$

Zusammen ergibt sich $k_{h^{-1}} = \dfrac{n_E}{|G|}\cdot \chi_E(h)$, was zu zeigen war.

<u>Lemma</u> 4.9 . Seien G , K wie in Satz 4.8, und zu $e = \sum\limits_{g\in G} k_g\, g \in KG$ existiere $k \in K$ mit $e^2 = ke$. Dann ist $k_1 = k\cdot\dfrac{[eKG : K]}{|G|}$.

Beweis. Da KG halbeinfach ist, gibt es ein Rechtsideal $U \leqslant KG$ mit $KG = eKG \oplus U$. Sei $\{b_1,\ldots,b_m\}$ eine K-Basis von eKG und $\{c_1,\ldots,c_n\}$ eine K-Basis von U. Dann ist $B := \{b_1,\ldots,b_m,c_1,\ldots,c_n\}$ eine K-Basis von KG; eine weitere ist G. Seien nun $\pi_{KG,G}$ und $\pi_{KG,B}$ die zu KG als KG-<u>Linksmodul</u> und den Basen G und B gehörenden Matrizendarstellungen, dann ist

$$\pi_{KG,G}(e) = \begin{pmatrix} k_1 & & \text{\Large $*$} \\ & k_1 & \\ & & \ddots \\ \text{\Large $*$} & & k_1 \end{pmatrix} \quad \text{und} \quad \pi_{KG,B}(e) = \left.\begin{pmatrix} k & 0 & \\ & k & \text{\Large $*$} \\ 0 & k & \\ \hline & 0 & 0 \end{pmatrix}\right\}\ \begin{matrix} m \\ \text{Zeilen} \end{matrix}$$

Da $\pi_{KG,G}$ und $\pi_{KG,B}$ äquivalent sind, sind die Spuren der obigen Matrizen gleich: $k_1\cdot |G| = k\cdot m = k\cdot[eKG : K]$.

4.2 <u>Orthogonalitätsrelationen</u>

<u>Folgerung</u> 4.10 . Seien G , K , E , D wie in Satz 4.8 und F ein weiterer einfacher KG-Rechtsmodul. Für alle $h \in G$ gilt:

$$\frac{1}{|G|} \sum_{g\in G} \chi_E(gh)\cdot\chi_F(g^{-1}) = \begin{cases} \dfrac{1}{[E : D]}\, \chi_E(h), & \text{falls } E \cong F, \\[2mm] 0 & \text{sonst.} \end{cases}$$

Beweis. Ist $E \cong F$, dann ist $\varepsilon_E = \varepsilon_F$, also $\varepsilon_E \varepsilon_F = \varepsilon_E$. Ist $E \not\cong F$, dann ist $\varepsilon_E \varepsilon_F = 0$. In beiden Fällen erhalten wir die Behauptung durch einen Koeffizientenvergleich am Basiselement $h^{-1} \in G \subseteq KG$.

<u>Satz</u> 4.11 . Sei G eine endliche Gruppe und K ein Körper mit $\mathrm{char}(K) \nmid |G|$. Die Abbildung $\langle , \rangle : Z(G, K) \times Z(G, K) \longrightarrow K$ definiert durch

$$\langle \alpha, \beta \rangle := \frac{1}{|G|} \sum_{g \in G} \alpha(g) \beta(g^{-1}) \quad \text{für alle } \alpha, \beta \in Z(G, K)$$

ist eine nichtausgeartete symmetrische Bilinearform.

Beweis. Es ist klar, daß $\langle , \rangle$ K-bilinear ist. $\langle \alpha, \beta \rangle = \langle \beta, \alpha \rangle$, da mit g auch g^{-1} die ganze Gruppe G durchläuft.

Angenommen $\beta \neq 0$, dann gibt es $h \in G$ mit $\beta(h) \neq 0$. Ist C_i die Konjugationsklasse von G mit $h^{-1} \in C_i$ und γ_i wie in Satz 4.2, so gilt:

$$\langle \gamma_i, \beta \rangle = \frac{1}{|G|} \sum_{g \in C_i} 1 \cdot \beta(g^{-1}) = \frac{|C_i|}{|G|} \cdot \beta(h) .$$

Bekanntlich ist $|G| \cdot |C_i|^{-1}$ gleich der Ordnung des Zentralisators $C_G(g)$ von $g \in C_i$ in G. Da $|G|$ eine Einheit in K ist, muß auch $|C_G(g)|$ eine sein, weil $|C_G(g)| \, / \, |G|$. Folglich ist $\langle \gamma_i, \beta \rangle \neq 0$.

<u>Folgerung</u> 4.12 . Seien G , K wie in Satz 4.11 und M , N endlich-dimensionale KG-Rechtsmoduln. Dann gilt a) $\quad \langle \chi_M, \chi_N \rangle = [\mathrm{Hom}_{KG}(M, N) : K]$ und im Fall $\mathrm{char}\, K = 0$ sogar b) $\quad \chi_M = \chi_N \Longleftrightarrow M \cong N$.

Beweis. a) Sei $M = \bigoplus_i E_i$ bzw. $N = \bigoplus_j F_j$ direkte Summe von einfachen KG-Moduln E_i bzw. F_j. Dann ist erstens

$$\sum_{g \in G} \chi_M(g) \cdot \chi_N(g^{-1}) = \sum_{i,j} \sum_{g \in G} \chi_{E_i}(g) \cdot \chi_{F_j}(g^{-1})$$

und zweitens

$$\mathrm{Hom}_{KG}(M, N) \cong \bigoplus_{i,j} \mathrm{Hom}_{KG}(E_i, F_j) .$$

Somit genügt es, die Behauptung für einfache Moduln E , F zu beweisen. Folgerung 4.10 liefert nun mit $h = 1$ im Falle $E \cong F$ wegen

$$\frac{\chi_E(1)}{[E : D]} = \frac{[E : K]}{[E : D]} = [D : K] = [\mathrm{Hom}_{KG}(E, E) : K] = [\mathrm{Hom}_{KG}(E, F) : K]$$

und im Falle $E \not\cong F$ wegen $0 = \mathrm{Hom}_{KG}(E, F)$ die gewünschte Aussage.

b) "$\Longleftarrow$". Lemma 4.4, b).

"$\Longrightarrow$". Ist E ein einfacher KG-Rechtsmodul und $D = \mathrm{End}_{KG}(E)$, so ist

$[D : K]^{-1} \langle \chi_M, \chi_E \rangle$ gleich der Anzahl der direkten Summanden von M, die zu
E isomorph sind. Aus $\chi_M = \chi_N$ ergibt sich daher, daß in den halbeinfachen Moduln M und N jeder einfache Modul in der gleichen Vielfachheit
vorkommt, was die Isomorphie von M und N zur Folge hat.

<u>Satz</u> 4.13 . Sei G eine endliche Gruppe, K ein Zerfällungskörper für G
mit $\mathrm{char}(K) \nmid |G|$ und ℓ eine Transversale von einfachen KG-Rechts-
moduln. Dann ist $\{\chi_E \mid E \in \ell\}$ eine Orthonormalbasis von $Z(G, K)$ bzgl.
$\langle , \rangle$ und für alle $g, h \in G$ gilt:

$$\sum_{E \in \ell} \chi_E(h^{-1}) \cdot \chi_E(g) = \begin{cases} |C_G(h)| , & \text{falls g und h konjugiert sind,} \\ 0 & \text{sonst.} \end{cases}$$

Beweis. Der erste Teil ergibt sich sofort aus Folgerung 4.12,a) und
Satz 3.4 .
Sei nun $h \in C_i$ und γ_i wie in Satz 4.2 . Da $\{\chi_E \mid E \in \ell\}$ eine Orthonor-
malbasis von $Z(G, K)$ ist, läßt sich γ_i in der Form

$$\gamma_i = \sum_{E \in \ell} \langle \gamma_i, \chi_E \rangle \chi_E = \sum_{E \in \ell} \frac{|C_i|}{|G|} \chi_E(h^{-1}) \cdot \chi_E$$

schreiben. Wird diese Gleichung mit $|G| \cdot |C_i|^{-1} = |C_G(h)|$ multipliziert
und dann die Abbildungen auf der rechten und linken Seite auf $g \in G$
angewandt, so folgt die Behauptung sofort aus der Definition von γ_i.

<u>Definition</u> 4.14 . Sei G eine endliche Gruppe, K ein Körper mit
$\mathrm{char}(K) \nmid |G|$, $\{C_1 = \{1\}, C_2, \ldots, C_r\}$ die Menge der Konjugationsklassen
von G und $\{E_1 \cong K, E_2, \ldots, E_s\}$ eine Transversale von einfachen
KG-Rechtsmoduln. Dann heißt eine Tafel der Form

	C_1	$\cdots$	C_j	$\cdots$	C_r
E_1	1	$\cdots$	1	$\cdots$	1
$\vdots$	$\vdots$		$\vdots$		$\vdots$
E_i	$[E_i : K]$	$\cdots$	$\chi_{E_i}(C_j)$	$\cdots$	$\chi_{E_i}(C_r)$
$\vdots$	$\vdots$		$\vdots$		$\vdots$
E_s	$[E_s : K]$	$\cdots$	$\chi_{E_s}(C_j)$	$\cdots$	$\chi_{E_s}(C_r)$

Charakterentafel von KG.

Es sei bemerkt, daß die Zeilen der Charakterentafel durch die Orthogonalitätsrelationen der Folgerung 4.10 miteinander verknüpft sind, ebenso die Spalten durch die Orthogonalitätsrelationen des Satzes 4.13,
wenn K Zerfällungskörper für G ist.

Als Beispiel sei für die Diedergruppe G der Ordnung $2(2n+1)$ und einen Körper K mit $\mathrm{char}(K) \nmid 2(2n+1)$, der eine primitive $(2n+1)$-te Einheitswurzel η enthält, die zugehörige Charakterentafel angegeben. Wir gewinnen sie leicht aus den zentral-primitiven Idempotenten von KG (siehe Abschnitt 3.5). Statt der einfachen Moduln schreiben wir in der ersten Spalte der Tafel die entsprechenden zentral-primitiven Idempotente. Außerdem sei $C_j := \{g^j, g^{-j}\}$ für $j = 1, \ldots, n$ und

$$C_{n+1} := \{h, hg, \ldots, h\,g^{2n}\}\ .$$

	$\{1\}$	C_j	C_{n+1}
ε	1	1	1
ε'	1	1	-1
ε_1	2	$\eta^{1j} + \eta^{-1j}$	0

4.3 Rationale und reelle Charaktere

<u>Lemma</u> 4.15 . Sei $g \in G$ ein Element mit $g^m = 1$, K ein Körper mit $\mathrm{char}(K) \nmid m$ und $\sqrt[m]{1} \in K$, und M ein endlich-dimensionaler KG-Rechtsmodul. Dann gilt:

a) $\chi_M(g)$ ist Summe von $[M:K]$ m-ten Einheitswurzeln.

b) Ist $K \subseteq \mathbb{C}$, dann ist $\chi_M(g^{-1})$ konjugiert komplex zu $\chi_M(g)$.

Beweis. a) Sei $H = \langle g \rangle$ die von g erzeugte Untergruppe von G. Da jeder einfache KH-Modul eindimensional ist, ist $M|_H$ direkte Summe von eindimensionalen KH-Moduln: $M|_H = \bigoplus\limits_{i=1}^{[M:K]} M_i$. Aus $\chi_M(g) = \chi_{M|_H}(g) = \sum\limits_i \chi_{M_i}(g)$ und Lemma 4.6,a) folgt dann die Behauptung.

b) Ist $\eta \in \mathbb{C}$ eine m-te Einheitswurzel, so ist η^{-1} konjugiert komplex zu η. Wir haben daher

$$\chi_M(g^{-1}) = \sum_i \chi_{M_i}(g^{-1}) = \sum_i \chi_{M_i}(g)^{-1} = \sum_i \overline{\chi_{M_i}(g)} = \overline{\chi_M(g)}\ .$$

<u>Lemma</u> 4.16 . Sei G eine endliche Gruppe mit dem Exponenten m und r Konjugationsklassen, K ein Körper mit $\mathrm{char}(K) \nmid |G|$ und $\sqrt[m]{1} \in K$, und ℓ eine Transversale von einfachen KG-Rechtsmoduln. Dann gilt:

a) $|\ell| = r$.

b) $\{\varepsilon_E \mid E \in \ell\}$ ist eine K-Basis von $Z(KG)$.

c) $\{\chi_E \mid E \in \ell\}$ ist eine K-Basis von $Z(G, K)$.

Beweis. a,b) Sei L ein Zerfällungskörper für G, der K enthält, und

$\sum\limits_{i=1}^{r} \varepsilon_i$ eine zentral-primitive Zerlegung der 1 in LG. Nach Satz 4.8 und
Lemma 4.15 liegen $\varepsilon_1,\dots,\varepsilon_r$ in KG. Also ist $\sum\limits_{i=1}^{r} \varepsilon_i$ eine zentral-primitive Zerlegung der 1 in KG. Da $\varepsilon_1,\dots,\varepsilon_r$ K-linear unabhängig sind und
$[Z(KG) : K] = r$ ist, ist $\{\varepsilon_1,\dots,\varepsilon_r\} = \{\varepsilon_E \mid E \in \mathcal{E}\}$ eine K-Basis von
$Z(KG)$.

c) Die Charaktere χ_E, $E \in \mathcal{E}$ sind auf Grund von Folgerung 4.12,a)
K-linear unabhängig. Wegen a) und $[Z(G,K) : K] = r$ bilden sie daher
eine K-Basis von $Z(G,K)$.

<u>Satz</u> 4.17 . Sei G eine endliche Gruppe. Alle zentral-primitiven Idem-
potente von $\mathbb{C}G$ liegen genau dann in $\mathbb{R}G$, wenn für alle $g \in G$ die Elemente g und g^{-1} zueinander konjugiert sind.

Beweis."$\Longleftarrow$". Sind g und g^{-1} konjugiert zueinander, dann ist
$\chi_M(g) = \chi_M(g^{-1}) = \overline{\chi_M(g)}$, und damit $\chi_M(g)$ reell. Nach Satz 4.8 haben
also alle zentral-primitiven Idempotente von $\mathbb{C}G$ reelle Koeffizienten.

"$\Longrightarrow$". Sind g und g^{-1} nicht konjugiert zueinander, dann gehören sie
zu verschiedenen Konjugationsklassen C und C_o. Da die zentral-primiti-
ven Idempotente von $\mathbb{C}G$ eine $\mathbb{C}$-Basis des Zentrums $Z(\mathbb{C}G)$ bilden, sind
die Klassensummen C^+ und $C_o^{\,+}$ Linearkombinationen davon. Es muß daher
ein solches Idempotent $\varepsilon_E = \dfrac{[E : D]}{|G|} \sum\limits_{h \in G} \chi_E(h^{-1})\, h$ geben, bei dem
$\chi_E(g) \neq \chi_E(g^{-1})$ ist. Wegen $\chi_E(g^{-1}) = \overline{\chi_E(g)}$ ist dann $\chi_E(g)$ nicht
reell.

Wir benötigen für den nächsten Satz einige Tatsachen aus der Galois-
theorie: Sei $m \in \mathbb{N}$, $L = \mathbb{Q}(\sqrt[m]{1})$ der Zerfällungskörper des Polynoms
$X^m - 1$ über $\mathbb{Q}$ und $\mathcal{G}$ die Galoisgruppe von L über $\mathbb{Q}$. Da $\mathcal{G}$ isomorph zu
der Einheitengruppe $(\mathbb{Z}/m\mathbb{Z})^*$ ist, seien diese beiden miteinander iden-
tifiziert. Ist $\bar{t} := t + m\mathbb{Z} \in \mathcal{G}$ und $\eta \in L$ eine m-te Einheitswurzel, so
gilt: $\bar{t}(\eta) = \eta^t$.

Sei nun $g \in G$ ein Element mit der Ordnung $\mathrm{ord}(g) = m$, $H = \langle g \rangle$ und
M, M_i wie im Beweis von Lemma 4.15,a) mit $K = L$. Dann ist nach Lemma
4.6,a)

$$\bar{t}(\chi_M(g)) = \bar{t}(\sum\limits_{i} \chi_{M_i}(g)) = \sum\limits_{i} \chi_{M_i}(g)^t = \sum\limits_{i} \chi_{M_i}(g^t) = \chi_M(g^t).$$

Folglich liegt $\chi_M(g)$ genau dann in $\mathbb{Q}$, dem Fixkörper von $\mathcal{G}$, wenn
$\chi_M(g) = \chi_M(g^t)$ ist für alle $t \in \mathbb{Z}$, die teilerfremd zu m sind.

<u>Satz</u> 4.18 . Sei G eine endliche Gruppe. Alle zentral-primitiven Idempotente von $\mathbb{C}G$ liegen genau dann in $\mathbb{Q}G$, wenn für alle $g \in G$ und alle $t \in \mathbb{Z}$, die teilerfremd zur Ordnung von g sind, die Elemente g und g^t zueinander konjugiert sind.

Beweis."$\Longleftarrow$". Sind g und g^t zueinander konjugiert, dann ist $\chi_M(g) = \chi_M(g^t)$ für jeden endlich-dimensionalen $\mathbb{C}G$-Rechtsmodul M. Da dies für alle $t \in \mathbb{Z}$ richtig ist, die teilerfremd zu $\mathrm{ord}(g)$ sind, folgt aus der Vorbemerkung sofort $\chi_M(g) \in \mathbb{Q}$. Damit haben nach Satz 4.8 alle zentral-primitiven Idempotente rationale Koeffizienten.

"$\Longrightarrow$". Sind g und g^t nicht konjugiert zueinander, dann gibt es (wie im Beweis von Satz 4.17) einen einfachen $\mathbb{C}G$-Rechtsmodul E mit $\chi_E(g) \neq \chi_E(g^t) = \bar{t}(\chi_E(g))$. Also kann $\chi_E(g)$ nicht in $\mathbb{Q}$ liegen.

4.4 Die Dimensionen der einfachen Moduln

<u>Definition</u> 4.19 . Sei R ein Ring. Ein Element $r \in R$ heißt ganz (über $\mathbb{Z}$), wenn es $n \in \mathbb{N}$ und $a_1, \dots, a_n \in \mathbb{Z}$ gibt, so daß $r^n + a_1 r^{n-1} + \dots + a_n = 0$ ist.

<u>Lemma</u> 4.20 . $r \in R$ ist genau dann ganz, wenn der von r erzeugte Unterring $\mathbb{Z}[r]$ in R als $\mathbb{Z}$-Modul endlich erzeugt ist.

Beweis."$\Longrightarrow$". Aus $r^n + a_1 r^{n-1} + \dots + a_n = 0$ folgt $\mathbb{Z}[r] = \mathbb{Z}\,r^{n-1} + \mathbb{Z}r^{n-2} + \dots + \mathbb{Z}$.

"$\Longleftarrow$". Jedes Element von $\mathbb{Z}[r]$ hat die Form $P(r)$, wobei $P(X)$ ein Polynom in $\mathbb{Z}[X]$ ist. Sei nun $\mathbb{Z}[r] = \sum_{i=1}^{m} \mathbb{Z} \cdot P_i(r)$ mit $P_i(X) \in \mathbb{Z}[X]$ und sei $n \in \mathbb{N}$ größer als das Maximum der Grade von $P_1(X), \dots, P_m(X)$. Zu $r^n \in \mathbb{Z}[r]$ gibt es $b_1, \dots, b_m \in \mathbb{Z}$, so daß $r^n = \sum_{i=1}^{m} b_i P_i(r)$ ist, woraus sich die Behauptung ergibt.

Wir benützen jetzt die bekannte Tatsache, daß Untermoduln von endlich-erzeugten $\mathbb{Z}$-Moduln auch endlich erzeugt sind.

<u>Satz</u> 4.21 . Ist $S \subset R$ ein Unterring, der als $\mathbb{Z}$-Modul endlich erzeugt ist, dann ist jedes Element von S ganz.

Beweis. Sei $r \in S$. $\mathbb{Z}[r]$ ist ein $\mathbb{Z}$-Untermodul von S. Nach der Vorbemerkung ist $\mathbb{Z}[r]$ endlich erzeugt über $\mathbb{Z}$ und damit r ganz.

<u>Lemma</u> 4.22 . Sind $r, s \in R$ ganz und ist $rs = sr$, dann sind $r - s$ und rs ganz.

Beweis. Sei $\mathbb{Z}[r] = \sum_{i=0}^{m-1} \mathbb{Z}\, r^i$ und $\mathbb{Z}[s] = \sum_{j=0}^{n-1} \mathbb{Z}\, s^j$. Dann ist der Unterring $\mathbb{Z}[r,s] = \sum_{i=0}^{m-1} \sum_{j=0}^{n-1} \mathbb{Z}\, r^i s^j$ endlich erzeugt über $\mathbb{Z}$, seine Elemente sind also ganz, insbesondere $r - s$ und rs.

Unmittelbar folgt daraus:

<u>Satz</u> 4.23 . Die ganzen Elemente eines kommutativen Rings bilden einen Unterring.

Es sei hier festgestellt, daß $\mathbb{Z}$ der Ring der ganzen Elemente von $\mathbb{Q}$ ist, und daß Einheitswurzeln ganz sind.

<u>Satz</u> 4.24 . Sei G eine endliche Gruppe und R ein kommutativer Ring, dessen Elemente ganz sind. Dann sind auch alle Elemente der Gruppenalgebra RG ganz.

Beweis. Sei $s = \sum_{g \in G} r_g\, g \in RG$ mit $r_g \in R$ und sei $S = \mathbb{Z}[r_g \mid g \in G]$ der von den Koeffizienten von s erzeugte Unterring von R. Da S endlich erzeugt über $\mathbb{Z}$ ist, ist es auch die Gruppenalgebra SG. Nach Satz 4.21 ist dann $s \in SG$ ganz.

<u>Lemma</u> 4.25 . Sei $g \in G$ mit $g^m = 1$, K ein Körper mit $\operatorname{char}(K) \nmid m$ und $\chi : G \longrightarrow K$ ein Charakter. Dann ist $\chi(g)$ ganz.

Beweis. χ ist der Charakter einer Matrizendarstellung $\varphi : G \longrightarrow K_{n \times n}^*$. Sei $L = K(\sqrt[m]{1})$ und $\iota : K_{n \times n}^* \longrightarrow L_{n \times n}^*$ die natürliche Einbettung. Die Matrizendarstellung $\varphi\iota : G \longrightarrow L_{n \times n}^*$ rührt gemäß §2 von einem LG-Rechtsmodul M und einer Basis B von M her: $\varphi\iota = \varphi_{M,B}$. Daher ist $\chi(g) = \chi_{\varphi\iota}(g) = \chi_M(g)$; $\chi_M(g)$ ist aber eine Summe von Einheitswurzeln, also ganz.

<u>Satz</u> 4.26 . Sei G eine endliche Gruppe, K ein Körper mit $\operatorname{char}(K) = 0$, E ein einfacher KG-Rechtsmodul und $D = \operatorname{End}_{KG}(E)$. Dann ist $[E : D]$ ein Teiler von $|G|$.

Beweis. Sei R der Unterring der ganzen Elemente von K. Nach Satz 4.8 und Lemma 4.25 ist $\frac{|G|}{[E : D]} \cdot \varepsilon_E = \sum_{g \in G} \chi_E(g^{-1})g \in RG$, also nach Satz 4.24

$\dfrac{|G|}{[E:D]} \cdot \varepsilon_E$ ganz. Da die Abbildung $\mathbb{Q}\varepsilon_E \ni q\varepsilon_E \longmapsto q \in \mathbb{Q}$ ein Ringhomomorphismus ist, ist $\dfrac{|G|}{[E:D]}$ ganz, also $\dfrac{|G|}{[E:D]} \in \mathbb{Z}$.

Lemma 4.27 . Seien G , K wie in Satz 4.26, E ein einfacher KG-Rechtsmodul mit $\mathrm{End}_{KG}(E) \cong K$ und C eine Konjugationsklasse von G. Dann ist $\dfrac{|C| \cdot \chi_E(C)}{\chi_E(1)}$ ganz.

Beweis. Sei ε_E das zu E gehörende zentral-primitive Idempotent. Wegen $Z(\varepsilon_E \cdot KG \cdot \varepsilon_E) = \varepsilon_E K$ gibt es $k \in K$ mit $C^+\varepsilon_E = \varepsilon_E k$. Ersetzen wir ε_E gemäß Satz 4.8 und multiplizieren auf der linken Seite aus, dann liefert ein Koeffizientenvergleich an $1 \in G$: $|C| \cdot \chi_E(C) = \chi_E(1) \cdot k$. Da $C^+\varepsilon_E$ ganz ist, ist es auch $\varepsilon_E k$. Daraus folgt analog zum letzten Beweis die Behauptung.

Satz 4.28 . Sei G eine endliche Gruppe mit dem Zentrum Z, K ein Körper mit $\mathrm{char}(K) = 0$ und E ein einfacher KG-Rechtsmodul mit $\mathrm{End}_{KG}(E) \cong K$. Dann ist $[E:K]$ ein Teiler von $[G:Z]$.

Beweis. Jedes Idempotent der Gruppenalgebra KZ ist zentral in KG. Somit gibt es in KZ genau ein primitives Idempotent e mit $Ee \neq 0$ (oder auch $Ee = E$), d.h. $E\big|_Z$ ist Summe von lauter isomorphen einfachen KZ-Moduln. Diese sind wegen $\varepsilon_E e \neq 0$ isomorph zu dem eindimensionalen KZ-Modul $\varepsilon_E K =: F$. Folglich ist $\chi_E(z) = [E:K]\chi_F(z) = \chi_E(1) \cdot \chi_F(z)$ für alle $z \in Z$. Für jedes $z \in Z$ ist $\{z\}$ eine Konjugationsklasse von G, und wir erhalten aus dem vorigen Beweis

$$z \cdot \varepsilon_E = \frac{\chi_E(z)}{\chi_E(1)} \varepsilon_E = \chi_F(z) \cdot \varepsilon_E \ , \text{ also } \varepsilon_E = \chi_F(z^{-1}) z \varepsilon_E.$$

Ein Koeffizientenvergleich an gz liefert jetzt

$$\chi_E(g^{-1}z^{-1}) = \chi_F(z^{-1})\chi_E(g^{-1}) \quad \text{für alle } z \in Z,\ g \in G.$$

Sei nun $g_1, \ldots, g_n$ ein vollständiges Repräsentantensystem der Nebenklassen von Z in G. Dann gilt:

$$\frac{[G:Z]}{[E:K]}\varepsilon_E = \frac{1}{|Z|}\sum_{g \in G}\chi_E(g^{-1})g = \frac{1}{|Z|}\sum_{z \in Z}\sum_{i=1}^{n}\chi_E(g_i^{-1}z^{-1})g_i z =$$

$$\left(\frac{1}{|Z|}\sum_{z \in Z}\chi_F(z^{-1})z\right)\left(\sum_{i=1}^{n}\chi_E(g_i^{-1})g_i\right) = e\left(\sum_{i=1}^{n}\chi_E(g_i^{-1})g_i\right).$$

Das letzte Produkt ist ganz, da e ein zentrales Idempotent ist und $\displaystyle\sum_{i=1}^{n}\chi_E(g_i^{-1})g_i \in RG$, wobei R der Unterring der ganzen Elemente von K ist. Somit ist auch $\dfrac{[G:Z]}{[E:K]}$ ganz.

4.5 Der Satz von Burnside

Mit den eben entwickelten Methoden soll hier die Auflösbarkeit der endlichen Gruppen gezeigt werden, deren Ordnung das Produkt von zwei Primzahlpotenzen ist.

Eine Gruppe G heißt auflösbar, wenn es eine Folge
$G = G_0 > G_1 > \ldots > G_n = 1$ von Untergruppen von G gibt mit $G_{i-1} \rhd G_i$
und G_{i-1}/G_i abelsch für $i = 1, \ldots, n$.

Der Beweis des nächsten Lemmas ist eine leichte Übung.

<u>Lemma</u> 4.29 . a) Untergruppen, Faktorgruppen und direkte Produkte von
auflösbaren Gruppen sind auflösbar.

b) Ist $N \lhd G$, dann ist G genau dann auflösbar, wenn N und G/N auflösbar sind.

Es sei noch erwähnt, daß man in der Definition von "auflösbar" die
Eigenschaft $G_{i-1} \rhd G_i$ durch $G \rhd G_i$ ersetzen kann; denn die Folge der
iterierten Kommutatoruntergruppen $G_1 := [G, G]$, $G_i := [G_{i-1}, G_{i-1}]$
einer auflösbaren Gruppe G hat letztere Eigenschaft.

<u>Definition</u> 4.30 . Sei p eine Primzahl. Eine endliche Gruppe G heißt
p-Gruppe, wenn $|G|$ eine Potenz von p ist.

<u>Lemma</u> 4.31 . Ist Z das Zentrum einer endlichen p-Gruppe $G \neq 1$, dann
ist $Z \neq 1$.

Beweis. Bezeichnen $C_1, \ldots, C_q$ alle nicht-zentralen Konjugationsklassen
von G, d.h. $|C_i| > 1$ für $i = 1, \ldots, q$, und sind $c_i \in C_i$, dann gilt:
$$|G| = |Z| + \sum_{i=1}^{q} |C_i| = |Z| + \sum_{i=1}^{q} [G : C_G(c_i)].$$
Aus p / G und $p / [G : C_G(c_i)]$ für $i = 1, \ldots, q$ folgt $p / |Z|$.

<u>Folgerung</u> 4.32 . Endliche p-Gruppen sind auflösbar.

Beweis. Angenommen, dies ist falsch, dann gibt es eine nichtauflösbare
p-Gruppe G mit minimaler Ordnung (G heißt auch "minimales Gegenbei-
spiel"). Wegen $[G : Z] \nleq |G|$ ist die p-Gruppe G/Z auflösbar; das Zen-
trum Z ist abelsch. Somit ist G nach Lemma 4.29,b) auflösbar. Ein
Widerspruch!

Ohne Beweis geben wir nun den Satz von Sylow an, den wir im weiteren

Verlauf immer wieder verwenden:

Ist G eine endliche Gruppe der Ordnung $p^n m$ mit p Primzahl und $p \nmid m$, dann gibt es Untergruppen von G mit der Ordnung p^n (sie heißen p-Sylow-Untergruppen); sie sind konjugiert zueinander und jede p-Untergruppe von G ist in einer solchen enthalten.

<u>Lemma</u> 4.33 . Sei G eine einfache nicht-zyklische endliche Gruppe, $\chi : G \longrightarrow \mathbb{C}$ ein irreduzibler Charakter und $C \neq \{1\}$ eine Konjugationsklasse von G. Ist $\chi(C) \neq 0$ und $|C|$ teilerfremd zu $\chi(1)$, dann ist χ der 1-Charakter.

Beweis. Sei E ein einfacher $\mathbb{C}G$-Rechtsmodul mit $\chi = \chi_E$ und $a = \frac{\chi(C)}{\chi(1)}$.

a) Wir zeigen: a ist ganz und $|a| \leq 1$.

Wegen $(|C|, \chi(1)) = 1$ gibt es $x, y \in \mathbb{Z}$ mit $|C|x + \chi(1)y = 1$. Multiplikation mit a liefert

$$\frac{|C|\chi(C)}{\chi(1)} \cdot x + \chi(C) \cdot y = a.$$

Somit ist a nach Lemma 4.27 und Lemma 4.25 ganz. $|a| \leq 1$; denn $\chi(C)$ ist nach Lemma 4.15,a) eine Summe von $[E : \mathbb{C}] = \chi(1)$ m-ten Einheitswurzeln, wenn m der Exponent von G ist.

b) Wir zeigen: $|a| = 1$.

Sei $P(X) = (X - a)(X - a_2) \ldots (X - a_n) = X^n - \ldots + (-1)^n a a_2 \ldots a_n$ das Minimalpolynom von a über $\mathbb{Q}$, und $\mathcal{G}$ die Galoisgruppe von $\mathbb{Q}(\sqrt[m]{1})$ über $\mathbb{Q}$. Da $\mathcal{G}$ abelsch ist, ist $\mathbb{Q}(a)$ über $\mathbb{Q}$ galoisch. Bezeichnet $\mathcal{H}$ die Galoisgruppe von $\mathbb{Q}(a)$ über $\mathbb{Q}$, dann ist $\mathcal{G} \ni \sigma \longmapsto \sigma|_{\mathbb{Q}(a)} \in \mathcal{H}$ ein Epimorphismus. $\mathcal{H}$ operiert auf der Menge $\{a, a_2, \ldots, a_n\}$ transitiv, d.h.

es gibt zu jedem a_i ein $\sigma \in \mathcal{G}$ mit $a_i = \sigma(a) = \frac{\sigma(\chi(C))}{\chi(1)}$. Da jedes $\sigma \in \mathcal{G}$ die m-ten Einheitswurzeln permutiert, ist $\sigma(\chi(C))$ wieder Summe von $\chi(1)$ m-ten Einheitwurzeln, also $|a_i| \leq 1$ für $i = 2, \ldots n$. Da a ganz ist, sind es auch $a_2, \ldots, a_n$, also auch $a a_2 \cdot \ldots \cdot a_n$ $(\neq 0)$. Wegen $a a_2 \ldots a_n \in \mathbb{Q}$ und $|a a_2 \ldots a_n| \leq 1$ folgt daraus $|a a_2 \ldots a_n| = 1$, somit $|a| = 1$.

c) Wir zeigen: E ist isomorph zum trivialen $\mathbb{C}G$-Modul $\mathbb{C}$.

Sei $c \in C$ und $H = \langle c \rangle$. Es gibt eine $\mathbb{C}$-Basis $B = \{b_1, \ldots, b_{\chi(1)}\}$ von E, so daß $E_i = b_i \mathbb{C}$ für $i = 1, \ldots, \chi(1)$ $\mathbb{C}H$-Moduln sind und

$$E|_H = \bigoplus_{i=1}^{\chi(1)} E_i$$ ist. Aus $|a| = 1$ ergibt sich $\chi(1) = |\chi(c)| = |\sum_{i=1}^{\chi(1)} \chi_{E_i}(c)|$, und aus $|\chi_{E_i}(c)| = 1$ für $i = 1, \ldots, \chi(1)$ folgt

$\chi_{E_1}(c) = \ldots = \chi_{E_{\chi(1)}}(c) =: b$. Damit gilt für die zu E und B gehörende Matrizendarstellung $\varphi_{E,B}$

$$(c)\varphi_{E,B} = \begin{pmatrix} b & & & \\ & b & & 0 \\ & & \ddots & \\ 0 & & & b \end{pmatrix} \in Z(\text{Bi}(\varphi_{E,B})) \, .$$

Die Einfachheit von G impliziert nun $\text{Bi}(\varphi_{E,B}) \cong G$ oder $\text{Bi}(\varphi_{E,B}) = 1$. Da G nicht-zyklisch ist, also $Z(G) = 1$, ist in beiden Fällen $Z(\text{Bi}(\varphi_{E,B})) = 1$. Aus $c \neq 1$ folgt damit $\text{Bi}(\varphi_{E,B}) = 1$. Daher operiert G trivial auf E. E ist einfach, folglich $E \cong \mathbb{C}$.

Satz 4.34 (Burnside). Seien p,q Primzahlen und a,b natürliche Zahlen. Dann ist jede Gruppe der Ordnung $p^a q^b$ auflösbar.

Beweis. Sei G ein minimales Gegenbeispiel mit $G = p^a q^b$. Aus Lemma 4.29,b) ergibt sich sofort, daß G einfach ist. Sei nun P eine p-Sylow-Untergruppe von G, $1 \neq c \in Z(P)$ und C die Konjugationsklasse von G, die c enthält. Aus $C_G(c) \supseteq P$ folgt $p \nmid |C| = \frac{|G|}{|C_G(c)|}$, also ist $|C| = q^{b'}$ mit $b' \in \{1,\ldots,b\}$.

Sei nun $\mathcal{E}$ eine Transversale von einfachen $\mathbb{C}G$-Rechtsmoduln. Ist $E \in \mathcal{E}$, $E \neq \mathbb{C}$ und $\chi_E(c) \neq 0$, dann teilt q nach Lemma 4.33 $\chi_E(1)$, d.h. es gibt $n_E \in \mathbb{N}$ mit $\chi_E(1) = q n_E$. Somit gilt:

$$0 = \chi_{\mathbb{C}G}(c) = \sum_{E \in \mathcal{E}} [E : \mathbb{C}]\chi_E(c) = 1 + \sum_{\substack{E \in \mathcal{E} \\ E \neq \mathbb{C}, \chi_E(c) \neq 0}} \chi_E(1) \cdot \chi_E(c) = 1 + q z \, ,$$

wobei $z = \sum_{\ldots} n_E \cdot \chi_E(c)$ gesetzt ist. z ist einerseits ganz, andererseits aber gleich $-\frac{1}{q}$. Ein Widerspruch!

4.6 Das Tensorprodukt

Von nun an setzen wir voraus, daß das Tensorprodukt $M \otimes_R N$ eines R-Rechtsmoduls M und eines R-Linksmoduls N über einem Ring R sowie folgende Eigenschaften bekannt sind:

a) R-Homomorphismen $\alpha : M \longrightarrow M'$ und $\beta : N \longrightarrow N'$ induzieren einen Homomorphismus "$\alpha \otimes \beta$": $M \otimes_R N \longrightarrow M' \otimes_R N'$.

b) Das Tensorprodukt ist in beiden Argumenten mit direkten Summen vertauschbar.

c) Ist N ein freier R-Linksmodul und $\{b_i \mid i \in I\}$ eine Basis von N, dann läßt sich jedes Element von $M \otimes_R N$ eindeutig in der Form $\sum_i m_i \otimes b_i$ mit $m_i \in M$ schreiben.

d) $M \otimes_R R \cong M$ (als R-Rechtsmoduln). Ist S ein weiterer Ring und N ein R-S-Bimodul (d.h. N ist R-Linksmodul und S-Rechtsmodul und für alle $r \in R$, $n \in N$, $s \in S$ gilt: $(rn)s = r(ns)$), dann ist $M \otimes_R N$ ein S-Rechtsmodul. Ist P ein S-Rechtsmodul, dann ist $\mathrm{Hom}_S(N, P)$ ein R-Rechtsmodul und es gilt:

$$\mathrm{Hom}_S(M \otimes_R N, P) \cong \mathrm{Hom}_R(M, \mathrm{Hom}_S(N, P)).$$

Ist P ein S-Linksmodul, dann gilt: $(M \otimes_R N) \otimes_S P \cong M \otimes_R (N \otimes_S P)$.

Ist R kommutativ, dann gilt: $M \otimes_R N \cong N \otimes_R M$.

e) Sind R und S Algebren über einem Körper K, dann wird $R \otimes_K S$ mit der Multiplikation

$$(\sum_i r_i \otimes s_i)(\sum_j r_j' \otimes s_j') := \sum_{i,j} r_i r_j' \otimes s_i s_j', \quad r_i, r_j' \in R,\ s_i, s_j' \in S$$

zu einer Algebra über K.

Seien M, N KG-Rechtsmoduln. $M \otimes_K N$ wird durch

$$(m \otimes n) \cdot g := mg \otimes ng \quad \text{für alle } m \in M,\ n \in N,\ g \in G$$

(und lineare Erweiterung dieser Definition) zu einem KG-Rechtsmodul. $\mathrm{Hom}_K(M, N)$ wird durch

$$\alpha \cdot g := (m \longmapsto \alpha(mg^{-1})g) \quad \text{für alle } \alpha \in \mathrm{Hom}_K(M, N),\ g \in G$$

zu einem KG-Rechtsmodul.

Der Beweis des nächsten Lemmas ist eine leichte Übung.

<u>Lemma</u> 4.35 . Seien M, N, P KG-Rechtsmoduln. Dann sind die kanonischen Abbildungen

$$M \otimes_K N \longrightarrow N \otimes_K M$$
$$(M \otimes_K N) \otimes_K P \longrightarrow M \otimes_K (N \otimes_K P)$$
$$\mathrm{Hom}_K(M \otimes_K N, P) \longrightarrow \mathrm{Hom}_K(M, \mathrm{Hom}_K(N, P))$$

KG-Isomorphismen. Sind M und N endlich-dimensional, dann ist auch die kanonische Abbildung

$$\mathrm{End}_K(M) \otimes_K \mathrm{End}_K(N) \longrightarrow \mathrm{End}_K(M \otimes_K N)$$

ein KG-Isomorphismus.

<u>Satz</u> 4.36 . Seien M , N endlich-dimensionale KG-Rechtsmoduln. Dann gilt: $\chi_{M \otimes_K N} = \chi_M \cdot \chi_N$.

Beweis. Sei $B = \{b_1, \ldots, b_m\}$ eine K-Basis von M und $C = \{c_1, \ldots, c_n\}$ eine von N. Dann ist $B' = \{b_i \otimes c_j \mid 1 \leq i \leq m, \ 1 \leq j \leq n\}$ eine K-Basis von $M \otimes_K N$. Außerdem sei für $g \in G$

$$(g)\varphi_{M,B} = ((k_{ij})) \in K_{m \times m} \quad \text{und} \quad (g)\varphi_{N,C} = ((k'_{ij})) \in K_{n \times n}.$$

Wegen

$$(b_i \otimes c_j) \cdot g = b_i g \otimes c_j g = (\sum_{h=1}^{m} b_h \, k_{ih}) \otimes (\sum_{l=1}^{n} c_l \, k'_{jl}) =$$

$$= \sum_{h,l} (b_h \otimes c_l) k_{ih} \cdot k'_{jl} = (b_i \otimes c_j) k_{ii} \cdot k'_{jj} + \ldots$$

steht $k_{ii} \cdot k'_{jj}$ in der Diagonale von $(g)\varphi_{M \otimes_K N, B'}$, und zwar in der Spalte, die zu $b_i \otimes c_j$ gehört. Es folgt:

$$\chi_{M \otimes_K N}(g) = \mathrm{Sp}((g)\varphi_{M \otimes_K N, B'}) = \sum_{i,j} k_{ii} \cdot k'_{jj} = \chi_M(g) \cdot \chi_N(g) \ .$$

Ist M ein endlich-dimensionaler KG-Rechtsmodul, so bezeichne M^* den zu M dualen K-Vektorraum $\mathrm{Hom}_K(M, K)$ versehen mit der KG-Linksmodul-Struktur:

$$a\alpha := (m \longmapsto \alpha(ma)) \quad \text{für alle } \alpha \in \mathrm{Hom}_K(M, K) \ , \ a \in KG$$

<u>Lemma</u> 4.37 . $\chi_M = \chi_{M^*}$.

Beweis. Sei $B = \{b_1, \ldots, b_m\}$ eine K-Basis von M, $B^* = \{b_1^*, \ldots, b_m^*\}$ die dazu duale Basis von M^* und $g \in G$. Aus $b_i g = \sum_{j=1}^{m} b_j \, k_{ij}$ mit $k_{ij} \in K$ folgt $g b_j^* = \sum_{i=1}^{m} k_{ij} \, b_i^*$, d.h. $(g)\varphi_{M,B} = \varphi_{M^*, B^*}(g)$. Folglich ist $\chi_M = \chi_{M^*}$

<u>Lemma</u> 4.38 . Sei G eine endliche Gruppe und K ein Körper mit $\mathrm{char}(K) \nmid |G|$. Für jedes primitive Idempotent $e \in KG$ gilt: $\chi_{eKG} = \chi_{KGe}$.

Beweis. Ist ε das zentral-primitive Idempotent mit $e\varepsilon = e$, dann ist $\varepsilon(eKG)^* = (eKG)^*$. Aus $[(eKG)^* : K] = [eKG : K]$ folgt somit $(eKG)^* \cong KGe$. Aus Lemma 4.37 ergibt sich jetzt die Behauptung.

Wir zeigen nun die zweite Aussage von Satz 4.13 unabhängig vom dortigen Beweis noch einmal. Wir bekommen hier einen tieferen Einblick in die ringtheoretische Bedeutung dieser Orthogonalitätsrelation.

Sei $\mathcal{E} = \{E_1, \ldots, E_r\}$ eine Transversale von einfachen KG-Rechtsmoduln. Zu E_i gibt es ein primitives Idempotent $e_i \in KG$ mit $E_i \cong e_i KG$. Ist

$\varepsilon_i \in KG$ das zu e_i gehörige zentral-primitive Idempotent mit $e_i \varepsilon_i = e_i$, dann ist $KGe_i KG = \varepsilon_i KG \varepsilon_i$, denn $\varepsilon_i KG \varepsilon_i$ ist ein einfacher Ring und $KGe_i KG$ darin ein echtes zweiseitiges Ideal.

Sei nun $H = G \times G$. KG ist KH-Rechtsmodul vermöge

$$a(h,g) := h^{-1}ag \quad \text{für alle } a \in KG, \ (h,g) \in H.$$

$KG = \bigoplus_{i=1}^{r} KGe_i KG$ ist eine KH-direkte Zerlegung von KG. Die kanonische Abbildung

$$KGe_i \otimes_K e_i KG \ni \sum_j a_j \otimes b_j \longmapsto \sum_j a_j b_j \in KGe_i KG$$

ist ein KH-Isomorphismus, weil die K-Dimensionen von Quelle und Ziel gleich sind. Betrachten wir

$e_i KG$ auch als KH-Rechtsmodul vermöge $(e_i a)(h,g) = e_i ag$ und
KGe_i auch als KH-Rechtsmodul vermöge $(ae_i)(h,g) = h^{-1}ae_i$, so erhalten wir aus Satz 4.7 und Satz 4.36

$$\chi_{KG}((h,g)) = \sum_{i=1}^{r} \chi_{KGe_i \otimes_K e_i KG}((h,g)) = \sum_{i=1}^{r} \chi_{KGe_i}((h,g)) \cdot \chi_{e_i KG}((h,g)) =$$

$$\sum_{i=1}^{r} \chi_{KGe_i}(h^{-1}) \cdot \chi_{e_i KG}(g) = \sum_{i=1}^{r} \chi_{e_i KG}(h^{-1}) \cdot \chi_{e_i KG}(g) = \sum_{E \in \mathcal{E}} \chi_E(h^{-1}) \cdot \chi_E(g) \ .$$

Um den Wert von $\chi_{KG}((h,g))$ zu berechnen, nehmen wir G als Basis von KG. $\chi_{KG}((h,g))$ ist genau dann ungleich Null, wenn es $x \in G$ gibt, so daß $x(h,g) = x$ ist, d.h. $g = x^{-1}hx$. In diesem Fall ist für $y \in G$ die Gleichung $y(h,g) = y$ äquivalent zu $yx^{-1} \in C_G(h)$, woraus sich leicht $\chi_{KG}((h,g)) = |C_G(h)|$ ergibt.

4.7 Zerfällungskörper mit Charakteristik $p > 0$

Lemma 4.39 . Sei D ein Schiefkörper mit dem Zentrum K und $[D : K] < \infty$, und $K \subset L$ eine Körpererweiterung. Dann gilt:

a) $Z(L \otimes_K D) = L \otimes_K K \cong L$.

b) $L \otimes_K D$ ist ein einfacher Ring.

c) Es gibt eine natürliche Zahl n mit $n^2 = [D : K]$.

d) Ist L algebraisch abgeschlossen, dann ist $L \otimes_K D \cong L_{n \times n}$.

e) Ist L ein maximaler Unterkörper von D, dann ist $L \otimes_K D \cong L_{n \times n}$ und $[L : K] = n$.

f) Ist $L \otimes_K D \cong L_{m \times m}$ und $[L : K] < \infty$, dann gilt: $m = n$, $n / [L : K]$.

Beweis. Sei $\{1_i \mid i \in I\}$ eine K-Basis von L.

a) Ist $\sum\limits_{i\in I} l_i \otimes d_i \in Z(L \otimes_K D)$, dann gilt für alle $d \in D$:

$$0 = (\sum\limits_{i\in I} l_i \otimes d_i)(1 \otimes d) - (1 \otimes d)(\sum\limits_{i\in I} l_i \otimes d_i) = \sum\limits_{i\in I} l_i \otimes (d_i d - dd_i).$$

Folglich ist $d_i d - dd_i = 0$ für alle $d \in D$, $i \in I$; also $d_i \in K$ für $i \in I$. Somit $Z(L \otimes_K D) \subseteq L \otimes_K K$. Die Inklusion " $\supseteq$ " ist trivial.

b) Sei $0 \neq J \subseteq L \otimes_K D$ ein zweiseitiges Ideal und $0 \neq a = \sum\limits_{i\in I} l_i \otimes d_i$ ein Element in J derart, daß $|\{i \mid i \in I, d_i \neq 0\}|$ minimal ist. Wir können annehmen, daß ein $i_0 \in I$ existiert mit $d_{i_0} = 1$. Zu $d \in D$ bilde jetzt

$$a(1 \otimes d) - (1 \otimes d)a = \sum\limits_{i\in I} l_i \otimes (d_i d - dd_i) =: \sum\limits_{i\in I} l_i \otimes d_i' \ .$$

Aus $d_{i_0}' = 0$ und der Minimalitätseigenschaft von a ergibt sich

$$a(1 \otimes d) - (1 \otimes d)a = 0 \quad \text{für alle } d \in D.$$

Damit ist $a \in Z(L \otimes_K D) = L \otimes_K K = L \otimes 1$. Es gibt also $0 \neq l \in L$ mit $a = l \otimes 1$, woraus $J = L \otimes_K D$ folgt.

c,d) Sei L algebraisch abgeschlossen. Wegen $[L \otimes_K D : L] = [D : K]$ ist $L \otimes_K D$ eine endlich-dimensionale Algebra über L und besitzt daher ein einfaches Rechtsideal. Somit ist $L \otimes_K D$ nach Satz 1.17 halbeinfach. Da $L \otimes_K D$ ein einfacher Ring ist und L Zerfällungskörper für die L-Algebra $L \otimes_K D$, gibt es $n \in \mathbb{N}$ mit $L \otimes_K D \cong L_{n \times n}$. Aus $n^2 = [L \otimes_K D : L] = [D : K]$ folgt c).

e) D wird zum $L \otimes_K D$-Rechtsmodul vermöge

$$d'(l \otimes d) := ld'd \quad \text{für alle } d',d \in D, \ l \in L.$$

Es ist klar, daß D ein einfacher $L \otimes_K D$-Rechtsmodul ist. Da alle einfachen $L \otimes_K D$ - Rechtsmoduln zu D isomorph sind, folgt die Behauptung sofort aus Satz 1.20, wenn wir bewiesen haben, daß die Abbildung $\operatorname{End}_{L \otimes_K D}(D) \ni \alpha \longmapsto \alpha(1) \in L$ ein Ringisomorphismus ist.

Wir zeigen zuerst: $e := \alpha(1) \in L$. Für alle $l \in L$ gilt:

$$le = l\alpha(1) = \alpha(1)(l \otimes 1) = \alpha(1 \cdot (l \otimes 1)) = \alpha(1l) = \alpha(l1) =$$
$$= \alpha(1 \cdot (l \otimes 1)) = \alpha(1)l = el$$

Daher ist $L \subset L(e)$ eine Körpererweiterung. Wegen $L(e) \subset D$ und der Maximalität von L gilt $e \in L$.

Man zeigt leicht, daß die obige Abbildung ein Homomorphismus ist. Sie ist injektiv, da α durch $\alpha(1)$ eindeutig bestimmt ist; sie ist surjektiv, da für $l \in L$ die Linksmultiplikation $l \cdot -$ in $\operatorname{End}_{L \otimes_K D}(D)$ liegt.

f) Ein Dimensionsvergleich liefert $m = n$.
Sei E ein einfacher $L \otimes_K D$ - Rechtsmodul. Die Einbettung

$D \ni d \longmapsto 1 \otimes d \in L \otimes_K D$ macht E zu einem D-Rechtsvektorraum. Setzen wir $t := [E : D]$, dann gilt:

$$[E : K] = [E : D][D : K] = tn^2 \text{ und } [E : K] = [E : L][L : K] = n[L : K].$$

Daraus folgt $[L : K] = tn$.

Satz 4.40 (Wedderburn). Jeder endliche Schiefkörper ist kommutativ.

Beweis. Wir nehmen an, der Satz ist falsch, und D ist ein Gegenbeispiel mit $|D|$ minimal. Setze $K = Z(D)$ und $n = \sqrt{[D : K]} \neq 1$.

a) Sei $x \in D \setminus K$. Der Zentralisator $C_D(x) := \{d \mid d \in D, xd = dx\}$ ist ein Schiefkörper. Wegen $x \notin K$ gilt $C_D(x) \subsetneq D$. Auf Grund der Minimalität von D ist $C_D(x)$ kommutativ. Da jeder Unterkörper $L \leq D$, der x enthält, in $C_D(x)$ liegt, ist $C_D(x)$ ein maximaler Unterkörper von D. Nach Lemma 4.39 gilt dann $[C_D(x) : K] = n$.

b) Sei nun D^* bzw. K^* die Einheitengruppe von D bzw. K. Dann ist $C_{D^*}(x)$ die von $C_D(x)$. Weiter sei S ein vollständiges Repräsentantensystem der nicht-zentralen Konjugationsklassen von D^* und $x_0 \in S$. Dann gilt:

$$|D^*| = |K^*| + \sum_{x \in S} \frac{|D^*|}{|C_{D^*}(x)|} = |K^*| + |S| \frac{|D^*|}{|C_{D^*}(x_0)|} .$$

Es folgt

$$|C_{D^*}(x_0)| = |S| + \frac{|K^*|}{|D^*|} \cdot |C_{D^*}(x_0)|$$

und wegen $n + 1 < n^2$

$$0 < \frac{|K^*|}{|D^*|} \cdot |C_{D^*}(x_0)| < \frac{|K|}{|K|^{n^2}} \cdot |K|^n < 1.$$

Die letzten beiden Zeilen ergeben einen Widerspruch.

Lemma 4.41 . Sei G eine endliche Gruppe mit genau r Konjuationsklassen, K ein Körper mit $\mathrm{char}(K) \nmid |G|$ und ℓ eine Transversale von einfachen KG-Rechtsmoduln. Aus $|\ell| = r$ folgt $Z(\mathrm{End}_{KG}(E)) \simeq K$ für alle $E \in \ell$.

Beweis. Sei ε_E das zu $E \in \ell$ gehörige zentral-primitive Idempotent. Da $\{\varepsilon_E | E \in \ell\}$ eine K-Basis von $Z(KG)$ ist, gilt:

$$Z(\varepsilon_E KG \varepsilon_E) = Z(KG) \cap \varepsilon_E KG \varepsilon_E = \varepsilon_E K .$$

Nach Satz 1.20 und 1.22 ist $Z(\mathrm{End}_{KG}(E)) \cong Z(\varepsilon_E KG \varepsilon_E)$, also haben wir $Z(\mathrm{End}_{KG}(E)) \simeq K$ für alle $E \in \ell$.

Satz 4.42 . Sei G eine endliche Gruppe mit genau r Konjugationsklassen, K ein Körper mit $\mathrm{char}(K) = p > 0$ und $p \nmid |G|$, und sei ℓ eine Transversale von einfachen KG-Rechtsmoduln. K ist genau dann Zerfällungskörper für G, wenn $|\mathcal{C}| = r$ ist.

Beweis. "$\Longrightarrow$". Satz 3.4 .

"$\Longleftarrow$". Sei $P \subset K$ der Primkörper und $Q \subset K$ der kleinste Unterkörper derart, daß alle zentral-primitiven Idempotente von KG noch in QG liegen.
$P \subset Q$ ist eine endliche Körpererweiterung, da die Koeffizienten der
zentral-primitiven Idempotente algebraisch über P sind. Somit ist
$|Q| < \infty$. Folglich gilt für jeden einfachen QG-Rechtsmodul E: $|E| < \infty$
und $|\mathrm{End}_{QG}(E)| < \infty$. Damit ist nach Satz 4.40 $\mathrm{End}_{QG}(E) = Z(\mathrm{End}_{QG}(E))$.
Da nach Lemma 4.41 $Z(\mathrm{End}_{QG}(E)) \cong Q$ ist, ist Q Zerfällungskörper für
G, und daher nach Satz 3.6 auch K.

<u>Folgerung</u> 4.43 . Sei G eine endliche Gruppe mit dem Exponenten m und
K ein Körper mit $\mathrm{char}(K) = p > 0$, $p \nmid |G|$ und $\sqrt[m]{1} \in K$. Dann ist K Zerfäl-
lungskörper für G.

Beweis. Klar nach Satz 4.42 und Lemma 4.16,a).

§ 5. Induzierte Moduln und Charaktere.

Im folgenden sei G eine Gruppe, H eine Untergruppe von G, und K ein Körper.

Wir gehen nun daran, wichtige Beziehungen zwischen KG-Moduln und KH-Moduln sowie zwischen Charakteren von G und Charakteren von H zu untersuchen.

5.1 Induzierte Moduln

Sei M ein KG-Rechtsmodul und N ein KH-Rechtsmodul. $M|_H$ bezeichne den auf KH eingeschränkten Modul M und N^G den induzierten KG-Rechtsmodul $N \otimes_{KH} KG$.

Die Schreibweise $\underset{K}{\cong}$ bzw. $\underset{KG}{\cong}$ bedeutet, daß die zugehörigen Objekte als K-Vektorräume bzw. als KG-Moduln isomorph sind.

$\underline{\text{Satz}}$ 5.1 (Frobenius, Nakayama). $\text{Hom}_{KG}(N^G , M) \underset{K}{\cong} \text{Hom}_{KH}(N , M|_H)$.

Beweis. Es gilt:

$$\text{Hom}_{KG}(N \otimes_{KH} KG , M) \cong \text{Hom}_{KH}(N , \text{Hom}_{KG}(KG , M)) \cong \text{Hom}_{KH}(N , M|_H).$$

Der zweite Schritt ist richtig, da die Abbildung

$$\text{Hom}_{KG}(KG , M) \ni \alpha \longmapsto \alpha(1) \in M$$

ein KH-Isomorphismus ist.

$\underline{\text{Folgerung}}$ 5.2 . Sei G eine endliche Gruppe, K ein Körper mit $\text{char}(K) \nmid |G|$ und seien M , N einfache Moduln mit $\text{End}_{KG}(M) \cong K$, $\text{End}_{KH}(N) \cong K$. Dann tritt M in N^G genauso oft als direkter Summand auf wie N in $M|_H$.

Beweis. $M|_H$ ist halbeinfach. Sei also $M|_H = \bigoplus_{i=1}^{n} N_i$ eine direkte Summe von einfachen KH-Moduln. Nach dem Lemma von Schur gilt für $i = 1,\ldots,n$:

$$N_i \cong N \Longleftrightarrow \text{Hom}_{KH}(N , N_i) \cong K, \quad N_i \ncong N \Longleftrightarrow \text{Hom}_{KH}(N , N_i) = 0.$$

Wegen $\text{Hom}_{KH}(N, \bigoplus_{i=1}^{n} N_i) \cong \bigoplus_{i=1}^{n} \text{Hom}_{KH}(N , N_i)$ ist daher die Vielfachheit von N in $M|_H$ gleich der K-Dimension von $\text{Hom}_{KH}(N , M|_H)$.

Ähnlich überlegt man sich, daß die Vielfachheit von M in N^G gleich der K-Dimension von $\text{Hom}_{KG}(N^G , M)$ ist.

Aus Satz 5.1 folgt dann die Behauptung.

Satz 5.3 . $(N \otimes_K M|_H)^G \underset{KG}{\cong} N^G \otimes_K M$.

Beweis. Die Abbildung φ: $(N \otimes_K M|_H) \otimes_{KH} KG \longrightarrow (N \otimes_{KH} KG) \otimes_K M$ gegeben durch

$$\varphi((n \otimes m) \otimes g) \;=\; (n \otimes g) \otimes mg \quad \text{für alle } n \in N,\; m \in M,\; g \in G$$

und K-lineare Erweiterung ist ein KG-Isomorphismus:
Man zeigt ähnlich wie bei der gewöhnlichen Assoziativität des Tensor-produkts, daß φ wohldefiniert ist. φ ist KG-Homomorphismus, weil für alle $h \in G$ gilt:

$$\varphi(((n \otimes m) \otimes g)h) \;=\; \varphi((n \otimes m) \otimes gh) \;=\; (n \otimes gh) \otimes mgh \;=\; ((n \otimes g) \otimes mg)h \;=$$
$$=\; \varphi((n \otimes m) \otimes g)h \;.$$

Die Umkehrabbildung wird definiert durch

$$(N \otimes_K M|_H) \otimes_{KH} KG \;\ni\; (n \otimes mg^{-1}) \otimes g \;\longleftarrow\; (n \otimes g) \otimes m \;\in\; (N \otimes_{KH} KG) \otimes_K M \;.$$

Satz 5.4 (Transitivität der Induktion). Sei $H \leq H' \leq G$. Es gilt:
$$(N^{H'})^G \underset{KG}{\cong} N^G \;.$$

Beweis. Es ist $(N \otimes_{KH} KH') \otimes_{KH'} KG \cong N \otimes_{KH} (KH' \otimes_{KH'} KG) \cong N \otimes_{KH} KG$; dabei ist der zweite Schritt richtig, weil $KH' \otimes_{KH'} KG$ und KG als KH'-KG-Bimoduln isomorph sind.

Lemma 5.5 . Sei ρ ein vollständiges Repräsentantensystem der Rechtsne-benklassen von H in G. Dann gilt:

a) $_H|KG = \bigoplus_{g \in \rho} KH\,g$.

b) Für $g \in \rho$ ist $KH \ni a \longmapsto ag \in KHg$ ein KH-Isomorphismus.

Beweis. a) G ist disjunkte Vereinigung der Nebenklassen Hg, wobei $g \in \rho$ ist : $G = \bigcup_{g \in \rho} Hg$. Außerdem ist G als Menge betrachtet eine K-Basis von $_H|KG$ und Hg eine K-Basis von KHg für $g \in \rho$, also $G = \bigcup_{g \in \rho} Hg$ eine K-Basis von $\bigoplus_{g \in \rho} KH\,g$.

b) Da $g \in \rho$ eine Einheit in KG ist, ist $-\cdot g : KH \longrightarrow KHg$ ein Isomorphis-mus.

5.2 Der Satz von Mackey

Seien $H, H' \leq G$ und $x \in G$. Wir setzen $H^x := x^{-1}Hx$, $H_x := H^x \cap H'$ und $HxH' := \{hxh' \mid h \in H, h' \in H'\}$. HxH' heißt H-H'-Doppelnebenklasse.

Lemma 5.6 . Für $x, y \in G$ gilt: $HxH' = HyH'$ oder $HxH' \cap HyH' = \emptyset$.

Beweis. Angenommen $HxH' \cap HyH' \neq \emptyset$, dann gibt es $h, h_1 \in H$ und $h', h_1' \in H'$ mit $hxh' = h_1yh_1'$. Es folgt $x = h^{-1}h_1yh_1'h'^{-1} \in HyH'$, also $HxH' \subseteq HyH'$. Analog ist $HyH' \subseteq HxH'$.

Lemma 5.7 . Für $h, h_1 \in H$ und $h', h_1' \in H'$ sind äquivalent:

a) $hxh' = h_1xh_1'$.

b) Es gibt $z \in H_x$ mit $h_1 = hxzx^{-1}$ und $h_1' = z^{-1}h'$.

Beweis. a $\Longrightarrow$ b. Aus $hxh' = h_1xh_1'$ folgt $h_1'h'^{-1} = x^{-1}h_1^{-1}hx \in H_x$. Setze $z := (h_1'h'^{-1})^{-1}$.

b $\Longrightarrow$ a. Trivial.

Der K-Algebrenhomomorphismus

$$KH_x \ni \sum_{z \in H_x} k_z\, z \longmapsto \sum_{z \in H_x} k_z\, xzx^{-1} \in KH$$

macht jeden KH-Rechtsmodul N zu einem KH_x-Rechtsmodul, den wir mit N_x bezeichnen. Die zugehörige Rechtsmultiplikation mit Elementen von KH_x kennzeichnen wir mit "$\circ$", d.h. $n \circ z = nxzx^{-1}$ für alle $n \in N$, $z \in H_x$.

Satz 5.8 (Mackey). Sei ρ ein vollständiges Repräsentantensystem der H-H'-Doppelnebenklassen von G. Dann gilt:

a) $KG \cong \bigoplus_{x \in \rho} (KH)_x \otimes_{KH_x} KH'$ (als KH-KH'-Bimoduln).

b) $(N^G)\big|_{H'} \cong \bigoplus_{x \in \rho} N_x \otimes_{KH_x} KH'$.

Beweis. a) Sei $\varphi : KG \longrightarrow \bigoplus_{x \in \rho} (KH)_x \otimes_{KH_x} KH'$ der K-Homomorphismus definiert durch $\varphi(hxh') = h \otimes_{KH_x} h'$ für alle $h \in H$, $h' \in H'$, $x \in \rho$. Mit Hilfe von Lemma 5.7 erhält man leicht, daß φ wohldefiniert ist. Auch ist klar, daß φ ein KH-KH'-Bihomomorphismus ist.
Da die Abbildung

$$(KH)_x \times KH' \ni \Big(\sum_{h \in H} k_h\, h,\ \sum_{h' \in H'} k_{h'}'\, h'\Big) \longmapsto \sum_{h, h'} k_h k_{h'}'\, hxh' \in KG$$

wegen $(h, zh') \longmapsto hxzh'$ und $(h \circ z, h') \longmapsto (h \circ z)xh' = hxzx^{-1}xh' =$

hxzh' KH_x-bilinear ist, ist der K-Homomorphismus

$$\psi: \bigoplus_{x\in\rho} (KH)_x \otimes_{KH_x} KH' \longrightarrow KG, \text{ der durch } \psi(h \otimes_{KH_x} h') = hxh' \text{ gegeben wird,}$$

wohldefiniert. Man sieht sofort, daß ψ und φ invers zueinander sind.

b) $(N^G)|_{H'} = (N \otimes_{KH} KG)|_{H'} \cong \bigoplus_{x\in\rho} N \otimes_{KH} ((KH)_x \otimes_{KH_x} KH')$

$\cong \bigoplus_{x\in\rho} (N \otimes_{KH} (KH)_x) \otimes_{KH_x} KH' \cong \bigoplus_{x\in\rho} N_x \otimes_{KH_x} KH'$.

Als Anwendung dieses Satzes zeigen wir jetzt das Irreduzibilitätskriterium von Mackey. Dazu setzen wir $H' = H$, also auch $H_x := H^x \cap H$.

<u>Satz</u> 5.9 . Sei G eine endliche Gruppe, H eine Untergruppe von G, K ein Körper mit char(K) $\nmid$ |H| und N ein KH-Rechtsmodul. Dann sind äquivalent:

a) $\text{End}_{KG}(N^G) \cong K$.

b) $\text{End}_{KH}(N) \cong K$ und $\text{Hom}_{KH_x}(N_x , N|_{H_x}) = O$ für alle $x \in G\backslash H$.

Beweis. Für jedes vollständige Repräsentantensystem ρ von H – H – Doppelnebenklassen in G gilt:

$$\text{Hom}_{KG}(N^G , N^G) \cong \text{Hom}_{KH}(N , N^G|_H) \cong \text{Hom}_{KH}(N^G|_H , N) \cong$$

$$\text{Hom}_{KH}(\bigoplus_{x\in\rho} N_x \otimes_{KH_x} KH , N) \cong \bigoplus_{x\in\rho} \text{Hom}_{KH}(N_x \otimes_{KH_x} KH , N) \cong \bigoplus_{x\in\rho} \text{Hom}_{KH_x}(N_x , N|_{H_x}) ;$$

dabei ist der zweite Schritt richtig, weil N und $N^G|_H$ halbeinfach sind. Aus $\text{Hom}_{KG}(N^G , N^G) \underset{K}{\cong} \bigoplus_{x\in\rho} \text{Hom}_{KH_x}(N_x , N|_{H_x})$ ergibt sich unmittelbar die Äquivalenz von a) und b).

5.3 <u>Der Satz von Clifford</u>

Ein vollständiges Repräsentantensystem der Rechtsnebenklassen von H in G nennen wir von nun an kurz "Rechtstransversale von H in G".

<u>Satz</u> 5.10 (Clifford). Sei G eine endliche Gruppe, H ein Normalteiler von G, K ein Körper mit char(K) $\nmid$ |H|, E ein einfacher KG-Rechtsmodul, $\varepsilon \in KH$ ein zentral-primitives Idempotent mit $O \neq E\varepsilon$ und $F := E\varepsilon$. Dann gilt:

a) $H' := \{g \mid g \in G, Fg = F\}$ ist eine Untergruppe von G, die H enthält.

b) F ist ein einfacher KH'-Rechtsmodul.

c) $E \cong F \otimes_{KH'} KG$.

Beweis. a) Trivial.

c) Sei $\{x_1,\ldots,x_q\}$ eine Rechtstransversale von H' in G. Für $i = 1,\ldots,q$ sind $\varepsilon_i := x_i^{-1}\varepsilon x_i$ paarweise verschiedene zentral-primitive Idempotente von KH. Da $\sum_{i=1}^{q} Fx_i$ ein KG-Untermodul des einfachen KG-Moduls E ist, gilt $E = \sum_{i=1}^{q} Fx_i$. Die Summe ist direkt wegen $Fx_i = E\varepsilon x_i = Ex_i^{-1}\varepsilon x_i = E\varepsilon_i$.

Nun läßt sich jedes Element von $F \otimes_{KH'} KG$ eindeutig in der Form $\sum_{i=1}^{q} f_i \otimes x_i$ mit $f_1,\ldots,f_q \in F$ schreiben. Somit ist die Abbildung

$$F \otimes_{KH'} KG \ni \sum_{i=1}^{q} f_i \otimes x_i \xmapsto{\alpha} \sum_{i=1}^{q} f_i x_i \in E$$

wohldefiniert; man stellt leicht fest, daß α ein KG-Epimorphismus ist und daß Quelle und Ziel von α die gleiche K-Dimension haben. Daher ist α ein KG-Isomorphismus.

b) Ist U ein einfacher KH'-Untermodul von F, dann ist $\sum_{i=1}^{q} Ux_i = \bigoplus_{i=1}^{q} Ux_i$ ein KG-Untermodul von E, also $E = \bigoplus_{i=1}^{q} Ux_i = \bigoplus_{i=1}^{q} Fx_i$. Somit ist $U = F$.

Als Anwendung dieses Satzes beweisen wir jetzt eine Verschärfung von Satz 4.28 .

<u>Satz</u> 5.11 . Sei G eine endliche Gruppe, H ein abelscher Normalteiler von G, K ein Körper mit char$(K) = O$ und E ein einfacher KG-Rechtsmodul mit $\mathrm{End}_{KG}(E) \cong K$. Dann ist $[E : K]$ ein Teiler von $[G : H]$.

Beweis. Sei L ein algebraisch abgeschlossener Körper mit $K \subset L$. Das zu E gehörende zentral-primitive Idempotent $\varepsilon_E \in KG$ ist wegen $Z(\varepsilon_E KG \varepsilon_E) = \varepsilon_E K$ auch zentral-primitiv in LG. Außerdem ist eine primitive Zerlegung $\sum_{i=1}^{[E:K]} e_i$ von ε_E in KG auch primitiv in LG, d.h. nach Satz 1.21 ist $[E : K] = [e_i KG : K] = [e_i LG : L]$. Folglich können wir ohne Einschränkung annehmen, daß K algebraisch abgeschlossen ist.

Wir zeigen die Behauptung durch Induktion nach $|G|$. Wir nehmen an, daß sie für alle Gruppen G' mit $|G'| < |G|$ richtig ist.
Sei F , H' wie in Satz 5.10 .

1.Fall: $H' \subsetneqq G$. Da H ein abelscher Normalteiler von H' ist und F ein einfacher KH'-Rechtsmodul, gibt es nach Induktionsvoraussetzung ein $t \in \mathbf{N}$ mit $t[F : K] = [H' : H]$. Somit haben wir

$$t[E : K] = t[F \otimes_{KH'} KG : K] = t[F : K][G : H'] = [G : H].$$

2. Fall : $H' = G$. $E|_H$ ist also eine direkte Summe von Untermoduln, die alle isomorph zu einem eindimensionalen KH-Modul N sind. Für die zu E

gehörende Darstellung $\psi_E : G \longrightarrow \mathrm{Aut}_K(E)$ gilt somit $(h)\psi_E = \mathrm{id}_E \cdot \chi_N(h)$ für alle $h \in H$, d.h. $(H)\psi_E \leqq Z(\mathrm{Bi}(\psi_E))$. Setzen wir $\overline{G} := G/\mathrm{Ke}(\psi_E)$ und $\overline{H} := H\,\mathrm{Ke}(\psi_E)/\mathrm{Ke}(\psi_E)$, dann ist $\overline{H} \subseteq Z(\overline{G})$. E kann außerdem (ähnlich wie im Beweis von Satz 3.10) als einfacher $K\overline{G}$-Rechtsmodul betrachtet werden. Daher gilt

$$[E : K] \,/\, [\overline{G} : Z(\overline{G})] \,/\, [\overline{G} : \overline{H}] \,/\, [G : H],$$

wobei wir für den ersten Schritt Satz 4.28 benützen.

5.4 M - Gruppen

__Definition__ 5.12 . a) Eine Matrix α heißt monomial, wenn es in jeder Zeile und Spalte von α genau ein von Null verschiedenes Element gibt.

b) Eine Matrizendarstellung $\varphi : G \longrightarrow K_{n\times n}^{*}$ heißt monomial, wenn für alle $g \in G$ $(g)\varphi$ monomial ist.

__Lemma__ 5.13 . Sei G eine endliche Gruppe, K ein Körper und E ein einfacher KG-Rechtsmodul. Dann sind äquivalent:

a) Es gibt eine Untergruppe $H \leqq G$ und einen eindimensionalen KH-Modul F, so daß $E \cong F^G$ ist.

b) Es gibt eine K-Basis B von E, so daß $\varphi_{E,B}$ monomial ist.

__Beweis.__ a $\Longrightarrow$ b. Sei $O \neq f \in F$ und $\{x_1, \ldots, x_q\}$ eine Rechtstransversale von H in G. Dann ist $B := \{f \otimes x_i \mid i = 1, \ldots, q\}$ eine K-Basis von F^G derart, daß $\varphi_{F^G, B}$ monomial ist: Zu jedem $i \in \{1, \ldots, q\}$ und zu jedem $g \in G$ gibt es nämlich $h \in H$ und $j \in \{1, \ldots, q\}$ mit $x_i g = h x_j$; folglich ist

$$(f \otimes x_i)g \;=\; f \otimes (h x_j) \;=\; fh \otimes x_j \;=\; f \cdot \chi_F(h) \otimes x_j \;=\; (f \otimes x_j) \cdot \chi_F(h)$$

b $\Longrightarrow$ a. Sei $B = \{b_1, \ldots, b_q\}$. Dann ist $H := \{g \mid g \in G, \, b_1 g \in b_1 K\}$ Untergruppe von G und $F := b_1 K$ ein eindimensionaler KH-Modul. Die Abbildung $\alpha : G \longrightarrow \{1, \ldots, q\}$, die gegeben ist durch $b_1 g \subseteq b_{\alpha(g)} K$, ist wohldefiniert, da $\varphi_{E,B}$ monomial ist. Man stellt leicht fest, daß $\{\alpha^{-1}(i) \mid i = 1, \ldots, q\}$ die Menge der Rechtsnebenklassen von H in G ist, woraus folgt, daß der natürliche KG-Epimorphismus $F \otimes_{KH} KG \longrightarrow E$ ein Isomorphismus ist.

__Definition__ 5.14 . Eine endliche Gruppe G heißt M - Gruppe, falls es zu jedem einfachen $\mathbb{C}G$-Rechtsmodul E eine Untergruppe $H \leqq G$ und einen eindimensionalen $\mathbb{C}H$-Modul F gibt mit $E \cong F^G$.

__Lemma__ 5.15 . Faktorgruppen von M-Gruppen sind M - Gruppen.

Beweis. Sei G M - Gruppe, $U \lhd G$, $\overline{G} = G/U$ und E ein einfacher $\mathbb{C}\overline{G}$-Modul. Der natürliche $\mathbb{C}$-Algebrenhomomorphismus $\mathbb{C}G \longrightarrow \mathbb{C}\overline{G}$ macht E zu einem einfachen $\mathbb{C}G$-Modul E', der nach Lemma 5.13 eine $\mathbb{C}$ - Basis B besitzt, so daß $\varphi_{E',B}$ monomiale Matrizendarstellung ist. B ist auch $\mathbb{C}$-Basis von E und offensichtlich ist $\varphi_{E,B}$ auch monomial.

<u>Satz</u> 5.16 . Jede M-Gruppe ist auflösbar.

Beweis. Sei G eine M - Gruppe. Wir führen den Beweis durch Induktion nach $|G|$.

<u>1. Fall</u>: Es gibt zwei Normalteiler $1 \neq U_1$, $U_2 \lneq G$ mit $U_1 \cap U_2 = 1$. Nach Lemma 5.15 sind G/U_1 und G/U_2 M - Gruppen. Nach Induktionsvoraussetzung sind sie auflösbar. Da der Gruppenhomomorphismus

$G \ni g \longmapsto (gU_1 , gU_2) \in G/U_1 \times G/U_2$ den Kern $U_1 \cap U_2 = 1$ hat, ist G bis auf Isomorphie Untergruppe der auflösbaren Gruppe $G/U_1 \times G/U_2$ und damit selbst auflösbar.

<u>2. Fall</u>: Es gibt einen eindeutigen minimalen Normalteiler $1 \neq U \lhd G$.

Sei E unter allen $\mathbb{C}G$-Moduln, auf die U nicht trivial wirkt, einer mit minimaler $\mathbb{C}$-Dimension. Dann ist E einfach. Da G eine M - Gruppe ist, gibt es eine Untergruppe $H \leq G$ und einen eindimensionalen $\mathbb{C}H$-Modul $F = f\mathbb{C}$ mit $E \cong F^G$. Ist $\{x_1,...,x_q\}$ eine Rechtstransversale von H in G, dann ist $B = \{f \otimes x_1,...,f \otimes x_q\}$ eine $\mathbb{C}$-Basis von F^G. Da U nicht trivial auf F^G wirkt, ist U nicht im Kern der Matrizendarstellung

$\varphi_{F^G,B} : G \longrightarrow \mathbb{C}^*_{q \times q}$ enthalten, d.h. $\varphi_{F^G,B}$ ist ein Monomorphismus. Ist $q = 1$, dann ist G abelsch, also auflösbar.

Sei nun $q \neq 1$. Der durch den trivialen $\mathbb{C}H$-Modul $\mathbb{C}$ induzierte Modul $\mathbb{C}^G$ ist halbeinfach und enthält den trivialen $\mathbb{C}G$-Modul $\mathbb{C} \otimes (\sum_{g \in G} g)$ als echten Untermodul. Somit wirkt U auf jeden direkten Summanden S von $\mathbb{C}^G$ wegen $[S : \mathbb{C}] < [E : \mathbb{C}]$ trivial, daher auch auf $\mathbb{C}^G$ selbst. Folglich ist $U \leq H$.
Damit sind aber $(f \otimes x_1)\mathbb{C},...,(f \otimes x_q)\mathbb{C}$ eindimensionale $\mathbb{C}U$-Moduln und die Matrizen $(u)\varphi_{F^G,B}$ für alle $u \in U$ Diagonalmatrizen. Da Diagonalmatrizen miteinander kommutieren und $\varphi_{F^G,B}$ ein Monomorphismus ist, ist U abelsch.
Da G/U M-Gruppe ist, ist nach Induktionsvoraussetzung G/U auflösbar. Zusammen mit U abelsch folgt daraus, daß G auflösbar ist.

<u>Definition</u> 5.17 . Eine Gruppe G heißt überauflösbar, wenn es eine Folge $G = G_o > G_1 > ... > G_n = 1$ von Untergruppen von G gibt mit $G \rhd G_i$ und G_{i-1}/G_i zyklisch für $i = 1,...n$.

Wie bei auflösbaren Gruppen gilt:

__Lemma__ 5.18 . a) Untergruppen, Faktorgruppen und direkte Produkte von überauflösbaren Gruppen sind überauflösbar.

b) Ist $U \lhd G$, dann ist G genau dann überauflösbar, wenn U und G/U überauflösbar sind.

__Lemma__ 5.19 . Endliche p-Gruppen sind überauflösbar.

Beweis. Durch Induktion nach $|G|$. Sei $U \neq 1$ eine zyklische Untergruppe des Zentrums der endlichen p-Gruppe $G \neq 1$. U ist Normalteiler in G. Nach Induktionsvoraussetzung ist G/U überauflösbar. Somit ist nach Lemma 5.18,b) auch G überauflösbar.

__Lemma__ 5.20 . In jeder nicht-abelschen überauflösbaren Gruppe G gibt es einen nicht-zentralen abelschen Normalteiler.

Beweis. Sei $G = G_o > G_1 > \ldots > G_n = 1$ eine Folge von Untergruppen von G wie in Definition 5.17 . Da G nicht abelsch ist, gibt es $i \in \{1,\ldots,n\}$ mit $G_i \subseteq Z(G)$ und $G_{i-1} \not\subseteq Z(G)$. Da G_{i-1}/G_i zyklisch ist, ist G_{i-1} abelsch.

__Satz__ 5.21 . Jede endliche überauflösbare Gruppe ist M-Gruppe.

Beweis. Durch Induktion nach $|G|$. Ohne Einschränkung sei G nicht abelsch.

Sei E ein einfacher $\mathbb{C}G$-Modul und $\psi_E : G \longrightarrow \mathrm{Aut}_{\mathbb{C}}(E)$ die zu E gehörende Darstellung.

1. Fall: ψ_E ist kein Monomorphismus.

Die Gruppe $\bar{G} = G/\mathrm{Ke}(\psi_E)$ ist nach Induktionsvoraussetzung M-Gruppe. Machen wir E (ähnlich wie im Beweis von Satz 3.10) zu einem $\mathbb{C}\bar{G}$-Modul E', dann gibt es eine $\mathbb{C}$-Basis von E' derart, daß $\varphi_{E',B}$ monomial ist. B ist auch $\mathbb{C}$-Basis von E und es ist klar, daß $\varphi_{E,B}$ monomial ist.

2. Fall: ψ_E ist ein Monomorphismus.

Sei H ein nicht-zentraler abelscher Normalteiler von G und seien $\varepsilon \in \mathbb{C}H$, F , H' wie in Satz 5.10 . Wäre H' = G, dann wäre wie im Beweis von Satz 5.11 $(H)\psi_E \subseteq Z(\mathrm{Bi}(\psi_E))$. Da ψ_E ein Monomorphismus ist, würde $H \subseteq Z(G)$ folgen.
Also ist $H' \not\subseteq G$. Damit ist nach Induktionsvoraussetzung H' aber M-Gruppe, d.h. es gibt eine Untergruppe $U \leq H'$ und einen eindimensio-

nalen $\mathbb{C}U$-Modul D mit $F \cong D^{H'}$. Es ergibt sich $E \cong F^G \cong (D^{H'})^G \cong D^G$, was zu zeigen war.

Es sei noch erwähnt, daß die M-Gruppen weder mit den auflösbaren Gruppen noch mit den überauflösbaren Gruppen übereinstimmen.

5.5 Induzierte Charaktere

<u>Satz</u> 5.22 . Sei G eine endliche Gruppe, $H \leq G$, K ein Körper mit $\mathrm{char}(K) \nmid |H|$ und N ein endlich-dimensionaler KH-Rechtsmodul. Dann gilt für alle $g \in G$:

$$\chi_N{}^G(g) \;=\; \frac{1}{|H|} \sum_{\substack{x \in G \\ x^{-1}gx \in H}} \chi_N(x^{-1}gx).$$

Beweis. Sei $B = \{b_1, \ldots, b_n\}$ eine K-Basis von N und $\{x_1, \ldots, x_q\}$ eine Rechtstransversale von H in G. Dann ist $\{b_i \otimes x_j \mid 1 \leq i \leq n, 1 \leq j \leq q\}$ eine K-Basis von N^G.

Zu festem $g \in G$ sei $(b_i \otimes x_j)g = \sum_{s,t}(b_s \otimes x_t)k_{is}^{jt}$ mit $k_{is}^{jt} \in K$. Somit gilt $\chi_N{}^G(g) = \sum_{i,j} k_{ii}^{jj}$. Liegt $x_j g$ nicht in der Nebenklasse Hx_j, dann ist offensichtlich $k_{ii}^{jj} = O$. Liegt $x_j g$ in der Nebenklasse Hx_j, so gilt $x_j g x_j^{-1} \in H$ und

$$(b_i \otimes x_j)g \;=\; b_i(x_j g x_j^{-1}) \otimes x_j \;=\; \Big(\sum_{s=1}^{n} b_s k_{is}^{jj}\Big) \otimes x_j \;,$$

d.h. $\chi_N(x_j g x_j^{-1}) = \sum_i k_{ii}^{jj}$. Wir haben also

$$\chi_N{}^G(g) \;=\; \sum_{\substack{j=1 \\ x_j g x_j^{-1} \subset H}}^{q} \Big(\sum_i k_{ii}^{jj}\Big) \;=\; \sum_{\substack{j=1 \\ x_j g x_j^{-1} \in H}}^{q} \chi_N(x_j g x_j^{-1}) \;.$$

Da diese Gleichung für jede Rechtstransversale von H in G gilt, also auch für die Rechtstransversalen $\{hx_1, \ldots, hx_q\}$, $h \in H$, liefert die Summation über alle diese

$$|H| \cdot \chi_N{}^G(g) = \sum_{h \in H} \sum_{\substack{j=1 \\ hx_j g x_j^{-1}h^{-1} \in H}}^{q} \chi_N(hx_j g x_j^{-1}h^{-1}) = \sum_{\substack{x \in G \\ xgx^{-1} \in H}} \chi_N(xgx^{-1}) = \sum_{\substack{x \in G \\ x^{-1}gx \in H}} \chi_N(x^{-1}gx).$$

<u>Definition</u> 5.23 . Seien G, H, K wie in Satz 5.22 . Die Abbildung

$$Z(H,K) \ni \alpha \longmapsto \Big(g \longmapsto \frac{1}{|H|} \sum_{\substack{x \in G \\ x^{-1}gx \in H}} \alpha(x^{-1}gx)\Big) \in Z(G,K)$$

heißt Induktionsabbildung und wird mit ind_H^G bezeichnet. Die Abbildung

$$Z(G\,,\,K)\ni\alpha\longmapsto\alpha|_H\in Z(H\,,\,K)$$

heißt Restriktionsabbildung und wird mit res_H^G bezeichnet.

Es ist klar, daß ind_H^G ein K-Vektorraumhomomorphismus und res_H^G ein K-Algebrenhomomorphismus ist. Wir untersuchen im nächsten Satz die Wirkung dieser Abbildungen und der in Satz 4.11 definierten Bilinearform $<,>\ :\ Z(G\,,\,K)\times Z(G\,,\,K)\longrightarrow K$ auf Charaktere.

$\underline{\text{Satz}}$ 5.24 . Sei G eine endliche Gruppe, $H\leq H'\leq G$, K ein Körper mit $\mathrm{char}(K)\nmid |G|$, M ein endlich-dimensionaler KG-Rechtsmodul, und N ein endlich-dimensionaler KH-Rechtsmodul. Dann gilt:

a) $<\mathrm{ind}_H^G(\chi_N)\,,\,\chi_M>\ =\ <\chi_N\,,\,\mathrm{res}_H^G(\chi_M)>\ \in\ \mathbb{N}\cup\{0\}\subsetneqq K$.

b) $\mathrm{ind}_H^G(\chi_N\,\mathrm{res}_H^G(\chi_M))\ =\ \mathrm{ind}_H^G(\chi_N)\cdot\chi_M$.

c) $\mathrm{ind}_{H'}^G(\mathrm{ind}_H^{H'}(\chi_N))\ =\ \mathrm{ind}_H^G(\chi_N)$.

Beweis. Wegen $\mathrm{ind}_H^G(\chi_N)\ =\ \chi_{N^G}$ und $\mathrm{res}_H^G(\chi_M)\ =\ \chi_M|_H$ ergibt sich sofort a) aus Satz 5.1 und Folgerung 4.12, b) aus Satz 5.3 und Satz 4.36, und c) aus Satz 5.4 .

$\underline{\text{Folgerung}}$ 5.25 . Sei G eine endliche Gruppe mit dem Exponenten m, $H\leq H'\leq G$, und K ein Körper mit $\mathrm{char}(K)\nmid |G|$ und $\sqrt[m]{1}\in K$. Dann gilt für alle $\alpha\in Z(G\,,\,K)$ und $\beta\in Z(H\,,\,K)$:

a) $<\mathrm{ind}_H^G(\beta)\,,\,\alpha>\ =\ <\beta\,,\,\mathrm{res}_H^G(\alpha)>$.

b) $\mathrm{ind}_H^G(\beta\cdot\mathrm{res}_H^G(\alpha))\ =\ \mathrm{ind}_H^G(\beta)\cdot\alpha$.

c) $\mathrm{ind}_{H'}^G(\mathrm{ind}_H^{H'}(\beta))\ =\ \mathrm{ind}_H^G(\beta)$.

Beweis. Sei $\mathcal{E}$ bzw. $\mathcal{F}$ eine Transversale von einfachen KG- bzw. KH-Rechtsmoduln. Da $\{\chi_E\mid E\in\mathcal{E}\}$ bzw. $\{\chi_F\mid F\in\mathcal{F}\}$ nach Lemma 4.16,c) eine K-Basis von $Z(G\,,\,K)$ bzw. $Z(H\,,\,K)$ ist, folgen die Behauptungen auf Grund der Linearität von $<,>$, ind_H^G und res_H^G aus Satz 5.24 .

$\underline{\text{Folgerung}}$ 5.26 . Unter den Voraussetzungen von Folgerung 5.25 ist $\mathrm{Bi}(\mathrm{ind}_H^G)$ ein Ideal in $Z(G\,,\,K)$.

Beweis. Man erhält dies unmittelbar aus Folgerung 5.25,b).

5.6 Der Satz von Artin

Für den Rest des Paragraphen sei G eine endliche Gruppe. Zu jeder Untergruppe $H \leq G$ sei $\{\chi_1^H, \ldots, \chi_{r_H}^H\}$ die Menge der irreduziblen Charaktere von $Z(H, \mathbb{C})$, und dabei χ_1^H der 1-Charakter.

<u>Satz</u> 5.27 (Artin). Sei $\mathfrak{X}$ eine Menge von Untergruppen einer endlichen Gruppe G. Dann sind äquivalent:

a) Jede zyklische Untergruppe von G ist bis auf Konjugation in einer Untergruppe aus $\mathfrak{X}$ enthalten.

a') $\bigcup\limits_{H \in \mathfrak{X}} \bigcup\limits_{x \in G} x^{-1} H x = G$.

b) Die Abbildung $\mathrm{ind}_{\mathfrak{X}}$

$$\bigoplus_{H \in \mathfrak{X}} Z(H, \mathbb{C}) \ni \sum_{H \in \mathfrak{X}} \alpha_H \longmapsto \sum_{H \in \mathfrak{X}} \mathrm{ind}_H^G(\alpha_H) \in Z(G, \mathbb{C})$$

ist ein $\mathbb{C}$-Vektorraumepimorphismus.

c) Zu jedem Charakter $\chi \in Z(G, \mathbb{C})$ gibt es rationale Zahlen $q_i^H \in \mathbb{Q}$, so daß $\quad \chi = \sum\limits_{H \in \mathfrak{X}} \sum\limits_{i=1}^{r_H} q_i^H \, \mathrm{ind}_H^G(\chi_i^H) \quad$ ist.

Beweis. a $\Longleftrightarrow$ a'. Trivial.

a' $\Longrightarrow$ b. Sei $\{C_1, \ldots, C_r\}$ die Menge der Konjugationsklassen von G. Zu C_i gibt es $H_i \in \mathfrak{X}$ mit $C_i \cap H_i \neq \emptyset$. Sei $g_i \in C_i \cap H_i$, $H_i' = \langle g_i \rangle$ und $\alpha_i \in Z(H_i', \mathbb{C})$ definiert durch

$$\alpha_i(h) = \begin{cases} \mathrm{ord}(g_i) & \text{für } h = g_i, \\ 0 & \text{sonst.} \end{cases}$$

Dann ist für alle $g \in G$

$$\mathrm{ind}_{H_i'}^G(\alpha_i)(g) = \frac{1}{|H_i'|} \sum_{\substack{x \in G \\ x^{-1} g x \in H_i'}} \alpha_i(x^{-1} g x) = \begin{cases} |C_G(g_i)| & \text{für } g \in C_i \\ 0 & \text{sonst.} \end{cases}$$

Also gilt für $\alpha \in Z(G, \mathbb{C})$:

$$\alpha = \sum_{i=1}^{r} \frac{\alpha(g_i)}{|C_G(g_i)|} \, \mathrm{ind}_{H_i'}^G(\alpha_i) = \sum_{i=1}^{r} \mathrm{ind}_{H_i}^G \left(\frac{\alpha(g_i)}{|C_G(g_i)|} \, \mathrm{ind}_{H_i'}^{H_i}(\alpha_i) \right)$$

Damit ist die Abbildung $\mathrm{ind}_{\mathfrak{X}}$ surjektiv. Der Rest ist klar.

b $\Longrightarrow$ c. Da für jedes $H \in \mathfrak{X}$ die Menge $\{\chi_1^H, \ldots, \chi_{r_H}^H\}$ eine $\mathbb{C}$-Basis' von $Z(H, \mathbb{C})$ bildet, gibt es komplexe Zahlen $c_i^H \in \mathbb{C}$, so daß

$\chi = \sum\limits_{H,i} c_i^H \, \mathrm{ind}_H^G(\chi_i^H)$ ist. Setzen wir $a_{ij}^H := \langle \mathrm{ind}_H^G(\chi_i^H), \chi_j^G \rangle \in \mathbb{N} \cup \{0\}$ und

$b_j := \langle \chi, \chi_j^G \rangle \in \mathbb{N} \cup \{0\}$, so folgt $\quad \chi = \sum\limits_{j=1}^{r} b_j \chi_j^G = \sum\limits_{j=1}^{r} \left(\sum\limits_{H,i} c_i^H a_{ij}^H \right) \chi_j^G$.

Ein Koeffizientenvergleich liefert $\sum\limits_{H,i} c_i^H a_{ij}^H = b_j$ für $j = 1, \ldots, r$,

d.h. das Gleichungssystem

$$\sum_{H,i} x_i^H a_{ij}^H = b_j \ , \qquad j = 1,\ldots,r$$

ist in $\mathbb{C}$ lösbar. Da die Koeffizienten a_{ij}^H , b_j ganzzahlig sind, ist es sogar in $\mathbb{Q}$ lösbar, d.h. ohne Einschränkung sind $c_i^H \in \mathbb{Q}$. Man setzt jetzt $q_i^H := c_i^H$.

$c \Longrightarrow a'$. Sei in c) $\chi = \chi_1^G$ der 1-Charakter. Dann gilt für $g \in G$:

$$1 = \chi(g) = \sum_{H,i} q_i^H \ \mathrm{ind}_H^G(\chi_i^H)(g) = \sum_{H,i} q_i^H \ \frac{1}{|H|} \ \sum_{\substack{x \in G \\ x^{-1}gx \in H}} \chi_i^H(x^{-1}gx) \ .$$

Es gibt also $H' \in \mathfrak{H}$ und $y \in G$ mit $y^{-1}gy \in H'$, d.h. $g \in yH'y^{-1} \subseteq$
$\bigcup\limits_{H \in \mathfrak{H}} \ \bigcup\limits_{x \in G} x^{-1}Hx$.

Bemerkung. In der Bedingung c) von Satz 5.27 kann man sogar fordern, daß die Nenner der Zahlen $q_i^H \in \mathbb{Q}$ alle gleich $|G|$ sind. Der Beweis dazu ist in den Lemmata 5.32 und 5.37 enthalten.

5.7 Der Satz von Brauer

Definition 5.28 . Sei p eine Primzahl. Ein Element $g \in G$ heißt p-Element, falls $\mathrm{ord}(g)$ eine Potenz von p ist; es heißt p'-Element, falls $p \nmid \mathrm{ord}(g)$.

Lemma 5.29 . Zu jedem Element $g \in G$ gibt es eindeutige Elemente $g_1, g_2 \in G$, so daß g_1 ein p-Element, g_2 ein p'-Element und $g = g_1 \cdot g_2 = g_2 \cdot g_1$ ist. Ist $\mathrm{ord}(g) = p^n q$ mit $p \nmid q$, dann ist $\mathrm{ord}(g_1) = p^n$ und $\mathrm{ord}(g_2) = q$.

Beweis. Existenz: Es gibt $x, y \in \mathbb{Z}$ mit $xp^n + yq = 1$. Wir setzen $g_1 := g^{yq}$ und $g_2 := g^{xp^n}$. Dann ist

$$g_1^{p^n} = g^{yqp^n} = (g^{p^n q})^y = 1^y = 1, \quad g_2^q = (g^{p^n q})^x = 1^x = 1 \quad \text{und}$$

und $g = g_1 g_2 = g_2 g_1$.

Eindeutigkeit: Sei $g_3 \in G$ ein p-Element und $g_4 \in G$ ein p'-Element mit $g = g_3 g_4 = g_4 g_3$. Da g_3 und g_4 mit g kommutieren, tun sie dies auch mit g_1 und g_2. Aus $g_1 g_2 = g_3 g_4$ folgt $g_3^{-1} g_1 = g_4 g_2^{-1}$. Damit ist $g_3^{-1} g_1$ bzw. $g_4 g_2^{-1}$ sowohl ein p-Element als auch ein p'-Element. Also ist $1 = g_3^{-1} g_1 = g_4 g_2^{-1}$.

62

<u>Definition</u> 5.30 . In Lemma 5.29 heißt g_1 der p-Anteil und g_2 der p'-Anteil von g. Wir schreiben $g_1 = p(g)$ und $g_2 = p'(g)$.

<u>Definition</u> 5.31 . a) Eine Untergruppe $H \leq G$ heißt p-elementar, falls es ein p'-Element $g \in G$ und eine p-Untergruppe P des Zentralisators $C_G(g)$ von g in G gibt mit $H = \langle g \rangle P$. Ist P eine p-Sylow-Untergruppe von $C_G(g)$, so nennt man H eine zu g assoziierte p-elementare Untergruppe von G.

b) Eine Untergruppe $H \leq G$ heißt elementar, falls sie p-elementar für eine Primzahl p ist.

Ist $H \leq G$ eine Untergruppe, $\mathcal{Y}$ eine Menge von Untergruppen von H und R ein Unterring von $\mathbb{C}$, so bezeichne

$$R_{\mathcal{Y}}(H) := \left\{ \sum_{U,i} r_i^U \cdot \mathrm{ind}_U^H(\chi_i^U) \mid r_i^U \in R, \ U \in \mathcal{Y} \right\}$$

den von allen induzierten Charakteren $\mathrm{ind}_U^H(\chi_i^U)$, $U \in \mathcal{Y}$ und $i \in \{1,\ldots,r_U\}$, erzeugten R-Untermodul von $Z(H, \mathbb{C})$. Für $R_{\{H\}}(H)$ schreiben wir auch $R(H)$. $R(H)$ ist eine R-Algebra und nach Folgerung 5.26 ist $R_{\mathcal{Y}}(H)$ ein Ideal darin.

Sei m der Exponent von G, $\eta \in \mathbb{C}$ eine primitive m-te Einheitswurzel und $S = \mathbb{Z}[\eta]$ der von η erzeugte Unterring von $\mathbb{C}$. S hat die $\mathbb{Z}$-Basis $\{1,\ldots,\eta^{\varphi(m)-1}\}$; dabei ist φ die Eulersche Funktion.

$\mathcal{X}$ sei bis auf weiteres die Menge der elementaren Untergruppen von G; $\mathcal{X}$ enthält dann u.a. alle zyklischen Untergruppen von G.

Die Schreibweise $a \underset{J}{=} b$ soll bedeuten, daß $a - b$ in J liegt.

Die folgenden Lemmata werden zeigen, daß der 1-Charakter χ_1^G in $S_{\mathcal{X}}(G)$ liegt. Daraus ist dann leicht abzuleiten, daß χ_1^G auch in $\mathbb{Z}_{\mathcal{X}}(G)$ liegt.

<u>Lemma</u> 5.32 . Sei $\alpha \in Z(G, \mathbb{C})$ und $\mathrm{Bi}(\alpha) \subseteq |G| \cdot S$. Dann ist $\alpha \in S_{\mathcal{X}}(G)$.

Beweis. Seien C_i, g_i, H_i', α_i wie im Beweis von Satz 5.27. Nach dem Beweis von Satz 4.13 gilt $\alpha_i = \sum_{j=1}^{r_{H_i'}} \chi_j^{H_i'}(g_i^{-1}) \cdot \chi_j^{H_i'} \in S(H_i')$. Also haben wir $\alpha = \sum_{i=1}^{r} \dfrac{\alpha(g_i)}{|C_G(g_i)|} \mathrm{ind}_{H_i'}^G(\alpha_i) =$

$$= \sum_{i=1}^{r} \sum_{j=1}^{r_{H_i'}} \left(\frac{\alpha(g_i)}{|G|} |C_i| \cdot \chi_j^{H_i'}(g_i^{-1}) \right) \mathrm{ind}_{H_i'}^G(\chi_j^{H_i'}) \in S_{\mathcal{X}}(G)$$

<u>Lemma</u> 5.33 . Sei $\alpha \in S(G)$ und $\mathrm{Bi}(\alpha) \subseteq \mathbb{Z}$. Dann gilt für alle $g \in G$:
$\alpha(g) \underset{p\mathbb{Z}}{=} \alpha(p'(g))$.

Beweis. Sei $H = \langle g \rangle$. Wegen $\alpha|_H \in S(H)$ gibt es $s_1, \ldots, s_{r_H} \in S$ mit

$$\alpha|_H = \sum_{i=1}^{r_H} s_i \chi_i^H. \quad \chi_1^H, \ldots, \chi_{r_H}^H \text{ sind lineare Charaktere, also multiplikativ.}$$

(Wir lassen jetzt den oberen Index H weg.) Ist $g_1 = p(g)$ mit $\mathrm{ord}(g_1) = p^n$ und $g_2 = p'(g)$ mit $\mathrm{ord}(g_2) = q$, dann sind $\chi_i(g)$, $\chi_i(g_1)$ und $\chi_i(g_2)$ wegen $p^n q /m$ m-te Einheitswurzeln; insbesondere ist $\chi_i(g_1)$ eine p^n-te Einheitswurzel. Es gilt nun:

$$0 = \left(\sum_{i=1}^{r_H} s_i (\chi_i(g) - \chi_i(g_1)\chi_i(g_2)) \right)^{p^n}$$

$$\underset{pS}{\equiv} \sum_i s_i^{p^n} (\chi_i(g)^{p^n} - \chi_i(g_1)^{p^n} \cdot \chi_i(g_2)^{p^n}) = \sum_i s_i^{p^n} (\chi_i(g)^{p^n} - \chi_i(g_2)^{p^n})$$

$$\underset{pS}{\equiv} \left(\sum_i s_i (\chi_i(g) - \chi_i(g_2)) \right)^{p^n} = (\alpha(g) - \alpha(g_2))^{p^n}$$

Folglich ist $(\alpha(g) - \alpha(g_2))^{p^n} \in pS \cap \mathbf{Z} = p\mathbf{Z}$. Da $p\mathbf{Z}$ ein Primideal in $\mathbf{Z}$ ist, liegt $\alpha(g) - \alpha(g_2)$ in $p\mathbf{Z}$.

__Lemma__ 5.34 . Sei $g \in G$ ein p'-Element, $H = \langle g \rangle P$ eine zu g assoziierte p-elementare Untergruppe von G, β die durch

$$\beta(x) = \begin{cases} \mathrm{ord}(g) & \text{für } x \in gP, \\ 0 & \text{sonst} \end{cases}$$

definierte zentrale Funktion in $Z(H, \mathbb{C})$, $\beta_g = \mathrm{ind}_H^G(\beta) \in Z(G, \mathbb{C})$ und $x \in G$. Dann gilt:

a) $\beta \in S(H)$.

b) $\beta_g \in S_{\divideontimes}(G)$.

c) $\mathrm{Bi}(\beta_g) \in \mathbf{Z}$.

d) $p'(x)$ ist genau dann zu g konjugiert, wenn $p \nmid \beta_g(x)$.

Beweis. a) Sei $H' = \langle g \rangle$ und $\alpha \in Z(H', \mathbb{C})$ die Funktion definiert durch

$$\alpha(h) = \begin{cases} \mathrm{ord}(g) & \text{für } h = g, \\ 0 & \text{sonst.} \end{cases}$$

Dann ist nach dem Beweis von Lemma 5.32 $\alpha = \sum_{j=1}^{r_{H'}} \chi_j^{H'}(g^{-1}) \chi_j^{H'}$.

Sei nun $E_j = e_j \mathbb{C}$ ein zu $\chi_j^{H'}$ gehöriger $\mathbb{C}H'$-Modul. Er wird durch

$$e_j hy := e_j h \quad \text{für alle } h \in H', \ y \in P$$

zu einem $\mathbb{C}H$-Modul, dessen Charakter mit χ_j bezeichnet werde.

Für diesen gilt: $\chi_j(hy) = \chi_j^{H'}(h) \quad \text{für alle } h \in H', \ y \in P$.

Offensichtlich ist nun $\beta = \sum_{j=1}^{r_{H'}} \chi_j^{H'}(g^{-1}) x_j \in S(H)$.

b) Trivial.

c) $\beta_g(x) = \mathrm{ind}_H^G(\beta)(x) = \dfrac{1}{\mathrm{ord}(g)\cdot|P|} \cdot \sum_{\substack{y\in G \\ y^{-1}xy\in\langle g\rangle P}} \beta(y^{-1}xy) =$

$= \dfrac{1}{|P|}\,|\,\{y\mid y\in G,\ y^{-1}xy\in gP\}\,|$.

$T(x) := \{y\mid y\in G,\ y^{-1}xy\in gP\}$ ist wegen $T(x)P\subseteq T(x)$ eine disjunkte Vereinigung von Linksnebenklassen von P in G, d.h. $|P|/|T(x)|$.

d) "$\Longrightarrow$". Da für $y\in G$ $y^{-1}xy$ ein p'-Element ist, ist die Bedingung $y^{-1}xy\in gP$ äquivalent zu $y^{-1}gy = g$. Daher ist $\beta_g(g) = |P|^{-1}|C_G(g)| \notin p\mathbb{Z}$. Nach Voraussetzung ist $\beta_g(g) = \beta_g(p'(x))$ und nach Lemma 5.33 $\beta_g(x) - \beta_g(p'(x)) \in p\mathbb{Z}$. Es folgt $p\nmid\beta_g(x)$.

"$\Longleftarrow$". Wegen $p\nmid\beta_g(x)$ ist $\beta_g(x) \neq 0$, d.h. es existieren $y\in G$, $z\in P$ mit $y^{-1}xy = gz$. Also ist $x = ygy^{-1}yzy^{-1}$ und nach Lemma 5.29 $p'(x) = ygy^{-1}$.

<u>Lemma</u> 5.35 . Zu jedem $k\in\mathbb{N}$ gibt es $\alpha\in S_{\chi}(G)$ mit der Eigenschaft: $\alpha(x) \equiv 1 \bmod p^k$ für alle $x\in G$.

Beweis. Sei $\rho\subseteq G$ ein vollständiges Repräsentantensystem der Konjugationsklassen, die aus p'-Elementen bestehen. Da es zu jedem $x\in G$ genau ein $g\in\rho$ gibt, so daß $p'(x)$ und g konjugiert zueinander sind, gilt für die Funktion $\alpha' := \sum_{g\in\rho}\beta_g \in S_{\chi}(G)$: $p\nmid\alpha'(x)$ für alle $x\in G$. Wir setzen

nun $\alpha := \alpha'^{(p-1)p^{k-1}}$. α hat die gewünschte Eigenschaft; denn erstens ist $S_{\chi}(G)$ ein Ideal, also $\alpha\in S_{\chi}(G)$, und zweitens liegt für alle $x\in G$ $\alpha'(x) + p^k\mathbb{Z}$ in der Einheitengruppe von $\mathbb{Z}/p^k\mathbb{Z}$; diese hat die Ordnung $(p-1)p^{k-1}$.

<u>Lemma</u> 5.36 . $\chi_1^G \in S_{\chi}(G)$.

Beweis. Sei $|G| = p^k\cdot q_p$ mit $p\nmid q_p$ und $\alpha\in S_{\chi}(G)$ mit $\alpha(x) \equiv 1 \bmod p^k$ für alle $x\in G$. Also ist $q_p\alpha\in S_{\chi}(G)$. Andererseits haben wir nach Lemma 5.32: $q_p(\alpha - \chi_1^G) \in S_{\chi}(G)$. Es folgt $q_p\cdot\chi_1^G\in S_{\chi}(G)$ für alle Primteiler p von $|G|$.

Ist $\wp$ die Menge der Primteiler von $|G|$, dann ist 1 der größte gemeinsame Teiler von $\{q_p\mid p\in\wp\}$. Es gibt also ganze Zahlen z_p mit $1 = \sum_{p\in\wp} z_p\,q_p$. Somit gilt: $\chi_1^G = \sum_{p\in\wp} z_p(q_p\chi_1^G)\in S_{\chi}(G)$.

<u>Lemma</u> 5.37 . $\chi_1^G \in \mathbf{Z}_{\mathfrak{X}}(G)$.

Beweis. $\{\eta^j \chi_1^G \mid j = 0,\ldots,\varphi(m) - 1\}$ ist eine $\mathbf{Z}(G)$-Basis von $S(G)$; denn $\{\eta^j \chi_i^G \mid i = 1,\ldots,r_G;\ j = 0,\ldots,\varphi(m) - 1\}$ ist eine $\mathbf{Z}$-Basis von $S(G)$ und $\{\chi_i^G \mid i = 1,\ldots,r_G\}$ ist eine $\mathbf{Z}$-Basis von $\mathbf{Z}(G)$.

$\chi_1^G \in S_{\mathfrak{X}}(G)$ bedeutet nun, daß es $s_i^H \in S$ gibt mit

$$\chi_1^G = \sum_{H \in \mathfrak{X}} \sum_{i=1}^{r_H} s_i^H \mathrm{ind}_H^G(\chi_i^H).$$ Zu s_i^H existieren $z_{i,j}^H \in \mathbf{Z}$ mit

$$s_i^H = \sum_{j=0}^{\varphi(m)-1} z_{i,j}^H \eta^j.$$ Daraus folgt:

$$\chi_1^G = \sum_{H,i} (\sum_j z_{i,j}^H \eta^j) \mathrm{ind}_H^G(\chi_i^H) = \sum_j (\sum_{H,i} z_{i,j}^H \ \mathrm{ind}_H^G(\chi_i^H)) \eta^j \chi_1^G.$$

Ein Koeffizientenvergleich an der obigen Basis liefert jetzt

$$\chi_1^G = \sum_{H,i} z_{i,0}^H \ \mathrm{ind}_H^G(\chi_i^H).$$

<u>Satz</u> 5.38 (Brauer). Sei G eine endliche Gruppe. Dann ist jeder Charakter $\chi \in Z(G, \mathbb{C})$ eine ganzzahlige Linearkombination von Charakteren, die durch lineare Charaktere $\chi_i^H \in Z(H, \mathbb{C})$ elementarer Untergruppen H von G induziert werden:

$$\chi = \sum_{H,i} z_i^H \ \mathrm{ind}_H^G(\chi_i^H).$$

Beweis. $\mathbf{Z}_{\mathfrak{X}}(G)$ ist ein Ideal in $\mathbf{Z}(G)$, welches das Einselement $\chi_1^G \in \mathbf{Z}(G)$ enthält; also gilt $\mathbf{Z}_{\mathfrak{X}}(G) = \mathbf{Z}(G)$. Damit ist χ eine ganzzahlige Linearkombination $\chi = \sum_{H,i} z_i^H \ \mathrm{ind}_H^G(\chi_i^H)$, wobei χ_i^H irreduzible Charaktere elementarer Untergruppen $H \in \mathfrak{X}$ sind. Nun ist jede elementare Untergruppe H überauflösbar, also M‑Gruppe, d.h. es gibt eine Untergruppe $H' \leq H$ und eine lineare Charakter $\chi_j^{H'}$ mit $\chi_i^H = \mathrm{ind}_{H'}^H(\chi_j^{H'})$. Da Untergruppen elementarer Untergruppen wieder elementar sind, folgt die Behauptung auf Grund der Transitivität der Induktion.

Wir wollen jetzt noch die Umkehrung des Satzes von Brauer beweisen, die auf J. Green zurückgeht. Sie zeigt, daß die elementaren Untergruppen durch die Ganzzahligkeit der Koeffizienten der induzierten Charaktere charakterisiert werden können.

<u>Lemma</u> 5.39 . Sei $g \in G$ ein p'-Element, $\langle g \rangle P$ eine zu g assoziierte p-elementare Untergruppe von G und $H \leq G$ eine Untergruppe, die keine zu $\langle g \rangle P$ konjugierte Untergruppe enthält. Dann ist $\mathrm{ind}_H^G(\chi)(g) \in pS$ für jeden Charakter $\chi \in Z(H, \mathbb{C})$.

Beweis. Sei C die Konjugationsklasse von G , die g enthält. Dann ist

$$\operatorname{ind}_H^G(\chi)(g) = \frac{1}{|H|} \sum_{\substack{x \in G \\ x^{-1}gx \in H}} \chi(x^{-1}gx) = \frac{|C_G(g)|}{|H|} \sum_{y \in C \cap H} \chi(y),$$

weil $\{x \mid x \in G, \ x^{-1}gx = y\}$ für $y \in C$ eine Rechtsnebenklasse von $C_G(g)$ in G ist. Da $C \cap H$ abgeschlossen bzgl. H-Konjugation ist, läßt sich $C \cap H$ als disjunkte Vereinigung von H-Konjugationsklassen schreiben: $C \cap H = \bigcup_i H_i$. Für $h_i \in H_i$ gilt:

$$|H \cap C_G(h_i)| = |C_H(h_i)| = \frac{|H|}{|H_i|} \ .$$

Damit formen wir die obige Gleichung weiter um:

$$\operatorname{ind}_H^G(\chi)(g) = \sum_i \frac{|C_G(h_i)|}{|H|} \cdot |H_i| \cdot \chi(h_i) = \sum_i \frac{|C_G(h_i)|}{|H \cap C_G(h_i)|} \cdot \chi(h_i) \ .$$

Angenommen p teilt den Koeffizienten von $\chi(h_i)$ nicht, dann ist eine p-Sylow-Untergruppe P_i von $C_G(h_i)$ in H enthalten, also auch $\langle h_i \rangle P_i \leq H$.

Nun existiert $x \in G$ mit $h_i = x^{-1}gx$. Da $x^{-1}Px$ eine p-Sylow-Untergruppe von $C_G(h_i)$ ist, gibt es nach dem Satz von Sylow $y \in C_G(h_i)$ mit $P_i = y^{-1}(x^{-1}Px)y$. Folglich ist $\langle h_i \rangle P_i = (xy)^{-1} \langle g \rangle P \, xy$. Ein Widerspruch !

Satz 5.40 . Sei $\mathfrak{X}$ eine Menge von Untergruppen einer endlichen Gruppe G. Dann sind äquivalent:

a) Jede elementare Untergruppe von G ist bis auf Konjugation in einer Untergruppe aus $\mathfrak{X}$ enthalten.

b) Die Abbildung $\operatorname{Ind}_{\mathfrak{X}}$

$$\bigoplus_{H \in \mathfrak{X}} \mathbf{Z}(H) \ni \sum_{H \in \mathfrak{X}} \alpha_H \longmapsto \sum_{H \in \mathfrak{X}} \operatorname{ind}_H^G(\alpha_H) \in \mathbf{Z}(G)$$

ist ein $\mathbf{Z}$-Modulepimorphismus.

c) Zu jedem Charakter $\chi \in Z(G, \mathbb{C})$ gibt es ganze Zahlen $z_i^H \in \mathbf{Z}$, so daß

$$\chi = \sum_{H \in \mathfrak{X}} \sum_{i=1}^{r_H} z_i^H \cdot \operatorname{ind}_H^G(\chi_i^H) \quad \text{ist.}$$

Beweis. a $\Longrightarrow$ b. Ist $U \leq G$, $x \in G$ und χ der Charakter eines $\mathbb{C}U$-Moduls M, dann ist die Abbildung $\chi_x : U^x \longrightarrow \mathbb{C}$ definiert durch

$$\chi_x(x^{-1}ux) := \chi(u) \quad \text{für alle } u \in U$$

der Charakter des $\mathbb{C}U^x$ - Moduls Mx und es gilt $\operatorname{ind}_U^G(\chi) = \operatorname{ind}_{U^x}^G(\chi_x)$. Auf Grund der Voraussetzung läßt sich damit nach Satz 5.38 jeder Cha-

rakter $\chi \in Z(G, \mathbb{C})$ schreiben als $\chi = \sum_{U,i} z_i^U \, \mathrm{ind}\, {}_U^G(\chi_i^U)$, wobei U nur elementare Untergruppen von Gruppen $H \in \mathcal{K}$ durchläuft. Wegen $\mathrm{ind}_U^G(\chi_i^U) =$
$= \mathrm{ind}_H^G(\mathrm{ind}_U^H(\chi_i^U))$ folgt daraus sofort $\chi \in \mathrm{Bi}(\mathrm{Ind}_{\mathcal{K}})$. Da die Charaktere
von $Z(G, \mathbb{C})$ ein $\mathbb{Z}$-Erzeugendensystem von $\mathbb{Z}(G)$ bilden, ist somit $\mathrm{Ind}_{\mathcal{K}}$
ein Epimorphismus.

b $\Longrightarrow$ c. Trivial.

c $\Longrightarrow$ a. Sei $\langle g\rangle P$ eine p-elementare Untergruppe von G. Ohne Einschränkung ist $\langle g\rangle P$ "maximal", also zu g assoziiert. Setzen wir in c) $\chi = \chi_1^G$,
dann ist $1 = \chi_1^G(g) = \sum_{H,i} z_i^H \, \mathrm{ind}_H^G(\chi_i^H)(g)$. Wäre keine zu $\langle g\rangle P$ konjugierte
Untergruppe in einem $H \in \mathcal{K}$ enthalten, so wäre nach Lemma 5.39 $1 \in pS$,
was offensichtlich falsch ist.

5.8 Zerfällungskörper mit Charakteristik O

Bis jetzt haben wir das Verhalten von Moduln über Gruppenalgebren bei
Gruppenerweiterungen untersucht. Für das folgende benötigen wir ein
paar Eigenschaften ihres Verhaltens bei Körpererweiterungen.

Sei G eine endliche Gruppe, $K \subset L$ eine Körpererweiterung, M ein end-
lich-dimensionaler KG-Rechtsmodul und M^L der LG-Rechtsmodul $M \otimes_{KG} LG$.
Ist $\{m_1, \ldots, m_n\}$ eine K-Basis von M, dann ist $\{m_1 \otimes 1, \ldots, m_n \otimes 1\}$ eine
L-Basis von M^L. Es folgt:

$$\chi_M(g) = \chi_{M^L}(g) \qquad \text{für alle } g \in G.$$

Da LG und $KG \otimes_{KG} LG$ als KG-LG-Bimoduln isomorph sind, gilt für ein
Idempotent $e \in KG$: $eLG \cong (eKG) \otimes_{KG} LG$. (Analog ist für eine Untergruppe $H \leq G$ und ein Idempotent $f \in KH$: $fKG \cong fKH \otimes_{KH} KG$.)

<u>Satz</u> 5.41 (Brauer). Sei G eine endliche Gruppe mit dem Exponenten m
und K ein Körper mit $\mathrm{char}(K) = O$ und $\sqrt[m]{1} \in K$. Dann ist K Zerfällungskörper für G.

Beweis. Es genügt, die Behauptung für $K = \mathbb{Q}(\sqrt[m]{1})$ zu beweisen.

Wir zeigen zuerst, daß es zu jedem einfachen $\mathbb{C}G$-Modul E einen einfachen KG-Modul F gibt mit $E \cong F^{\mathbb{C}}$.

Nach Satz 5.38 gibt es ganze Zahlen z_i^H und lineare Charaktere χ_i^H , so
daß $\chi_E = \sum_{H,i} z_i^H \, \mathrm{ind}_H^G(\chi_i^H)$ ist. Zu χ_i^H existiert ein primitives Idempotent
$e_i^H \in \mathbb{C}H$, so daß χ_i^H der Charakter des Moduls $e_i^H \mathbb{C}H$ ist. Wegen

$[e_i^H \mathbb{C} H : \mathbb{C}] = 1$ ist e_i^H zentral und damit $e_i^H \in KH$. $\mathrm{ind}_H^G(\chi_i^H)$ ist dann der Charakter der isomorphen $\mathbb{C}G$-Moduln $e_i^H \mathbb{C} H \otimes_{\mathbb{C} H} \mathbb{C}G \simeq e_i^H \mathbb{C}G \simeq e_i^H KG \otimes_{KG} \mathbb{C}G$. Daraus können wir schließen, daß es KG-Moduln M_1 bzw. M_2 gibt, so daß

$$\sum_{\substack{H,i \\ z_{H,i}<0}} (-z_{H,i}) \, \mathrm{ind}_H^G(\chi_i^H) \quad \text{bzw.} \quad \sum_{\substack{H,i \\ z_{H,i}>0}} z_{H,i} \, \mathrm{ind}_H^G(\chi_i^H)$$

die Charaktere von $M_1^{\mathbb{C}}$ bzw. $M_2^{\mathbb{C}}$ sind. (M_1 enthält $e_i^H KG$ genau $(-z_{H,i})$-mal als direkten Summanden.) Aus

$$\chi_E + \chi_{M_1^{\mathbb{C}}} = \chi_{E \oplus M_1^{\mathbb{C}}} = \chi_{M_2^{\mathbb{C}}}$$

ergibt sich nach Folgerung 4.12,b) $E \oplus M_1^{\mathbb{C}} \simeq M_2^{\mathbb{C}}$. Da das zu E gehörende zentral-primitive Idempotent $\varepsilon = \varepsilon_E \in \mathbb{C}G$ auch in KG liegt, erhalten wir nach Multiplikation mit ε :

$$E \oplus (M_1 \varepsilon)^{\mathbb{C}} \simeq (M_2 \varepsilon)^{\mathbb{C}} .$$

Bezeichnen wir mit F einen einfachen KG-Modul mit der Eigenschaft $F\varepsilon = F$, dann sind die einfachen direkten Summanden von $M_1 \varepsilon$ und $M_2 \varepsilon$ alle isomorph zu F. Ein Längenargument zeigt, daß $M_1 \varepsilon$ bis auf Isomorphie ein direkter Summand von $M_2 \varepsilon$ ist; d.h. es gibt $N \leq M_2 \varepsilon$ mit $M_1 \varepsilon \oplus N \simeq M_2 \varepsilon$. Satz 1.5 liefert jetzt $E \simeq N^{\mathbb{C}}$. Da E einfach ist, muß auch N einfach sein, also $E \simeq F^{\mathbb{C}}$.

Sei nun $\{E_i \mid i = 1,\ldots,r\}$ eine Transversale von einfachen $\mathbb{C}G$-Rechtsmoduln. Sind $F_1,\ldots,F_r$ KG-Moduln mit $E_i \simeq F_i^{\mathbb{C}}$ für $i = 1,\ldots,r$, dann ist $\{F_i \mid 1 \leq i \leq r\}$ eine Transversale von einfachen KG-Rechtsmoduln.

Aus $\sum_{i=1}^{r} [E_i : \mathbb{C}]^2 = |G|$ und $[E_i : \mathbb{C}] = [F_i : K]$ für $i = 1,\ldots,r$ folgt $\sum_{i=1}^{r} [F_i : K]^2 = |G|$. Damit erhalten wir aus Satz 1.30 die Behauptung.

§ 6. <u>Die symmetrische Gruppe</u> $\mathfrak{S}_n$.

Als nicht-triviales Beispiel für die in den ersten vier Paragraphen
entwickelte Theorie wird hier die halbeinfache Gruppenalgebra $K\mathfrak{S}_n$
über der symmetrischen Gruppe $\mathfrak{S}_n$ eingehend betrachtet. Nach der Konstruktion der einfachen $K\mathfrak{S}_n$- Rechtsmoduln basieren die weiteren Über-
legungen auf den Dualitätseigenschaften des Tensorraums $V^{\otimes n}$ der Tensoren n-ter Stufe über einem Vektorraum V mit dem Ziel, die Rekursionsformel von Murnaghan-Nakayama herzuleiten, mit deren Hilfe sich
die Charaktere der symmetrischen Gruppen berechnen lassen.

Zu einer endlichen Menge M bezeichne $\mathfrak{S}_M$ die Gruppe aller bijektiven
Abbildungen (Permutationen) $\sigma : M \longrightarrow M$. Ist $M = \{1,\ldots,n\}$, so schreiben
wir statt $\mathfrak{S}_M$ auch $\mathfrak{S}_n$. Für eine beliebige endliche Menge M gilt dann
$\mathfrak{S}_M \cong \mathfrak{S}_{|M|}$.

Die Elemente von $\mathfrak{S}_M$ geben wir in der Form

$$\sigma = \begin{pmatrix} m \\ \sigma(m) \end{pmatrix}_{m \in M}$$

oder in der Zyklenschreibweise

$$\sigma = (\ \ldots\ )\ \ldots\ (\ \ldots,m,\sigma(m),\sigma^2(m),\ \ldots)\ \ldots\ (\ \ldots\ )$$

an, wobei wir gelegentlich Zyklen der Länge 1 weglassen, z.B. ist für
$M = \{2,3,5,6,7,8,9\}$

$$\begin{pmatrix} 2\,3\,5\,6\,7\,8\,9 \\ 6\,9\,7\,2\,3\,8\,5 \end{pmatrix} = (2,6)(3,9,5,7)(8) = (2\,6)(3\,9\,5\,7).$$

Jedes Element von $\mathfrak{S}_M$ läßt sich bekanntlich bis auf die Reihenfolge
eindeutig als Produkt elementfremder Zyklen darstellen; elementfremde
Zyklen kommutieren miteinander, und die Länge eines Zykels stimmt mit
seiner Ordnung überein.

Für $M \subseteq \{1,\ldots,n\}$ ist die Abbildung

$$\mathfrak{S}_M \ni \sigma \longmapsto \prod_{\substack{i,j \in M \\ i<j}} \frac{\sigma(i)-\sigma(j)}{i-j} =: (-1)^\sigma \in \mathbf{Z}^*$$

ein Gruppenhomomorphismus. Die Elemente σ mit $(-1)^\sigma = 1$ heißen gerade
Permutationen, die übrigen ungerade Permutationen. Transpositionen,
also Zyklen der Länge 2, sind ungerade Permutationen.

6.1 <u>Die Konjugationsklassen von</u> $\mathfrak{S}_n$

Sei $n \in \mathbf{N}$. Wir werden in diesem Abschnitt die Konjugationsklassen von

$\mathcal{T}_n$ durch Partitionen von n charakterisieren.

<u>Definition</u> 6.1 . Eine Folge $\lambda = (\lambda_1, \ldots, \lambda_k)$ von natürlichen Zahlen mit den Eigenschaften $\lambda_1 \geq \lambda_2 \geq \ldots \geq \lambda_k$ und $\sum_{i=1}^{k} \lambda_i = n$ heißt Partition von n. Die Menge aller Partitionen von n wird mit $\mathcal{R}_n$ bezeichnet. $\lambda \in \mathcal{R}_n$ heißt größer als $\mu \in \mathcal{R}_n$ (in Zeichen $\lambda > \mu$), wenn es $i_0 \in \mathbb{N}$ gibt mit $\lambda_i = \mu_i$ für $i < i_0$ und $\lambda_i > \mu_i$ für $i = i_0$.

Manchmal werden gleiche Ziffern in einer Partition zusammengefaßt, z.B. ist $(7,7,5,3,3,3,2,2,1) = (7^2,5,3^3,2^2,1) \in \mathcal{R}_{33}$. Damit gilt:

$$\mathcal{R}_1 = \{(1)\}. \quad \mathcal{R}_2 = \{(2),(1^2)\}, \quad \mathcal{R}_3 = \{(3),(2,1),(1^3)\} \text{ und}$$

$$\mathcal{R}_4 = \{(4),(3,1),(2^2),(2,1^2),(1^4)\}.$$

In diesen Mengen sind die Elemente der Größe nach geordnet.

<u>Lemma</u> 6.2 . Sei $\sigma = (\ldots) \ldots (x_1, \ldots, x_u) \ldots (\ldots) \in \mathcal{T}_n$ ein Produkt von Zyklen. Dann gilt für $\pi \in \mathcal{T}_n$:

$$\pi \sigma \pi^{-1} = (\ldots) \ldots (\pi(x_1), \ldots, \pi(x_u)) \ldots (\ldots)$$

Beweis. Aus $\sigma(x_i) = x_{i+1}$ folgt $\pi \sigma \pi^{-1}(\pi(x_i)) = \pi(x_{i+1})$ für $i = 1, \ldots, u-1$ und aus $\sigma(x_u) = x_1$ folgt $\pi \sigma \pi^{-1}(\pi(x_u)) = \pi(x_1)$.

Schreiben wir jede Permutation $\sigma \in \mathcal{T}_n$ als Produkt $\sigma = \sigma_1 \cdot \ldots \cdot \sigma_k$ von elementfremden Zyklen $\sigma_1, \ldots, \sigma_k$ mit $\text{ord}(\sigma_1) \geq \ldots \geq \text{ord}(\sigma_k)$, dann erhalten wir eine Abbildung $\kappa : \mathcal{T}_n \longrightarrow \mathcal{R}_n$, wenn wir

$$\kappa(\sigma) := (\text{ord}(\sigma_1), \ldots, \text{ord}(\sigma_k))$$

setzen.

<u>Satz</u> 6.3 .a) Zwei Elemente $\sigma, \tau \in \mathcal{T}_n$ sind genau dann zueinander konjugiert, wenn $\kappa(\sigma) = \kappa(\tau)$ ist.

b) Die Anzahl der Konjugationsklassen von $\mathcal{T}_n$ ist gleich $|\mathcal{R}_n|$.

Beweis. a) "$\Longrightarrow$". Klar nach Lemma 6.2 .

"$\Longleftarrow$". Sei $\sigma = (\ldots) \ldots (x_1, \ldots, x_u) \ldots (\ldots)$ und
$$\tau = (\ldots) \ldots (y_1, \ldots, y_u) \ldots (\ldots).$$
Mit
$$\pi := \begin{pmatrix} \ldots & x_1 & \ldots & x_u & \ldots \\ \ldots & y_1 & \ldots & y_u & \ldots \end{pmatrix} \text{ gilt } \tau = \pi \sigma \pi^{-1}.$$

b) Da κ surjektiv ist, folgt die Behauptung aus a).

<u>Satz</u> 6.4 . Sei $\lambda = (\lambda_1^{a_1}, \ldots, \lambda_k^{a_k}) \in \mathcal{R}_n$. Dann hat die Konjugationsklasse $\{\sigma \mid \sigma \in \mathcal{T}_n, \kappa(\sigma) = \lambda\}$ von $\mathcal{T}_n$ genau $\dfrac{n!}{a_1! \cdot \ldots \cdot a_k! \; \lambda_1^{a_1} \cdot \ldots \cdot \lambda_k^{a_k}}$ Elemente.

Beweis. Jedes Element $\sigma \in \mathcal{T}_n$ mit $\kappa(\sigma) = \lambda$ kann unter der Bedingung, daß die Länge der Zyklen monoton von links nach rechts abnimmt, auf genau $(a_1! \cdot \ldots \cdot a_k! \lambda_1^{a_1} \cdot \ldots \cdot \lambda_k^{a_k})$-fache Weise geschrieben werden: Die a_i Zyklen der Länge λ_i können nämlich genau $a_i!$ verschiedene Reihenfolgen einnehmen; zusätzlich dürfen dabei die Elemente jedes Zykels zyklisch vertauscht werden, was bei einem Zykel der Länge λ_i genau λ_i verschiedene Möglichkeiten ergibt.

6.2 Die einfachen $K\mathcal{T}_n$ - Moduln

<u>Definition</u> 6.5 . Sei $\lambda = (\lambda_1, \ldots, \lambda_k) \in \mathcal{R}_n$ und M eine Menge mit n Elementen.

a) $F = \{(i,j) \mid 1 \leq i \leq k, \; 1 \leq j \leq \lambda_i\} \subseteq \mathbb{N} \times \mathbb{N}$ heißt Rahmen zur Partition λ; $F_{i-} = \{(i,j) \mid 1 \leq j \leq \lambda_i\}$ heißt i-te Zeile des Rahmens, und $F_{-j} = \{(i,j) \mid 1 \leq i \leq k\} \cap F$ heißt j-te Spalte des Rahmens.

b) Eine Bijektion $T : F \longrightarrow M$ heißt Tableau zur Partition λ. Ein Element $\sigma \in \mathcal{T}_M$ heißt T-horizontal bzw. T-vertikal, falls

$$\sigma(T(F_{i-})) = T(F_{i-}) \quad \text{für } i = 1, \ldots, k$$

bzw.

$$\sigma(T(F_{-j})) = T(F_{-j}) \quad \text{für } j = 1, \ldots, \lambda_1.$$

H(T) bzw. V(T) bezeichne die Menge der T-horizontalen bzw. T-vertikalen Permutationen von $\mathcal{T}_M$.

Es ist üblich, zu einer explizit gegebenen Partition, etwa $\lambda = (6, 4^2, 1)$, den Rahmen in der folgenden Gestalt anzugeben:

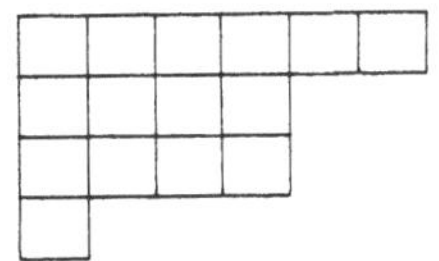

Ein Tableau T wird beschrieben, indem man in das "Feld" (i,j) des Rahmens F das Bild $T((i,j))$ einträgt, z.B. gilt für das Tableau

3	2	13	4	11	7
1	14	8	15		
12	10	5	9		
6					

das zu $\lambda = (6,4^2,1)$ und $M = \{1,\ldots,15\}$ gehört: $T((2,3)) = 8$, $T((2,4)) = 15$, $\ldots$. Auch hier spricht man von Zeilen und Spalten, z.B. steht 8 in der 2. Zeile und 3. Spalte des obigen Tableaus.

In den nächsten Lemmata sei $T : F \longrightarrow M$ ein Tableau zu einer Partition $\lambda = (\lambda_1,\ldots,\lambda_k)$ und $T' : F' \longrightarrow M$ ein Tableau zu einer Partition $\lambda' = (\lambda_1',\ldots,\lambda_l')$.

Die Aussagen des folgenden Lemmas sind unmittelbar klar.

<u>Lemma</u> 6.6 . a) $H(T)$ ist eine zu $\mathcal{I}_{T(F_{1-})} \times \cdots \times \mathcal{I}_{T(F_{k-})}$ isomorphe, $V(T)$ eine zu $\mathcal{I}_{T(F_{-1})} \times \cdots \times \mathcal{I}_{T(F_{-\lambda_1})}$ isomorphe Untergruppe von $\mathcal{I}_M$.

b) $H(T) \cap V(T) = 1$.

c) Für $\pi \in \mathcal{I}_M$ ist πT ein Tableau, $H(\pi T) = \pi H(T) \pi^{-1}$ und $V(\pi T) = \pi V(T) \pi^{-1}$.

<u>Lemma</u> 6.7 . Ist $\lambda \leq \lambda'$ und $V(T) \cap H(T') = 1$, dann gilt:

a) $\lambda = \lambda'$.

b) Es gibt $v \in V(T)$, $h \in H(T')$ mit $vT = hT'$.

c) Es gibt $v' \in V(T')$, $h \in H(T')$ mit $T = hv'T'$.

Beweis. a,b) Durch Induktion nach $|M|$.

Die Elemente $T'((1,1))$, $\ldots$, $T'((1,\lambda_1'))$, die in der ersten Zeile von T' stehen, befinden sich wegen $V(T) \cap H(T') = 1$ in verschiedenen Spalten von T. Daraus ergibt sich $\lambda_1 \geq \lambda_1'$; wegen $\lambda \leq \lambda'$ ist damit $\lambda_1 = \lambda_1'$. Außerdem existiert $v_1 \in V(T)$, so daß die obigen Elemente in die erste Zeile von $v_1 T$ "gelangen". Eine horizontale Permutation $h_1 \in H(T')$ ordnet darauf die erste Zeile von T' so um, daß $v_1 T|_{F_{1-}} = h_1 T'|_{F_{1-}'}$ ist. Die Partitionen $(\lambda_2,\ldots,\lambda_k)$, $(\lambda_2',\ldots,\lambda_l')$ und die zugehörigen Tableaus $T_1 := v_1 T|_{F \backslash F_{1-}}$, $T_1' := h_1 T'|_{F' \backslash F_{1-}'}$ (sie entstehen aus $v_1 T$, $h_1 T'$ durch Streichen der ersten Zeile) erfüllen die Voraussetzungen des Lemmas. Die Induktionsannahme liefert nun erstens die Gleichheit von $(\lambda_2,\ldots,\lambda_k)$ und $(\lambda_2',\ldots,\lambda_l')$, somit ist $\lambda = \lambda'$, und zweitens die Existenz von $v_2 \in V(T_1)$, $h_2 \in H(T_1')$ mit $v_2 T_1 = h_2 T_1'$.

Setzt man $v := v_2 v_1$ und $h := h_2 h_1$, so ist $v \in V(T)$, $h \in H(T')$ und $vT = hT'$.

c) Da v^{-1} eine vertikale Permutation von $vT = hT'$ ist, gibt es nach Lemma 6.6,c) $v' \in V(T')$, so daß $v^{-1} = hv'h^{-1}$ ist. Es folgt $T = hv'T'$.

Wir betrachten im folgenden nur noch die symmetrische Gruppe $\mathfrak{S}_n$ (also $T(F) = T'(F') = \{1,\ldots,n\}$) und wählen dazu einen Körper K mit $\mathrm{char}(K) \nmid n!$. Wir setzen in der Gruppenalgebra $K\mathfrak{S}_n$

$$H^+(T) := \sum_{\sigma \in H(T)} \sigma \quad , \quad V^-(T) := \sum_{\sigma \in V(T)} (-1)^\sigma \sigma \quad , \quad \text{und} \quad e_T := H^+(T) \cdot V^-(T).$$

Offensichtlich gilt: a) $e_T \neq 0$.

b) Für $\sigma \in H(T)$ ist $H^+(T) = H^+(T)\sigma = \sigma H^+(T)$.

c) Für $\sigma \in V(T)$ ist $(-1)^\sigma V^-(T) = V^-(T)\sigma = \sigma V^-(T)$.

Lemma 6.8 . Sei $\lambda \neq \lambda'$. Dann ist $e_T K \mathfrak{S}_n \cdot e_{T'} = 0$.

Beweis. <u>1.Fall</u> : $\lambda < \lambda'$. Sei $\pi \in \mathfrak{S}_n$. Wir ersetzen in Lemma 6.7 T' durch $\pi T'$ und folgern, daß es $\sigma \in V(T) \cap H(\pi T')$ gibt mit $\sigma \neq 1$. Sei nun $i \in \{1,\ldots,n\}$ mit $\sigma(i) \neq i$. Die Transposition $\tau = (i,\sigma(i))$ liegt wieder in $V(T) \cap H(\pi T')$. Also haben wir

$$V^-(T) \cdot H^+(\pi T') = (V^-(T)\tau) \cdot (\tau^{-1} H^+(\pi T')) = -V^-(T) \cdot H^+(\pi T').$$

Wegen $\lambda < \lambda'$ ist $n \geq 2$ und somit $\mathrm{char}(K) \neq 2$. Es folgt

$$0 = V^-(T)H^+(\pi T') = V^-(T)\pi H^+(T')\pi^{-1}$$

und daraus wiederum

$$0 = V^-(T)\pi H^+(T') \quad \text{und} \quad 0 = e_T \pi e_{T'}.$$

Da die letzte Gleichung für alle $\pi \in \mathfrak{S}_n$ gilt, ist sogar $e_T \cdot K \mathfrak{S}_n \cdot e_{T'} = 0$.

<u>2.Fall:</u> $\lambda > \lambda'$. Hier zeigt man analog $0 = H^+(\pi T) V^-(T')$ und $0 = H^+(T) \cdot K \mathfrak{S}_n \cdot V^-(T')$, woraus $0 = e_T \cdot K \mathfrak{S}_n \cdot e_{T'}$ folgt.

Lemma 6.9 . Sei $a \in K \mathfrak{S}_n$. Dann sind äquivalent:

a) Es gibt $k \in K$, so daß $a = k\, e_T$ ist.

b) Für alle $h \in H(T)$, $v \in V(T)$ ist $hav = (-1)^v a$.

Beweis. $a \Longrightarrow b$. Trivial.

$b \Longrightarrow a$. Sei $a = \sum_{\sigma \in \mathfrak{S}_n} k_\sigma \sigma$. Dann ist

$$(*) \quad \sum_{\sigma \in \mathfrak{S}_n} k_\sigma (h\sigma v) = \sum_{\sigma \in \mathfrak{S}_n} (-1)^v k_\sigma \sigma \quad \text{für alle } h \in H(T), v \in V(T).$$

Wir zeigen zuerst: $k_\sigma = 0$ für $\sigma \notin \{h'v' \mid h' \in H(T), v' \in V(T)\}$.
Wegen $\sigma \neq h'v'$ ist auch $\sigma T \neq h'v'T$. Nach Lemma 6.7 folgt
$V(\sigma T) \cap H(T) \neq 1$. Es gibt also (wie im Beweis vorher) eine Transposition
$(i,i') \in V(\sigma T) \cap H(T)$. Setzen wir $h := (i,i') \in H(T)$ und
$v := \sigma^{-1}h\sigma \in V(T)$, dann ergibt sich wegen $h\sigma v = \sigma$ aus der Gleichung
(*) $k_\sigma = -k_\sigma$, und daraus wiederum $k_\sigma = 0$.

Nun liefert ein Koeffizientenvergleich in (*)

$$k_1 = (-1)^V k_{hv} \quad \text{für alle } h \in H(T), \; v \in V(T).$$

Somit erhalten wir

$$a = \sum_{\substack{h\in H(T)\\ v\in V(T)}} k_{hv}\, hv = k_1 \cdot \sum_{h,v} (-1)^V hv = k_1 \cdot e_T.$$

<u>Satz</u> 6.10 . $\dfrac{[e_T \cdot K\mathfrak{S}_n : K]}{n!} \cdot e_T$ ist ein Idempotent in $K\mathfrak{S}_n$.

Beweis. Da $e_T e_T$ die Bedingung b) von Lemma 6.9 erfüllt, gibt es
$k \in K$ mit $e_T e_T = k e_T$. Da der Koeffizient von $1 \in \mathfrak{S}_n$ in e_T gleich 1 ist,
folgt aus Lemma 4.9 $k \neq 0$ und $k = n![e_T K\mathfrak{S}_n : K]^{-1}$. Damit ist
$k^{-1}e_T$ ein Idempotent.

<u>Satz</u> 6.11 . a) $e_T K\mathfrak{S}_n$ ist ein einfaches Rechtsideal.

b) $e_T K\mathfrak{S}_n \cong e_{T'} K\mathfrak{S}_n \iff \lambda = \lambda'$.

Beweis. a) Mit Hilfe von Satz 6.10 schließen wir:

$$\mathrm{End}_{K\mathfrak{S}_n}(e_T K\mathfrak{S}_n) \cong e_T K\mathfrak{S}_n e_T .$$

Da alle Elemente von $e_T K\mathfrak{S}_n e_T$ die Eigenschaft b) von Lemma 6.9 haben,
ist $e_T K\mathfrak{S}_n e_T = K e_T \cong K$. Daraus folgt a) wegen der Halbeinfachheit
von $e_T K\mathfrak{S}_n$.

b) Im Fall $\lambda \neq \lambda'$ erhalten wir nach Lemma 6.8 :

$$\mathrm{Hom}_{K\mathfrak{S}_n}(e_{T'} K\mathfrak{S}_n, e_T K\mathfrak{S}_n) \cong e_T K\mathfrak{S}_n e_{T'} = 0.$$

Im Fall $\lambda = \lambda'$ gibt es $\pi \in \mathfrak{S}_n$ mit $T' = \pi T$. Somit gilt:

$$e_{T'} K\mathfrak{S}_n = e_{\pi T} K\mathfrak{S}_n = \pi e_T \pi^{-1} K\mathfrak{S}_n = \pi e_T K\mathfrak{S}_n \cong e_T K\mathfrak{S}_n .$$

<u>Satz</u> 6.12 . Sei zu jeder Partition $\lambda \in \mathfrak{R}_n$ ein Tableau T_λ gegeben. Dann
ist $\{e_{T_\lambda} K\mathfrak{S}_n \mid \lambda \in \mathfrak{R}_n\}$ eine Transversale von einfachen $K\mathfrak{S}_n$ - Rechtsmoduln.

Beweis. Aus den Sätzen 6.11, 3.4 und 6.3,b) folgt sofort die Behauptung.

Aus diesem Satz und aus dem Beweis von Satz 6.11,a) ergibt sich unmittelbar

<u>Folgerung</u> 6.13 . K ist Zerfällungskörper für $\mathcal{S}_n$.

<u>Lemma</u> 6.14 . Sei $\mathcal{T}(\lambda)$ die Menge aller Tableaus zu einer Partition λ. Dann ist $\sum\limits_{T \in \mathcal{T}(\lambda)} e_T K \mathcal{S}_n = \sum\limits_{T \in \mathcal{T}(\lambda)} K \mathcal{S}_n e_T$ ein Block von $K \mathcal{S}_n$.

Beweis. Beide Summen sind gleich; denn für $\sigma \in \mathcal{S}_n$ gilt:

$$\sigma e_T = \sigma H^+(T) \, V^-(T) = \sigma H^+(T) \, \sigma^{-1} \sigma V^-(T) \, \sigma^{-1} \sigma = H^+(\sigma T) \, V^-(\sigma T) \, \sigma = e_{\sigma T} \, \sigma.$$

$\sum\limits_{T \in \mathcal{T}(\lambda)} e_T K \mathcal{S}_n$ ist also ein zweiseitiges Ideal, das aus lauter isomorphen einfachen Rechtsidealen besteht. Damit ist diese Summe ein Block.

6.3 <u>Der Tensorraum</u> $V^{\otimes n}$

Für den Rest des Paragraphen sei K ein Körper mit char(K) = 0, V ein Vektorraum über K mit der Dimension $m < \infty$ und $\{v_1, \ldots, v_m\}$ eine K-Basis von V.

Da das n-fache Tensorprodukt $V^{\otimes n} := V \otimes_K V \otimes \ldots \otimes_K V$, dessen Elemente Tensoren n-ter Stufe genannt werden, die K-Basis

$$B = \{v_{i_1} \otimes \ldots \otimes v_{i_n} \mid i_j \in \{1, \ldots, m\} \text{ für } j = 1, \ldots, n\}$$

hat, läßt sich jedes Element von $V^{\otimes n}$ eindeutig in der Form

$$\sum\limits_{i_1, \ldots, i_n} k_{i_1, \ldots, i_n} (v_{i_1} \otimes \ldots \otimes v_{i_n}) \quad \text{mit } k_{i_1, \ldots, i_n} \in K$$

schreiben.

$V^{\otimes n}$ wird zu einem $K \mathcal{S}_n$ - Rechtsmodul durch die Definition

$$(v_{i_1} \otimes \ldots \otimes v_{i_n}) \sigma := v_{i_{\sigma(1)}} \otimes \ldots \otimes v_{i_{\sigma(n)}} \quad \text{für alle } \sigma \in \mathcal{S}_n$$

(und lineare Erweiterung); z.B. ist im Fall n = 5

$$(v_1 \otimes v_2 \otimes v_4 \otimes v_1 \otimes v_3)(1\,4\,3\,2\,5) = v_1 \otimes v_3 \otimes v_2 \otimes v_4 \otimes v_1 \, .$$

Jede Permutation $\sigma \in \mathcal{S}_n$ vertauscht also lediglich die Reihenfolge der "Faktoren". Dies ist von obiger Basis unabhängig; für beliebige Elemente $w_1, \ldots, w_n \in V$ gilt nämlich:

$$(w_1 \otimes \ldots \otimes w_n) \sigma = w_{\sigma(1)} \otimes \ldots \otimes w_{\sigma(n)} \, .$$

Entsprechend wird auch $(\text{End}_K(V))^{\otimes n}$ zum $K \mathcal{S}_n$ - Rechtsmodul.

Andererseits induziert die $K \mathcal{S}_n$ - Rechtsmodulstruktur auf $V^{\otimes n}$ gemäß Abschnitt 4.6 eine solche auf $\text{End}_K(V^{\otimes n})$.

<u>Lemma</u> 6.15 . Der natürliche K-Algebrenisomorphismus

$$\varphi : (\mathrm{End}_K(V))^{\otimes n} \longrightarrow \mathrm{End}_K(V^{\otimes n})$$ ist auch ein $K\gamma_n$ - Isomorphismus.

Beweis. φ wird gegeben durch

$$\varphi(\alpha_1 \otimes \ldots \otimes \alpha_n)(v_{i_1} \otimes \ldots \otimes v_{i_n}) = \alpha_1(v_{i_1}) \otimes \ldots \otimes \alpha_n(v_{i_n})$$

für alle $\alpha_1,\ldots,\alpha_n \in \mathrm{End}_K(V)$ und $i_1,\ldots,i_n \in \{1,\ldots,m\}$.

Sei $\sigma \in \gamma_n$. Dann haben wir einerseits

$$\varphi((\alpha_1 \otimes \ldots)\sigma)(v_{i_1} \otimes \ldots) = \varphi(\alpha_{\sigma(1)} \otimes \ldots)(v_{i_1} \otimes \ldots)$$

$$= \alpha_{\sigma(1)}(v_{i_1}) \otimes \ldots$$

und andererseits

$$(\varphi(\alpha_1 \otimes \ldots)\sigma)(v_{i_1} \otimes \ldots) = \varphi(\alpha_1 \otimes \ldots)((v_{i_1} \otimes \ldots)\sigma^{-1})\sigma =$$

$$= \varphi(\alpha_1 \otimes \ldots)(v_{i_{\sigma^{-1}(1)}} \otimes \ldots)\sigma = (\alpha_1(v_{i_{\sigma^{-1}(1)}}) \otimes \ldots)\sigma = \alpha_{\sigma(1)}(v_{i_1}) \otimes \ldots$$

Also ist $\varphi((\alpha_1 \otimes \ldots)\sigma) = \varphi(\alpha_1 \otimes \ldots)\sigma$ für alle $\sigma \in \gamma_n$.

<u>Lemma</u> 6.16 . Für ein Element m eines $K\gamma_n$ - Moduls M sind äquivalent:

a) $m\sigma = m$ für alle $\sigma \in \gamma_n$.

b) $m \in M(\sum_{\sigma \in \gamma_n} \sigma)$.

Beweis. Trivial.

<u>Definition</u> 6.17 . Die Elemente eines $K\gamma_n$ - Moduls M, die die Bedingungen von Lemma 6.16 erfüllen, heißen symmetrisch.

<u>Satz</u> 6.18 . $\alpha \in (\mathrm{End}_K(V))^{\otimes n}$ ist genau dann symmetrisch, wenn $\varphi(\alpha) \in \mathrm{End}_{K\gamma_n}(V^{\otimes n})$ ist.

Beweis. Für alle $\sigma \in \gamma_n$ und $w \in V^{\otimes n}$ gilt:

$$\varphi(\alpha\sigma)(w\sigma) = (\varphi(\alpha)\sigma)(w\sigma) = (\varphi(\alpha)((w\sigma)\sigma^{-1}))\sigma = (\varphi(\alpha)(w))\sigma .$$

Ist α symmetrisch, also $\alpha\sigma = \alpha$, dann ist $\varphi(\alpha)(w\sigma) = (\varphi(\alpha)(w))\sigma$. Ist $\varphi(\alpha) \in \mathrm{End}_{K\gamma_n}(V^{\otimes n})$, dann erhalten wir nacheinander

$$\varphi(\alpha\sigma)(w\sigma) = \varphi(\alpha)(w\sigma),\ \varphi(\alpha\sigma) = \varphi(\alpha) \text{ und schließlich } \alpha\sigma = \alpha.$$

Identifizieren wir $(\mathrm{End}_K(V))^{\otimes n}$ und $\mathrm{End}_K(V^{\otimes n})$ mittels φ, dann besteht deren Unteralgebra $S = \mathrm{End}_{K\gamma_n}(V^{\otimes n})$ aus allen symmetrischen Tensoren von $(\mathrm{End}_K(V))^{\otimes n}$. S wird "Algebra der bisymmetrischen Transformationen" genannt.

Eine K-Basis $\{\alpha_1,\ldots,\alpha_{m^2}\}$ von $\mathrm{End}_K(V)$ liefert die K-Basis

$\{\alpha_{i_1}\otimes\cdots\otimes\alpha_{i_n}\mid i_1,\ldots,i_n\in\{1,\ldots,m^2\}\}$ von $(\mathrm{End}_K(V))^{\otimes n}$. Setzen

wir $\beta_{i_1,\ldots,i_n}:=\dfrac{1}{\mu_1!\cdots\mu_{m^2}!}(\alpha_{i_1}\otimes\cdots\otimes\alpha_{i_n})(\sum\limits_{\sigma\in\mathcal{T}_n}\sigma)$, wobei genau μ_i

Indizes in $\alpha_{i_1}\otimes\cdots\otimes\alpha_{i_n}$ gleich i sind, dann ist

$\{\beta_{i_1,\ldots,i_n}\mid 1\le i_1\le\ldots\le i_n\le m^2\}$ eine K-Basis von S.

Im Beweis des nächsten Satzes nehmen wir als Basiselemente $\alpha_i\in\mathrm{End}_K(V)$
diejenigen, die durch

$$\alpha_i(v_k)=\begin{cases} v_{i+m-km}, & \text{falls } 1\le i+m-km\le m\\ 0 & \text{sonst}\end{cases}$$

definiert sind. Ein Endomorphismus $\sum\limits_{i=1}^{m^2}k_i\alpha_i$, $k_i\in K$, liegt damit genau

dann in $\mathrm{Aut}_K(V)$, wenn die Determinante

$$\det((k_i))=\begin{vmatrix} k_1 & k_2 & \cdots & k_m\\ k_{m+1} & & \cdots & k_{2m}\\ \vdots & & & \vdots\\ k_{m^2-m+1} & & \cdots & k_{m^2}\end{vmatrix}\ \neq\ 0\ \text{ ist.}$$

<u>Satz</u> 6.19 . Sei $G=\mathrm{Aut}_K(V)$ die Gruppe der K-Automorphismen von V. Dann
ist der K-Algebrenhomomorphismus

$$KG\ni\sum\limits_{\alpha\in G}k_\alpha\,\alpha\longmapsto\sum\limits_{\alpha\in G}k_\alpha\,(\alpha\otimes\cdots\otimes\alpha)\in S$$

surjektiv.

Beweis. Es genügt zu zeigen, daß die Elemente der obigen Basis von S
in der $\mathbb{Q}$-linearen Hülle von $\{\alpha\otimes\cdots\otimes\alpha\mid\alpha\in G\}$ liegen.

Für alle $\alpha=\sum\limits_{i=1}^{m^2}k_i\alpha_i\in(\sum\limits_{i=1}^{m^2}\mathbb{Q}\alpha_i)\cap G$ gilt:

$$\alpha\otimes\cdots\otimes\alpha=\sum\limits_{1\le i_1\le\ldots\le i_n\le m^2}k_{i_1}k_{i_2}\cdots k_{i_n}\cdot\beta_{i_1,\ldots,i_n}\ .$$

Wir fassen dies als Gleichungssystem mit unendlich vielen Gleichungen
für die endlich vielen Unbekannten $\beta_{i_1,\ldots,i_n}$ auf. Es ist lösbar,

falls die "Spalten" linear unabhängig sind.

Wir beweisen dazu: Sind $c_{i_1,\ldots,i_n}$ für alle $1\le i_1\le\ldots\le i_n\le m^2$

rationale Zahlen derart, daß $\sum\limits_{i_1,\ldots,i_n}c_{i_1,\ldots,i_n}\cdot k_{i_1}\cdots k_{i_n}=0$ ist

für alle $(k_1,\ldots,k_{m^2})\in\mathbb{Q}^{m^2}$ mit $\det((k_i))\neq 0$, dann verschwinden alle
$c_{i_1,\ldots,i_n}$.

Hierzu bilden wir das Polynom

$$\left(\sum c_{i_1,\ldots,i_n} X_{i_1} \ldots X_{i_n} \right) \det((X_i)) \in \mathbb{Q}[X_1,\ldots,X_m].$$

Da es auf $\mathbb{Q}^{m^2}$ verschwindet, ist es mit dem Nullpolynom identisch. Somit ist auch der erste Faktor das Nullpolynom, was zu zeigen war.

Folgerung 6.20 . Jeder einfache S-Modul liefert eine irreduzible Matrizendarstellung von $G = \mathrm{Aut}_K(V)$.

Beweis. Der K-Algebrenhomomorphismus von Satz 6.19 macht jeden einfachen S-Modul zu einem einfachen KG-Modul.

Sei λ eine Partition von n. Es bezeichne $z(\lambda)$ die Anzahl der Zeilen des zu λ gehörigen Rahmens F, $\mathcal{T}(\lambda)$ die Menge aller Tableaus zu λ und B_λ den Block $\sum\limits_{T \in \mathcal{T}(\lambda)} K\gamma_n \cdot e_T$.

Bei der Betrachtung von $V^{\otimes n} e_T$ für festes $T \in \mathcal{T}(\lambda)$ erweist es sich als günstig, für $v_{i_1} \otimes \ldots \otimes v_{i_n}$ eine andere Schreibweise einzuführen. Wir setzen $v_{i_1} \otimes \ldots \otimes v_{i_n} =: v^{\iota T}$, wobei ι die Abbildung $\{1,\ldots,n\} \ni j \longmapsto i_j \in \{1,\ldots,m\}$ ist. Die zusammengesetzte Abbildung $\iota T : F \longrightarrow \{1,\ldots,m\}$ heißt Indextableau und wird auch in Tableauform geschrieben. Das Indextableau hat für $\sigma \in H(T)$ bzw. $\sigma \in V(T)$ die Eigenschaft, daß das zu dem Basiselement $v^{\iota T}\sigma \in B$ gehörende Indextableau durch eine "entsprechende" horizontale bzw. vertikale Permutation aus ιT hervorgeht.

Beispiel: Für $\qquad T = $
<table>
<tr><td>3</td><td>5</td><td>2</td></tr>
<tr><td>1</td><td>4</td><td></td></tr>
</table>
ist

$$v_4 \otimes v_7 \otimes v_1 \otimes v_3 \otimes v_3 = v^{\begin{smallmatrix}1\,3\,7\\4\,3\end{smallmatrix}} \quad \text{und} \quad v^{\begin{smallmatrix}1\,3\,7\\4\,3\end{smallmatrix}} \cdot (25)(13) = v^{\begin{smallmatrix}4\,7\,3\\1\,3\end{smallmatrix}}.$$

Satz 6.21 . Für den Annullator von $K\gamma_n$ in $V^{\otimes n}$ gilt:

$$\mathrm{ann}_{K\gamma_n}(V^{\otimes n}) = \bigoplus_{\substack{\lambda \in \mathcal{R}_n \\ z(\lambda) > m}} B_\lambda.$$

Beweis. Sei $\lambda = (\lambda_1,\ldots,\lambda_k)$.

1.Fall : $k > m$. Wir zeigen: $w V^-(T) = 0$ für alle $w \in V^{\otimes n}$, $T \in \mathcal{T}(\lambda)$.

(Daraus ergibt sich wegen $B_\lambda \subseteq \sum\limits_{T \in \mathcal{T}(\lambda)} K\gamma_n V^-(T)$ sofort $V^{\otimes n} B_\lambda = 0$.)

Wir setzen dazu $w V^-(T) := \sum\limits_\iota k_\iota \cdot v^{\iota T}$ und greifen ein festes Indextableau ı'T heraus. In der ersten Spalte von ı'T stehen wegen $k > m$ mindestens zwei gleiche Ziffern; sie mögen sich an den Stellen $(s,1)$ und $(t,1)$ befinden. Durch Multiplikation der obigen Gleichung mit der Transposition $\tau = (T((s,1)),T((t,1)))$ erhalten wir wegen $\tau \in V(T)$ einerseits

$$w V^-(\mathfrak{T})\tau = -w V^-(T) = -\sum_\iota k_\iota v^{\iota T}$$

und andererseits wegen $v^{\iota'T}\tau = v^{\iota'T}$

$$w V^-(T) \tau = k_{\iota'} v^{\iota'T} + \dots ,$$

weil jede Permutation, also auch τ, die Elemente von B nur permutiert. Ein Koeffizientenvergleich liefert jetzt $k_{\iota'} = 0$.

<u>2.Fall</u>: $k \leq m$. Zu einem Tableau $T \in \mathcal{T}(\lambda)$ sei ιT das Indextableau

$$\begin{array}{l} 1\,1\,\dots\dots 1 \\ 2\,2\,\dots\dots 2 \\ \cdot\,\cdot\,\dots\dots \\ k\,k\,\dots k \end{array}$$

Für $\sigma \in H(T)$ gilt offensichtlich $v^{\iota T}\sigma = v^{\iota T}$; für $\tau \in V(T)$ ist jedoch $v^{\iota T}\tau = v^{\iota T}$ gleichbedeutend mit $\tau = 1$. Damit erhalten wir

$$v^{\iota T} e_T = v^{\iota T}(\sum_{\sigma\in H(T)} \sigma)(\sum_{\tau\in V(T)} (-1)^\tau \tau) = |H(T)|\cdot v^{\iota T} + \dots \neq 0,$$

woraus sofort $V^{\otimes n} B_\lambda \neq 0$ folgt.

<u>Folgerung</u> 6.22 . Sei $R = \bigoplus_{\substack{\lambda\in\mathcal{K}_n \\ z(\lambda)\leq m}} B_\lambda$ und $S = \mathrm{End}_{K\mathcal{S}_n}(V^{\otimes n})$. Dann gilt:

a) R ist ein halbeinfacher Ring.

b) $V^{\otimes n}$ ist ein treuer R-Rechtsmodul von endlicher Länge.

c) $S = \mathrm{End}_R(V^{\otimes n})$.

Beweis. Trivial.

Damit können wir die Resultate von Abschnitt 1.4 über die Dualität halbeinfacher Ringe anwenden.

<u>Satz</u> 6.23 . Sei zu jeder Partition $\lambda \in \mathcal{K}_n$ ein Tableau T_λ gegeben. Dann ist im Fall $z(\lambda) \leq m$ $V^{\otimes n}\cdot e_{T_\lambda}$ ein einfacher S-Linksmodul und $e_{T_\lambda}\cdot R = e_{T_\lambda}\cdot K\mathcal{S}_n$ ein einfaches Rechtsideal in R bzw. $K\mathcal{S}_n$, und im Fall $z(\lambda) > m$ $V^{\otimes n}\cdot e_{T_\lambda} = 0$. Außerdem gilt:

$$V^{\otimes n} \underset{S\text{-}R}{\cong} \bigoplus_{\substack{\lambda\in\mathcal{K}_n \\ z(\lambda)\leq m}} V^{\otimes n}e_{T_\lambda} \otimes_K e_{T_\lambda}\cdot R = \bigoplus_{\lambda\in\mathcal{K}_n} V^{\otimes n}\cdot e_{T_\lambda} \otimes_K e_{T_\lambda}\cdot K\mathcal{S}_n .$$

Beweis. Da e_{T_λ} bis auf einen Faktor aus K ein primitives Idempotent ist, ergibt sich die erste Aussage aus Satz 1.26 bzw. Satz 6.21 .

Bezeichnet ε_λ das zu e_{T_λ} gehörende zentral-primitive Idempotent in $K\mathfrak{T}_n$, dann ist $V^{\otimes n} = \bigoplus_{\substack{\lambda \in \mathfrak{R}_n \\ z(\lambda) \leq m}} V^{\otimes n} \cdot \varepsilon_\lambda$, wobei die Summanden $V^{\otimes n} \varepsilon_\lambda$ einfache S - R - Bimoduln sind. Somit ist der S - R - Bihomomorphismus

$$V^{\otimes n} \cdot e_{T_\lambda} \otimes_K e_{T_\lambda} \cdot R \ni \sum_j w_j e_{T_\lambda} \otimes e_{T_\lambda} r_j \longmapsto \sum_j w_j e_{T_\lambda} r_j \in V^{\otimes n} \varepsilon_\lambda$$

surjektiv und aus Dimensionsgründen (Lemma 1.25) sogar ein Isomorphismus.

Im folgenden bezeichne $\chi_\lambda : \mathfrak{T}_n \longrightarrow K$ den Charakter von $e_{T_\lambda} \cdot K\mathfrak{T}_n$,

$\psi_\lambda : \mathrm{Aut}_K(V) \longrightarrow K$ den Charakter von $V^{\otimes n} \cdot e_{T_\lambda}$, $c_i = c_i(\sigma)$ die Anzahl der Zyklen der Länge i in dem Zyklenprodukt eines Elementes $\sigma \in \mathfrak{T}_n$ für $i = 1,\ldots,n$, $c = (c_1,\ldots,c_n)$ die Konjugationsklasse von $\mathfrak{T}_n$ mit $\sigma \in c$ (es gilt: $\sum_{i=1}^n i c_i = n$), und $\hat{k} = \hat{k}(k_1,\ldots,k_m)$ mit $k_j \in K^*$ den K-Automorphismus von V, der definiert ist durch

$$\hat{k}(v_j) = k_j v_j \quad \text{für} \quad j = 1,\ldots,m.$$

<u>Satz</u> 6.24 . $\qquad \sum_{\lambda \in \mathfrak{R}_n} \psi_\lambda(\hat{k}) \cdot \chi_\lambda(c) = \prod_{i=1}^n \left(\sum_{j=1}^m k_j^i \right)^{c_i}$.

Beweis. Wir bilden die Gruppe $H = \mathrm{Aut}_K(V) \times \mathfrak{T}_n$. $V^{\otimes n}$ wird zum KH-Links-modul durch $(\alpha,\sigma)w := \alpha w \sigma^{-1}$ für alle $(\alpha,\sigma) \in H$ und $w \in V^{\otimes n}$. Ist $\sigma \in c$, dann liegt auch σ^{-1} in c; somit folgt aus Satz 6.23 (ähnlich wie auf Seite 46)

$$\chi_{V^{\otimes n}}((\hat{k},\sigma)) = \sum_{\lambda \in \mathfrak{R}_n} \psi_\lambda(\hat{k}) \cdot \chi_\lambda(\sigma^{-1}) = \sum_{\lambda \in \mathfrak{R}_n} \psi_\lambda(\hat{k}) \cdot \chi_\lambda(c) \ .$$

Den Wert der linken Seite rechnen wir mit Hilfe der Basis B von $V^{\otimes n}$ aus. Wegen

$$(\hat{k},\sigma)(v_{i_1} \otimes \ldots \otimes v_{i_n}) = k_{i_1} \cdot \ldots \cdot k_{i_n}(v_{i_{\sigma^{-1}(1)}} \otimes \ldots \otimes v_{i_{\sigma^{-1}(n)}})$$

liefern nur diejenigen Basiselemente $v_{i_1} \otimes \ldots \otimes v_{i_n}$ einen Beitrag zu diesem Wert, die die Bedingung $i_j = i_{\sigma^{-1}(j)}$ für $1 \leq j \leq n$ erfüllen. Ohne Einschränkung seien die Zyklen in dem Zyklenprodukt von σ^{-1} der Länge nach, beginnend mit den Zyklen der Länge 1, geordnet, und in diesen Zyklen die Ziffern $1,\ldots,n$ der Reihe nach verteilt, also

$$\sigma^{-1} = (1)(2) \ldots (c_1)(c_1+1, c_1+2) \ldots (\ldots, n).$$

Dann gilt:

$$\chi_{V^{\otimes n}}((\hat{k},\sigma)) = \sum_{\substack{1 \le i_1, \ldots, i_n \le m \\ i_j = i_{\sigma^{-1}(j)}}} k_{i_1} \cdot \ldots \cdot k_{i_n} = \sum_{\ldots} k_{i_1} \cdot \ldots \cdot k_{i_{c_1}} \cdot k_{i_{c_1+1}}^2 \cdot k_{i_{c_1+3}}^2 \cdot \cdot$$

$$= \Big(\sum_{j=1}^{m} k_j\Big)^{c_1} \Big(\sum_{j=1}^{m} k_j^2\Big)^{c_2} \ldots \Big(\sum_{j=1}^{m} k_j^n\Big)^{c_n}.$$

<u>Folgerung</u> 6.25 .

$$\psi_\lambda(\hat{k}) = \sum_{c} \frac{\chi_\lambda(c)}{c_1! \ldots c_n!} \cdot \prod_{i=1}^{n} \Big(\frac{1}{i} \sum_{j=1}^{m} k_j^i\Big)^{c_i}.$$

Beweis. Ersetze in Satz 6.24 λ durch μ, multipliziere mit $\frac{|c|}{n!}\chi_\lambda(c)$, summiere dann über alle Konjugationsklassen c von $\mathcal{T}_n$ und wende schließlich die Orthogonalitätsrelationen von Folgerung 4.10 an.

6.4 <u>Die Formel von Frobenius und die Charaktere ψ_λ von</u> $\mathrm{Aut}_K(V)$

Die in Definition 6.1 angegebene Ordnung auf $\mathcal{T}_n$ sei wortgetreu auf alle endlichen Folgen nicht-negativer ganzer Zahlen ausgedehnt. Die Partition $\lambda = (\lambda_1, \ldots, \lambda_k) \in \mathcal{T}_n$ werde im Fall $k < m$ durch Hinzufügen von Nullen $\lambda_{k+1} = \ldots = \lambda_m = 0$ als Element von $\mathbb{N}_0^m$ betrachtet, wobei $\mathbb{N}_0 := \mathbb{N} \cup \{0\}$ gesetzt sei.

<u>Lemma</u> 6.26 . Es existieren nicht-negative ganze Zahlen $z_{\nu,\lambda}$, $\nu = (\nu_1, \ldots, \nu_m) \in \mathbb{N}_0^m$, mit $z_{\nu,\lambda} = 0$ für $\nu > \lambda$ und $z_{\lambda,\lambda} > 0$, so daß

$$\psi_\lambda(\hat{k}) = \sum_{\substack{\nu \in \mathbb{N}_0^m \\ \Sigma \nu_i = n}} z_{\nu,\lambda} \, k_1^{\nu_1} \cdot \ldots \cdot k_m^{\nu_m} \quad \text{ist.}$$

Beweis. Es gibt $B' \subseteq B$, so daß $\{w\, e_{T_\lambda} \mid w \in B'\}$ eine K-Basis von $V^{\otimes n} e_{T_\lambda}$ ist. Bezeichnet $\nu_i = \nu_i(w)$ die Anzahl der Faktoren "v_i" in $w = v_{i_1} \otimes \ldots \otimes v_{i_n}$, dann ist $\hat{k} w\, e_{T_\lambda} = k_1^{\nu_1} \cdot \ldots \cdot k_m^{\nu_m} w\, e_{T_\lambda}$.

Somit gilt: $\psi_\lambda(\hat{k}) = \sum_{w \in B'} k_1^{\nu_1} \cdot \ldots \cdot k_m^{\nu_m}$. Die rechte Seite wird nun durch Zusammenfassen gleicher Summanden auf die obige Form gebracht.

Wir zeigen: $z_{\nu,\lambda} = 0$ für $\nu > \lambda$. In jedem Indextableau ιT_λ, das in

$w\,e_{T_\lambda} =: \sum_\iota k_\iota v^{\iota' T_\lambda}$ auftritt, gibt es wegen $\nu > \lambda$ eine Spalte, die
zwei gleiche Ziffern enthält. Wie im ersten Teil des Beweises von Satz
6.21 folgt daraus $w\,e_{T_\lambda} = 0$. Daher ist $w \notin B'$ und $z_{\nu,\lambda} = 0$.

Wir zeigen: $z_{\lambda,\lambda} > 0$. Dies ist klar, wenn B' das Element $w = v^{\iota' T_\lambda}$ mit
dem im zweiten Teil des Beweises von Satz 6.21 verwendeten Indexta-
bleau $\iota T = \iota' T_\lambda$ enthält, was wir aber ohne Einschränkung annehmen dürfen.

Der Wert $\psi_\lambda(\hat{k})$ des irreduziblen Charakters ψ_λ wird jetzt auf eine in-
direkte Weise, die auf Frobenius zurückgeht, explizit ausgerechnet.

Die im folgenden auftretenden Symbole $|a_{ij}|$ stellen immer Determinan-
ten von $m \times m$-Matrizen $((a_{ij}))^m_{i,j=1}$ dar. Für die Vandermondesche Determinante (mit Koeffizienten im Polynomring $\mathbf{Z}[X_1,\ldots,X_m]$) gilt bekanntlich

$$|X_i^{m-j}| = \prod_{1 \le i < j \le m} (X_i - X_j)$$

und

$$|X_i^{m-j}| = \sum_{\alpha \in \mathcal{T}_m} (-1)^\alpha X_{\alpha(1)}^{m-1} \cdot \ldots \cdot X_{\alpha(m)}^0 = \sum_{\tau \in \mathcal{T}_{\{0,1,\ldots,m-1\}}} (-1)^\tau X_1^{\tau(m-1)} \ldots X_m^{\tau(0)}.$$

Wir setzen nun $P_\lambda(X) := \sum_\nu z_{\nu,\lambda} X_1^{\nu_1} \cdot \ldots \cdot X_m^{\nu_m} \in \mathbf{Z}[X_1,\ldots,X_m]$ und

$S_i := X_1^i + \ldots + X_m^i \in \mathbf{Z}[X_1,\ldots,X_m]$. Da Satz 6.24 für alle $(k_1,\ldots,k_m) \in K^m$

mit $\prod_{j=1}^m k_j \ne 0$ gilt, erhalten wir daraus die Polynomidentität

$$\sum_{\lambda \in \mathcal{T}_n} P_\lambda(X) \cdot \chi_\lambda(c) = \prod_{i=1}^n S_i^{c_i}.$$

Ausmultiplizieren der linken Seite liefert

$$\sum_\nu \kappa_\nu(c) \cdot X_1^{\nu_1} \ldots X_m^{\nu_m} \quad \text{mit} \quad \kappa_\nu := \sum_{\lambda \ge \nu} z_{\nu,\lambda} \chi_\lambda.$$

κ_ν ist wegen $z_{\nu,\lambda} \ge 0$ ein Charakter von $\mathcal{T}_n$ und es gilt:

$$\kappa_{(\nu_1,\ldots,\nu_m)} = \kappa_{(\nu_{\sigma(1)},\ldots,\nu_{\sigma(m)})} \quad \text{für alle } \sigma \in \mathcal{T}_n.$$

Setzen wir $\kappa_\mu := 0$ für $\mu \in \mathbf{Z}^m \setminus \mathbf{N}_0^m$, dann ist

$$\hat{\kappa}_\mu := \sum_{\tau \in \mathcal{T}_{\{0,\ldots,m-1\}}} (-1)^\tau \kappa_{(\mu_1 - \tau(m-1),\ldots,\mu_m - \tau(0))} = \sum_\tau (-1)^\tau \kappa_{(\mu_i - \tau(m-i))}$$

für alle $\mu = (\mu_1,\ldots,\mu_m) \in \mathbf{N}_0^m$ erklärt. Damit gilt, weil $|X_i^{m-j}|$ ein alternierendes Polynom ist:

$$\prod_{i=1}^{n} s_i^{c_i} \cdot |X_i^{m-j}| = \sum_{\mu \in \mathbb{N}_o^m} \hat{\kappa}_\mu(c) \, X_1^{\mu_1} \cdot \ldots \cdot X_m^{\mu_m} =$$

$$\overline{\Sigma \mu_i = n + \frac{m(m-1)}{2}}$$

$$= \sum_{\mu_1 \geq \ldots \geq \mu_m} \hat{\kappa}_\mu(c) \left(\sum_{\alpha \in \mathfrak{S}_m} (-1)^\alpha X_{\alpha(1)}^{\mu_1} \ldots X_{\alpha(m)}^{\mu_m} \right) = \sum_{\mu_1 > \ldots > \mu_m} \hat{\kappa}_\mu(c) \, |X_i^{\mu_j}| =$$

$$= \sum_{\substack{\lambda \in \mathfrak{R}_n \\ z(\lambda) \leq m}} \chi'_\lambda(c) \cdot |X_i^{\lambda_j + m - j}| \quad .$$

Beim letzten Schritt ist λ für $(\mu_1 - (m-1), \mu_2 - (m-2), \ldots, \mu_m)$ und χ'_λ für $\hat{\kappa}_\mu$ geschrieben worden.

Unser Ziel ist es, $\chi'_\lambda = \chi_\lambda$ zu beweisen. Da χ'_λ eine $\mathbb{Z}$-lineare Kombination von irreduziblen Charakteren von $\mathfrak{S}_n$ ist, genügt es im wesentlichen, gewisse Orthogonalitätsrelationen für $\chi'_\lambda, \lambda \in \mathfrak{R}_n$ nachzuweisen. Dies wird in den nächsten vier Lemmata vorbereitet.

<u>Lemma</u> 6.27 . a) $|X_i^{m-j}|$ teilt $|X_i^{\lambda_j + m - j}|$.

b) Die Polynome $X_\lambda := |X_i^{\lambda_j + m - j}| \, || \, X_i^{m-j}|^{-1}$ mit $\lambda \in \mathfrak{R}_n$, $z(\lambda) \leq m$ sind als Elemente von $K[X_1, \ldots, X_m]$ K-linear unabhängig.

Beweis. a) $(X_i - X_h)$ teilt die Differenz der i-ten und der h-ten Zeile von $|X_i^{\lambda_j + m - j}|$, somit auch $|X_i^{\lambda_j + m - j}|$ selbst. Da $\mathbb{Z}[X_1, \ldots, X_m]$ ein faktorieller Ring ist, und $(X_i - X_h)$ für $1 \leq i < h \leq m$ irreduzible Polynome sind, wird $|X_i^{\lambda_j + m - j}|$ von $|X_i^{m-j}| = \prod_{1 \leq i < h \leq m} (X_i - X_h)$ geteilt.

b) Es genügt zu bemerken, daß X_λ die Form

$$X_1^{\lambda_1} \ldots X_m^{\lambda_m} + \sum_{\nu < \lambda} a_\nu X_1^{\nu_1} \ldots X_m^{\nu_m}$$

hat, was aus der Betrachtung der nichtverschwindenden Summanden mit maximalen Exponenten in $|X_i^{\lambda_j + m - j}|$ und $|X_i^{m-j}|$ sofort folgt.

<u>Lemma</u> 6.28 . Sei C_n die Menge der Konjugationsklassen von $\mathfrak{S}_n$ und Z_i das Polynom

$$Y_1^i + \ldots + Y_m^i \in \mathbb{Z}[Y_1, \ldots, Y_m].$$

Dann gilt im Potenzreihenring $K[[X_1, \ldots, X_m, Y_1, \ldots, Y_m]]$:

$$1 + \sum_{n=1}^{\infty} \frac{1}{n!} \sum_{c \in C_n} |c| \left(\prod_{i=1}^{n} s_i^{c_i} \right) \left(\prod_{i=1}^{n} Z_i^{c_i} \right) = \frac{1}{\prod_{i,j=1}^{m} (1 - X_i Y_j)} \quad .$$

Beweis. Setzen wir

$$|c| = \frac{n!}{c_1! \cdot \ldots \cdot c_n! \; 1^{c_1} \cdot \ldots \cdot n^{c_n}}$$

(siehe Satz 6.4) in die linke Seite ein, wird daraus

$$1 + \sum_{n=1}^{\infty} \sum_{c \in C_n} \left(\frac{S_1 Z_1}{1}\right)^{c_1} \frac{1}{c_1!} \cdots \left(\frac{S_n Z_n}{n}\right)^{c_n} \frac{1}{c_n!} = \prod_{i=1}^{\infty} \left(\sum_{c_i=0}^{\infty} \frac{1}{c_i!} \left(\frac{S_i Z_i}{i}\right)^{c_i} \right) =$$

$$= \exp\left(\sum_{i=1}^{\infty} \frac{S_i Z_i}{i}\right) = \exp\left(\sum_{i=1}^{\infty} \frac{1}{i}\left(\sum_{s,t=1}^{m} X_s^i Y_t^i\right)\right) = \exp\left(-\sum_{s,t=1}^{m} \log(1 - X_s Y_t)\right)$$

$$= \left(\prod_{i,j=1}^{m} (1 - X_i Y_j)\right)^{-1}.$$

__Lemma__ 6.29 (Cauchy). Im Körper der rationalen Funktionen $K(X_1,\ldots,X_m,Y_1,\ldots,Y_m)$ gilt:

$$\left|\frac{1}{1 - X_i Y_j}\right| = \frac{|X_i^{m-j}| \cdot |Y_i^{m-j}|}{\displaystyle\prod_{i,j=1}^{m} (1 - X_i Y_j)} .$$

Beweis. Induktion nach m.

1. Subtrahiere in $D_m := \left|\dfrac{1}{1 - X_i Y_j}\right|$ die m-te Zeile von jeder vorhergehenden:
$$\frac{1}{1 - X_i Y_j} - \frac{1}{1 - X_m Y_j} = \frac{(X_i - X_m)}{1 - X_m Y_j} \cdot \frac{Y_j}{1 - X_i Y_j} .$$

2. Ziehe aus der i-ten Zeile den Faktor $(X_i - X_m)$ und aus der j-ten Spalte den Faktor $(1 - X_m Y_j)^{-1}$ heraus.

3. Subtrahiere in der verbleibenden Determinante die m-te Spalte von jeder vorhergehenden:
$$\frac{Y_j}{1 - X_i Y_j} - \frac{Y_m}{1 - X_i Y_m} = \frac{(Y_j - Y_m)}{1 - X_i Y_m} \cdot \frac{1}{1 - X_i Y_j} .$$

4. Ziehe aus der i-ten Zeile den Faktor $(1 - X_i Y_m)^{-1}$ und aus der j-ten Spalte den Faktor $(Y_j - Y_m)$ heraus.

5. Die Determinante hat nun die Form

$$\left|\begin{array}{c:c} & * \\ D_{m-1} & \vdots \\ & * \\ \hdashline 0 \cdots 0 & 1 \end{array}\right| .$$

Die Induktionsvoraussetzung zusammen mit $|X_i^{m-j}| = \displaystyle\prod_{1 \le i < j \le m} (X_i - X_j)$ liefert jetzt die Behauptung.

__Lemma__ 6.30 .
$$\left|\frac{1}{1-X_i Y_j}\right| = \sum_{n=0}^{\infty} \sum_{\substack{\mu_1 > \ldots > \mu_m \\ \Sigma\mu_i = n+\frac{m(m-1)}{2}}} |X_i^{\mu_j}|\,|Y_i^{\mu_j}| \quad .$$

__Beweis.__
$$\left|\frac{1}{1-X_i Y_j}\right| = \left|\sum_{\mu=0}^{\infty} X_i^{\mu} Y_j^{\mu}\right| = \sum_{\alpha \in \mathcal{T}_m} (-1)^{\alpha} \prod_{i=1}^{m} \left(\sum_{\mu_i=0}^{\infty} X_i^{\mu_i} Y_{\alpha(i)}^{\mu_i}\right) =$$

$$= \sum_{\mu_1,\ldots,\mu_m=0}^{\infty} X_1^{\mu_1}\cdot\ldots\cdot X_m^{\mu_m} |Y_i^{\mu_j}| = \sum_{\mu_1 > \ldots > \mu_m} |X_i^{\mu_j}|\,|Y_i^{\mu_j}| \quad .$$

Beim letzten Schritt wurde benützt, daß die Determinante $|X_i^{\mu_j}|$ alternierend in den Unbestimmten $X_1,\ldots,X_m$ ist. Durch Zusammenfassen der Summanden μ mit gleichem Wert $\sum_{i=1}^{m}\mu_i$ ergibt sich die gewünschte Form.

__Lemma__ 6.31 . χ_{λ}' ist bis auf das Vorzeichen ein irreduzibler Charakter von $\mathcal{T}_n$.

Beweis. Wir setzen die Gleichung $\prod_{i=1}^{n} S_i^{c_i} = \sum_{\substack{\lambda \in \mathcal{R}_n \\ z(\lambda)\leq m}} \chi_{\lambda}'(c)\cdot X_{\lambda}$ und die Ergebnisse der Lemmata 6.29 und 6.30 in Lemma 6.28 ein und erhalten

$$1 + \sum_{n=1}^{\infty}\frac{1}{n!}\cdot\sum_{c\in C_n} |c|\,\left(\sum_{\lambda}\chi_{\lambda}'(c)X_{\lambda}\right)\left(\sum_{\nu}\chi_{\nu}'(c)Y_{\nu}\right) = \sum_{n=0}^{\infty}\sum_{\substack{\lambda \in \mathcal{R}_n \\ z(\lambda)\leq m}} X_{\lambda}Y_{\lambda} \quad .$$

Die lineare Unabhängigkeit der $X_{\lambda}Y_{\nu}$ ermöglicht einen Koeffizientenvergleich:

$$\langle\chi_{\lambda}',\chi_{\nu}'\rangle = \frac{1}{n!}\sum_{c}|c|\chi_{\lambda}'(c)\cdot\chi_{\nu}'(c) = \begin{cases} 1 & \text{für } \lambda = \nu \, , \\ 0 & \text{sonst.} \end{cases}$$

Nun ist χ_{λ}' nach der Vorbemerkung eine $\mathbf{Z}$-lineare Kombination von irreduziblen Charakteren von $\mathcal{T}_n$: $\chi_{\lambda}' = \sum_{\mu\in\mathcal{R}_n} z_{\mu}'\, \chi_{\mu}$ mit $z_{\mu}' \in \mathbf{Z}$. Also ist

$$\langle\chi_{\lambda}',\chi_{\lambda}'\rangle = \sum_{\mu\in\mathcal{R}_n} z_{\mu}'^{\,2} = 1,$$

d.h. es existiert $\mu_0 \in \mathcal{R}_n$ mit $\chi_{\lambda}' = \pm\, \chi_{\mu_0}$, was zu zeigen war.

__Lemma__ 6.32 . $\chi_{\lambda}' = \chi_{\lambda}$.

Beweis. Es gilt:

$$(*) \qquad \chi_{\lambda}' = \sum_{\tau} (-1)^{\tau} \kappa_{(\lambda_i + m - i - \tau(m-i))}$$

Wegen $\kappa_{(\nu_1,\ldots,\nu_m)} = \kappa_{(\nu_{\sigma(1)},\ldots,\nu_{\sigma(m)})}$ für alle $\sigma \in \mathcal{T}_n$ dürfen bei jedem Summanden die Ziffern des Multiindex von κ der Größe nach geordnet werden. Also sind die Indizes alle größer oder gleich λ. Wir betrachten nun (∗) als Gleichungssystem für die Funktionen κ_ν, lösen die Gleichungen nach abnehmender Größe von λ auf, beginnend mit $\lambda = (n)$, und erhalten $\kappa_\nu = \chi_\nu' + \sum_{\substack{\lambda \\ \lambda > \nu}} z''_{\nu,\lambda}\, \chi_\lambda'$ mit gewissen $z''_{\nu,\lambda} \in \mathbf{Z}$. Andererseits ist

$\kappa_\nu = \sum_{\lambda \geq \nu} z_{\nu,\lambda}\, \chi_\lambda$. Ein Vergleich der rechten Seiten - die Charaktere χ_λ sind linear unabhängig - liefert sukzessive unter Beachtung von Lemma 6.26 die Behauptung.

Damit ist die Formel von Frobenius bewiesen:

<u>Satz</u> 6.33 .
$$\sum_{\substack{\lambda \in \mathcal{R}_n \\ z(\lambda) \leq m}} \chi_\lambda(c) \cdot \left| X_i^{\lambda_j + m - j} \right| = S_1^{c_1} \cdot \ldots \cdot S_n^{c_n} \cdot \left| X_i^{m-j} \right| \ .$$

<u>Folgerung</u> 6.34 . Sind $k_1, \ldots, k_m \in K^*$ paarweise verschieden, dann gilt:
$$\psi_\lambda(\hat{k}) = \left| k_i^{\lambda_j + m - j} \right| \cdot \left| k_i^{m-j} \right|^{-1} .$$

Beweis. Wir ersetzen in Satz 6.33 X_i durch k_i, dividieren beide Seiten durch $\left| k_i^{m-j} \right|$, verfahren dann wie im Beweis von Folgerung 6.25 und erhalten durch einen Vergleich mit dieser Folgerung die Behauptung.

6.5 <u>Die Dimensionen der einfachen</u> $K\mathcal{R}_n$ - <u>Moduln</u>

<u>Definition</u> 6.35 . Sei $\lambda = (\lambda_1, \ldots, \lambda_k) \in \mathcal{R}_n$ eine Partition mit dem Rahmen F. Die Menge

$$F_{ij} := \{(i,j') \in F \mid j' \geq j\} \cup \{(i',j) \in F \mid i' \geq i\}$$

heißt der zu $(i,j) \in F$ gehörende Haken; $|F_{ij}|$ bezeichnet die "Hakenlänge". Die Abbildung $F \ni (i,j) \longmapsto |F_{ij}| \in \mathbb{N}$ wird Hakentableau von λ und das Produkt $\prod_{(i,j) \in F} |F_{ij}| =: H_\lambda$ Hakenprodukt von λ genannt.

Beispiel. Zu $\lambda = (4, 2^2, 1)$ ist

<table>
<tr><td>7</td><td>5</td><td>2</td><td>1</td></tr>
<tr><td>4</td><td>2</td><td></td><td></td></tr>
<tr><td>3</td><td>1</td><td></td><td></td></tr>
<tr><td>1</td><td></td><td></td><td></td></tr>
</table>

das Hakentableau und $H_\lambda = 2^2 \cdot 3 \cdot 4 \cdot 5 \cdot 7 = 1680$ das Hakenprodukt.

<u>Satz</u> 6.36 . $[e_{T_\lambda} K\mathcal{V}_n : K] = \chi_\lambda(1) = \dfrac{n!}{H_\lambda}$.

Beweis. Wir gehen von Satz 6.33 aus. Es sei m = k und c = { (1) } gewählt. Dann ist

$$\sum_{\lambda'} \chi_{\lambda'}(1) \cdot |X_i^{\lambda'_j+k-j}| = (X_1 + \ldots + X_k)^n \cdot |X_i^{k-j}| \ .$$

Wir entwickeln die Determinanten auf beiden Seiten, multiplizieren
$(X_1 + \ldots + X_k)^n$ nach der Binomischen Formel aus, vergleichen die Koeffizienten des Monoms $\prod\limits_{i=1}^{k} X_i^{\lambda_i+k-i}$ und erhalten

$$\chi_\lambda(1) = \sum_{\tau \in \mathcal{V}_{\{0,\ldots,k-1\}}} (-1)^\tau \frac{n!}{\prod\limits_{i=1}^{k}((\lambda_i + k - i - \tau(k-i))!)}$$

Setzen wir $\mu_i := \lambda_i + k - i$ für i = 1,...,k , dann gilt:

$$\chi_\lambda(1) = \frac{n!}{\mu_1! \ldots \mu_k!} \sum_\tau (-1)^\tau \frac{\mu_1!}{(\mu_1 - \tau(k-1))!} \cdots \frac{\mu_k!}{(\mu_k - \tau(0))!}$$

$$= \frac{n!}{\mu_1! \ldots \mu_k!} \cdot \begin{vmatrix} \dfrac{\mu_1!}{(\mu_1 - k + 1)!} & \cdots & \mu_1(\mu_1 - 1) & \mu_1 & 1 \\ \vdots & & \vdots & \vdots & \vdots \\ \dfrac{\mu_k!}{(\mu_k - k + 1)!} & \cdots & \mu_k(\mu_k - 1) & \mu_k & 1 \end{vmatrix}$$

Aus dieser Determinante entsteht durch geeignetes Addieren von Spalten
die Vandermondesche Determinante $|\mu_i^{k-j}| = \prod\limits_{1 \le i < h \le k} (\mu_i - \mu_h)$. Damit ha-
ben wir bereits eine kurze Formel für $\chi_\lambda(1)$ gefunden.

Wegen $H_\lambda = \prod\limits_{i=1}^{k} \prod\limits_{j=1}^{\lambda_i} |F_{ij}|$ genügt es jetzt, die Beziehung

$$(*) \quad \prod\limits_{j=1}^{\lambda_i} |F_{ij}| \cdot \prod\limits_{h=i+1}^{k} (\mu_i - \mu_h) = \mu_i!$$

nachzuweisen. Zu diesem Zweck betrachten wir die Randfelder (s,t) $\in$ F
mit s $\ge$ i. (Ein Randfeld (s,t) $\in$ F ist ein
Feld mit der Eigenschaft (s + 1, t + 1) $\notin$ F.)
Zu jedem solchen Randfeld sei
$l_{s,t} = 1 + (\lambda_i - t) + (s - i)$ die Länge des
eventuell "unvollständigen" Hakens mit
den Eckfeldern (s,t), (i,t) und (i,λ_i).
Ist der Haken vollständig, dann ist $l_{s,t}$
gleich $|F_{i,t}|$, ist er unvollständig
(schraffierte Felder), so ist $l_{s,t} = 1 + (\lambda_i - \lambda_{s+1}) + (s - i) = \mu_i - \mu_{s+1}$.

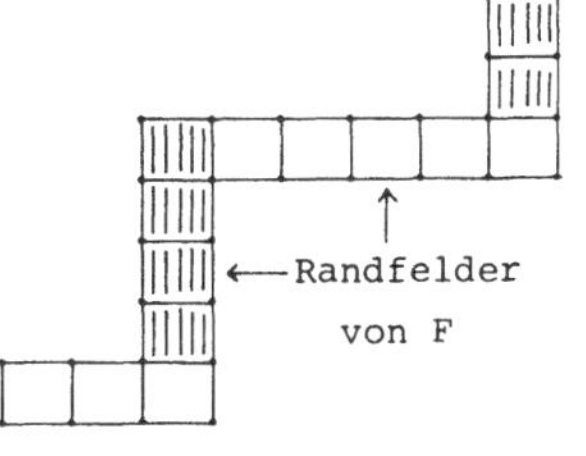

Das Produkt $\prod l_{s,t}$, genommen über alle Randfelder (s,t) mit $s \geq i$, ist daher gleich der linken Seite von (*). Wenn aber die Randfelder von rechts oben nach links unten, beginnend mit (i,λ_i) und endend mit $(\lambda_k,1)$, durchlaufen werden, dann nimmt $l_{s,t}$ der Reihe nach die Werte $1,2,\ldots,\mu_i$ an, d.h. obiges Produkt $\prod l_{s,t}$ stimmt auch mit der rechten Seite von (*) überein. Damit ist der Satz bewiesen.

6.6 Die Charaktere von τ_n

Wir werden nun aus Satz 6.33, der ziemlich mühsam zu handhaben ist, ein brauchbares rekursives Verfahren zur Berechnung der Charaktere von τ_n ableiten.

Dazu sei $m \geq n$. Wir setzen

$$\varphi_{(\lambda_{\alpha(1)} + m - \alpha(1),\ldots,\lambda_{\alpha(m)} + m - \alpha(m))} := (-1)^{\alpha} \chi_{\lambda}$$

für alle $\alpha \in \tau_m$ und $\lambda \in \pi_n$, und $\varphi_\mu := 0$ für alle übrigen $\mu \in \mathbf{Z}^m$, die in der Zeile vorher nicht erfaßt sind. Gehen wir damit in die linke Seite von Satz 6.33, dann erhält dieser die Form

$$(*) \qquad \sum_{\substack{\mu \in \mathbb{N}_o^m \\ \Sigma \mu_i = n + \frac{m(m-1)}{2}}} \varphi_\mu(c) \, X_1^{\mu_1} \cdot \ldots \cdot X_m^{\mu_m} = S_1^{c_1} \cdot \ldots \cdot S_n^{c_n} \cdot |X_i^{m-j}| \ .$$

Jeder Koeffizient eines Monoms $X_1^{\mu_1} \cdot \ldots \cdot X_m^{\mu_m}$ mit $\mu_1 > \ldots > \mu_m$ ist der Wert eines Charakters von τ_n. Umgekehrt tritt jeder solche Wert an einem Monom mit so geordnetem μ auf.

Ist c die Konjugationsklasse von τ_n, die aus allen Zyklen der Länge n besteht, dann können wir mit der vorangegangenen Beobachtung leicht den Wert $\chi_\lambda(c)$ für alle $\lambda \in \pi_n$ ausrechnen. In diesem Fall liefert nämlich das Ausmultiplizieren der rechten Seite von (*), wenn wir $m = n$ nehmen:

$$(\sum_{i=1}^{n} X_i^n) \cdot |X_i^{n-j}| = X_1^{2n-1} X_2^{n-2} X_3^{n-3} \ldots X_n^0 \ -$$

$$- X_1^{2n-2} X_2^{n-1} X_3^{n-3} X_4^{n-4} \ldots X_n^0 + X_1^{2n-3} X_2^{n-1} X_3^{n-2} X_4^{n-4} \ldots X_n^0 \ -$$

$$- \ldots + (-1)^{n-1} X_1^n X_2^{n-1} \ldots X_n^1 + \ldots\ldots \ .$$

Dabei sind nur die Indizes der angeführten ersten n Summanden geordnet. Gehen wir von den φ_μ wieder zu den χ_λ über, erhalten wir durch einen Koeffizientenvergleich das

<u>Lemma</u> 6.37 . Für einen Zykel $\sigma \in \mathcal{T}_n$ mit der Länge n gilt:

$$\chi_\lambda(\sigma) \;=\; \begin{cases} (-1)^l & \text{für } \lambda = (n-1, 1^l) \text{ mit } l = 0,\ldots,n-1, \\[2mm] 0 & \text{sonst.} \end{cases}$$

Sei $\lambda = (\lambda_1,\ldots,\lambda_k) \in \mathcal{R}_n$ eine Partition mit dem Rahmen F, F_{ij} ein Haken, der in der Zeile $i+1$ endet - man nennt l die Beinlänge des Hakens, und $h = |F_{ij}| = l + (\lambda_i - j) + 1$ die Länge des Hakens. Dann gehört zu der Partition

$$\nu = (\lambda_1,\ldots,\lambda_{i-1},\lambda_{i+1}-1,\lambda_{i+2}-1,\ldots,\lambda_{i+l}-1,j-1,\lambda_{i+l+1},\ldots,\lambda_k) \in \mathcal{R}_{n-h}$$

der Rahmen, den man aus F durch "Entfernen" des Hakens F_{ij} und "Verschieben" des rechten unteren Teils um ein Feld nach links oben bekommt. Wir bezeichnen diesen Rahmen mit $F \setminus F_{ij}$ und setzen $\chi_{\lambda \setminus F_{ij}} := \chi_\nu$ und $\chi_{F_{ij}} := \chi_{(h-1,1^l)}$.

<u>Satz</u> 6.38 (Murnaghan - Nakayama). Sei $\sigma = \sigma'\tau \in \mathcal{T}_n$, wobei τ ein zu σ' elementfremder Zykel der Länge h ist, $\lambda \in \mathcal{R}_n$ eine Partition mit dem Rahmen F, und $\mathcal{H}$ die Menge aller Haken in F mit der Länge h. Dann gilt:

$$\chi_\lambda(\sigma) \;=\; \sum_{H \in \mathcal{H}} \chi_{\lambda \setminus H}(\sigma') \cdot \chi_H(\tau) \;.$$

Beweis. Liegt σ in der Konjugationsklasse $c = (c_1,\ldots,c_n)$ von $\mathcal{T}_n$, dann liegt σ' in der Konjugationsklasse $(c_1',\ldots,c_{n-h}',0,\ldots,0) :=$ $(c_1,\ldots,c_{h-1},c_h-1,c_{h+1},\ldots,c_n)$ von $\mathcal{T}_{n-h}$. Schreiben wir die Gleichung (*) für σ' auf, also

$$\sum_{\substack{\bar\mu \in \mathbb{N}_0^m \\ \Sigma\bar\mu_i = n-h+\frac{m(m-1)}{2}}} \varphi_{\bar\mu}(\sigma')\, X_1^{\bar\mu_1} \ldots X_m^{\bar\mu_m} = S_1^{c_1'} \ldots S_{n-h}^{c_{n-h}'} \cdot |X_i^{m-j}| \;,$$

so fehlt auf der rechten Seite gegenüber der Gleichung (*) für $\sigma \in c$ ein Faktor S_h, woraus sich

$$\sum_\mu \varphi_\mu(\sigma)\, X_1^{\mu_1} \ldots X_m^{\mu_m} = \left(\sum_{\bar\mu} \varphi_{\bar\mu}(\sigma')\, X_1^{\bar\mu_1} \ldots X_m^{\bar\mu_m}\right)(X_1^h + \ldots + X_m^h)$$

ergibt. Ein Koeffizientenvergleich liefert jetzt

$$(**) \qquad \varphi_\mu(\sigma) \;=\; \sum_{i=1}^m \varphi_{\mu_{(i)}}(\sigma')$$

mit $\mu_{(i)} := (\mu_1,\ldots,\mu_{i-1},\mu_i-h,\mu_{i+1},\ldots,\mu_m)$.

Der Charakter $\chi_\lambda(\sigma)$ tritt nun als Koeffizient an dem Monom auf, das zu $\mu^0 = (\mu_1^0,\ldots,\mu_m^0)$ $= (\lambda_1+m-1, \lambda_2+m-2,\ldots,\lambda_k+m-k,\; m-k-1,\ldots,0)$ gehört.

Wir setzen μ^0 in (**) ein und betrachten die Indizes $\mu_{(i)}^0$, die dann auf der rechten Seite von (**) vorkommen. In $\mu_{(i)}^0$ ist die Ordnung

$\mu^o_1 > \ldots > \mu^o_m$ höchsten an der Stelle i gestört. Wir versuchen, sie durch "Verschieben" von $\mu^o_i - h$ nach rechts wiederherzustellen.

Wenn das gelingt, etwa durch Verschieben um l Stellen (dies entspräche der Anwendung der Permutation $\alpha = (i, i+1, \ldots, i+l)$), dann ist $\varphi_{\mu^o(i)} = (-1)^\alpha \varphi_\mu* = (-1)^l \varphi_\mu*$, wobei μ^* den durch das Verschieben erhaltenen Multiindex bezeichnet. Man sieht leicht ein, daß $(\mu^*_1 - m + 1, \mu^*_2 - m + 2, \ldots, \mu^*_m)$ mit der in der Vorbemerkung aufgetretenen Partition ν übereinstimmt. Somit gilt erstens $\varphi_\mu* = \chi_\nu$ und zweitens (mit den Bezeichnungen der Vorbemerkung) $\varphi_{\mu^o(i)}(\sigma') = (-1)^l \chi_\nu(\sigma') = \chi_{F_{ij}}(\tau) \cdot \chi_{\lambda \backslash F_{ij}}(\sigma')$. Wenn es nicht gelingt, durch Verschieben die Ordnung wiederherzustellen, dann ist $\varphi_{\mu^o(i)} = 0$ nach der Definition der φ.

Da nun zu jedem Haken $H \in \mathcal{H}$ auf der rechten Seite von (**) ein zugehöriger Summand existiert, folgt aus (**) wegen $\varphi_{\mu^o}(\sigma) = \chi_\lambda(\sigma)$ die Behauptung.

Mit diesem Satz kann man leicht die Charakterentafeln der Gruppenalgebren $K\mathcal{T}_n$ berechnen. Die Tafeln für n = 2,3,4 geben wir an. Dabei bezeichnet $\underline{\lambda}$ die zu einer Partition λ gehörende Konjugationsklasse von $\mathcal{T}_n$ und $[\lambda]$ den einfachen $K\mathcal{T}_n$-Modul $e_{T_\lambda} K\mathcal{T}_n$.

n = 2:

	1^2	2
[2]	1	1
$[1^2]$	1	-1

n = 3:

	1^3	$2,1$	3
[3]	1	1	1
[2,1]	2	0	-1
$[1^3]$	1	-1	1

n = 4:

	1^4	$2,1^2$	2^2	$3,1$	4
[4]	1	1	1	1	1
[3,1]	3	1	-1	0	-1
$[2^2]$	2	0	2	-1	0
$[2,1^2]$	3	-1	-1	0	1
$[1^4]$	1	-1	1	1	-1

Zum Abschluß berechnen wir als Beispiel zu Satz 6.38 einige Werte des Charakters $\chi = \chi_{[5,3^2,2,1^3]}$ der Gruppe $\mathcal{T}_{16}$ und benützen dabei die eben eingeführte Bezeichnung.

a) $\chi(\underline{6,1^{10}}) = 0$; denn in dem zu $[5,3^2,2,1^3]$ gehörenden Rahmen kommen keine Haken der Länge 6 vor.

b) $\chi(\underline{7,1^9}) = -\chi_{[2^2,1^5]}(\underline{1^9}) + \chi_{[5,3,1]}(\underline{1^9}) =$

$$= -\frac{9!}{8\cdot7\cdot5\cdot4\cdot3\cdot2\cdot2} + \frac{9!}{7\cdot5\cdot4\cdot4\cdot2\cdot2} = 135.$$

c) $\chi(\underline{7,5,2^2}) = -\chi_{[2^2,1^5]}(\underline{5,2^2}) + \chi_{[5,3,1]}(\underline{5,2^2}) =$

$$= -\chi_{[2^2]}(\underline{2^2}) - \chi_{[2,1^2]}(\underline{2^2}) = -1 .$$

II. Modulare Darstellungstheorie.

§ 7. Grundlagen.

In den Abschnitten 7.1 bis 7.3 und 7.5 bis 7.8 werden wir unter Modul immer einen Rechtsmodul über einem Ring R verstehen.

7.1 Noethersche und artinsche Moduln

Definition 7.1 . Sei $\mathfrak{U}(M)$ die durch " $\leq$ " geordnete Menge der Untermoduln eines Moduls M.

a) M heißt noethersch bzw. artinsch, wenn jede nichtleere Teilmenge von $\mathfrak{U}(M)$ ein maximales bzw. minimales Element enthält.

b) R heißt rechtsnoethersch bzw. rechtsartinsch, wenn R_R noethersch bzw. artinsch ist.

Satz 7.2 . Sei N ein Untermodul eines Moduls M.

I. Es sind äquivalent:

a) M ist noethersch.
b) N und M/N sind noethersch.
c) Jede aufsteigende Folge in $\mathfrak{U}(M)$ wird stationär.
d) Jeder Untermodul von M ist endlich erzeugt.

II. Es sind äquivalent:

a) M ist artinsch.
b) N und M/N sind artinsch.
c) Jede absteigende Folge in $\mathfrak{U}(M)$ wird stationär.

Beweis. Sei $\nu : M \longrightarrow M/N$ der natürliche Epimorphismus.

I. a $\Longrightarrow$ b. Jede nichtleere Teilmenge von $\mathfrak{U}(N)$ ist auch eine nichtleere Teilmenge von $\mathfrak{U}(M)$. Sie besitzt daher ein maximales Element. Also ist N noethersch.

Bezeichnet $\mathcal{T}$ eine nichtleere Teilmenge von $\mathfrak{U}(M/N)$, dann gilt $\emptyset \neq \{\nu^{-1}(T) \mid T \in \mathcal{T}\} \subseteq \mathfrak{U}(M)$. Folglich enthält $\{\nu^{-1}(T) \mid T \in \mathcal{T}\}$ ein maximales Element $\nu^{-1}(T_o)$; dessen Bild $\nu(\nu^{-1}(T_o)) = T_o$ ist offensichtlich ein maximales Element von $\mathcal{T}$. Somit ist auch M/N noethersch.

b $\Longrightarrow$ c. Sei $N_1 \le N_2 \le \ldots$ eine aufsteigende Folge in $\mathfrak{U}(M)$. Die Teilmengen $\{N \cap N_i \mid i \in \mathbb{N}\} \subseteq \mathfrak{U}(N)$ und $\{\nu(N_i) \mid i \in \mathbb{N}\} \subseteq \mathfrak{U}(M/N)$ sind nichtleere Ketten. Da N und M/N noethersch sind, gibt es ein $i_o \in \mathbb{N}$ mit $N \cap N_{i_o} = N \cap N_i$ und $\nu(N_{i_o}) = \nu(N_i)$ für alle $i \ge i_o$.

Mit Hilfe des modularen Gesetzes folgt für alle $i \ge i_o$:

$$N_i = (N_i + N) \cap N_i = \nu^{-1}\nu(N_i) \cap N_i = \nu^{-1}\nu(N_{i_o}) \cap N_i$$

$$= (N_{i_o} + N) \cap N_i = N_{i_o} + (N \cap N_i) = N_{i_o} + (N \cap N_{i_o}) = N_{i_o}.$$

Damit ist die obige Folge stationär.

c $\Longrightarrow$ d. Angenommen, U sei kein endlich erzeugter Untermodul von M. Dann gibt es Elemente $u_1, u_2, \ldots$ in U mit

$$O \subsetneqq u_1 R \subsetneqq u_1 R + u_2 R \subsetneqq \ldots \subsetneqq \sum_{i=1}^{n} u_i R \subsetneqq \ldots .$$

Diese Folge ist aber nicht stationär. Ein Widerspruch!

d $\Longrightarrow$ a. Sei $\emptyset \neq \mathcal{T} \subseteq \mathfrak{U}(M)$. Wir zeigen: Jede Kette $\mathcal{R} \subseteq \mathcal{T}$ besitzt eine obere Schranke.

$U = \bigcup_{K \in \mathcal{R}} K$ ist als Untermodul von M endlich erzeugt; es existieren daher $u_1, \ldots, u_n \in U$ mit $U = \sum_{i=1}^{n} u_i R$ und dazu $K_1, \ldots, K_n \in \mathcal{R}$ mit $u_i \in K_i$ für $i = 1, \ldots, n$. Da $\mathcal{R}$ eine Kette bildet, gibt es unter den Untermoduln $K_1, \ldots, K_n$ einen größten, etwa K_1. Damit ist

$$U = \sum_{i=1}^{n} u_i R = \sum_{i=1}^{n} K_i = K_1 \in \mathcal{T}$$ eine obere Schranke von $\mathcal{R}$ in $\mathcal{T}$. Folglich besitzt $\mathcal{T}$ nach dem Lemma von Zorn ein maximales Element.

II. Die Beweisschritte a $\Longrightarrow$ b und b $\Longrightarrow$ c verlaufen dual zum noetherschen Fall.

c $\Longrightarrow$ a. Angenommen, die nichtleere Teilmenge $\mathcal{T} \subseteq \mathfrak{U}(M)$ enthalte kein minimales Element. Dann gibt es zu jedem $U \in \mathcal{T}$ ein $U' \in \mathcal{T}$ mit $U' \subsetneqq U$. Zu jedem U sei ein solches U' fest gewählt (Auswahlaxiom). Für jedes beliebige $U_o \in \mathcal{T}$ ist dann $U_o \subsetneqq U_o' \subsetneqq U_o'' \subsetneqq \ldots$ eine unendliche, echt absteigende Folge im Widerspruch zu c).

__Folgerung__ 7.3 . a) Endliche direkte Summen von noetherschen bzw. artinschen Moduln sind noethersch bzw. artinsch.

b) Unendliche direkte Summen von Moduln $\neq O$ sind weder noethersch noch artinsch.

c) Ein endlich erzeugter Modul M über einem rechtsnoetherschen bzw. rechtsartinschen Ring R ist noethersch bzw. artinsch.

Beweis. a) Dies ist leicht zu zeigen, und zwar mit Hilfe von 7.2,I b) bzw. II b), durch vollständige Induktion nach der Anzahl der Summanden.

b) Sei I eine unendliche Menge und sei zu jedem $i \in I$ ein Modul $M_i \neq O$ gegeben. Ohne Einschränkung können wir $\mathbb{N} \subseteq I$ annehmen. Da die Folgen

$$M_1 \subsetneq \bigoplus_{i=1}^{2} M_i \subsetneq \bigoplus_{i=1}^{3} M_i \subsetneq \cdots \quad \text{und} \quad \bigoplus_{i=1}^{\infty} M_i \supsetneq \bigoplus_{i=2}^{\infty} M_i \supsetneq \cdots$$

nicht stationär werden, ist $\bigoplus_{i \in I} M_i$ weder noethersch noch artinsch.

c) M werde von $m_1, \ldots, m_n$ erzeugt: $M = \sum_{i=1}^{n} m_i R$. Setzen wir $R_i := R_R$ für $i = 1, \ldots, n$, so ist nach a) $\bigoplus_{i=1}^{n} R_i$ noethersch bzw. artinsch. Da die Abbildung

$$\bigoplus_{i=1}^{n} R_i \ni \sum_{i=1}^{n} r_i \longmapsto \sum_{i=1}^{n} m_i r_i \in M$$

ein Epimorphismus ist, ist M isomorph zu einem Faktormodul des noetherschen bzw. artinschen Moduls $\bigoplus_{i=1}^{n} R_i$ und damit nach 7.2,Ib) bzw. IIb) selbst noethersch bzw. artinsch.

<u>Satz</u> 7.4 . Ein Modul M ist genau dann artinsch und noethersch, wenn er von endlicher Länge ist.

Beweis. "$\Longrightarrow$". Da M noethersch ist, ist nach 7.2,Ib) jeder Untermodul von M noethersch. Somit besitzt jeder Untermodul $O \neq U \leq M$ einen maximalen Untermodul U'. Dieser möge zu jedem $O \neq U \leq M$ fest gewählt sein. Damit bilden wir die absteigende Kette $M \supsetneq M' \supsetneq M'' \supsetneq \cdots$. Sie muß abbrechen, weil M artinsch ist. Da die Faktoren M/M', M'/M'' ,... einfach sind, stellt die Kette eine Kompositionsreihe von M dar, d.h. M ist von endlicher Länge.

"$\Longleftarrow$". Sei $l(M) < \infty$ die Länge von M. Da jede endliche Kette der Form $M \supsetneq M_1 \supsetneq \cdots \supsetneq M_{n-1} \supsetneq O$ zu einer Kompositionsreihe verfeinert werden kann, enthält jede echt auf- oder absteigende Folge in $\mathfrak{U}(M)$ höchstens $1 + l(M)$ verschiedene Elemente und muß daher stationär werden.

Aus diesem Satz und aus Lemma 7.3,b) ergibt sich unmittelbar

<u>Folgerung</u> 7.5 . Für einen halbeinfachen Modul M sind äquivalent:

a) M ist von endlicher Länge.

b) M ist noethersch.

c) M ist artinsch.

7.2 <u>Das Radikal und der Sockel eines Moduls</u>

<u>Definition</u> 7.6 . Sei M ein Modul und $N \leq M$. N heißt klein in M, in Zeichen $N <^{\cdot} M$, falls aus $Q \leq M$, $N + Q = M$ folgt $Q = M$. N heißt groß in M, in Zeichen $N \leq^{*} M$, falls aus $Q \leq M$, $N \cap Q = 0$ folgt $Q = 0$.

<u>Lemma</u> 7.7 . Seien N , N' , M , M' Moduln. Dann gilt:

a) $N' \leq N <^{\cdot} M \Longrightarrow N' <^{\cdot} M$.
b) $N <^{\cdot} M$, $N' <^{\cdot} M \Longrightarrow (N + N') <^{\cdot} M$.
c) $N <^{\cdot} M$, $\alpha \in \mathrm{Hom}_R(M , M') \Longrightarrow \alpha(N) <^{\cdot} M'$.
d) $N <^{\cdot} M$, M halbeinfach $\Longrightarrow N = 0$.

Beweis. a) Sei $Q \leq M$ mit $N' + Q = M$. Wegen $N' \leq N$ ist auch $N + Q = M$. Wegen $N <^{\cdot} M$ folgt daraus $Q = M$.

b) Sei $Q \leq M$ mit $(N + N') + Q = M$. Aus $(N + N') + Q = N + (N' + Q) = M$, $N <^{\cdot} M$ folgt $N' + Q = M$, und hieraus wegen $N' <^{\cdot} M$ schließlich $Q = M$.

c) Sei $Q \leq M'$ mit $\alpha(N) + Q = M'$. Dann ist $N + \alpha^{-1}(Q) = M$, denn es gilt:
$m \in M \Longrightarrow \alpha(m) = \alpha(n) + q$ mit $n \in N$, $q \in Q \Longrightarrow \alpha(m - n) = q \Longrightarrow m - n \in \alpha^{-1}(Q)$
$\Longrightarrow M = N + \alpha^{-1}(Q)$. Wegen $N <^{\cdot} M$ ist $\alpha^{-1}(Q) = M$, woraus der Reihe nach folgt: $\alpha(M) \leq Q$, $\alpha(N) \leq Q$ und $\alpha(N) + Q = Q = M'$.

d) Da M halbeinfach ist, gibt es $N_0 \leq M$ mit $M = N \oplus N_0$. Damit gilt:
$N <^{\cdot} M \Longrightarrow N_0 = M \Longrightarrow N = 0$.

<u>Lemma</u> 7.8 . Sei $M \neq 0$ ein Modul und $m \in M$. Ist mR nicht klein in M, dann existiert ein maximaler Untermodul U_m von M mit $m \notin U_m$.

Beweis. Da mR nicht klein in M ist, gibt es $Q \lneq M$ mit $mR + Q = M$. Es folgt $m \notin Q$. Wir betrachten die Menge $\mathfrak{M} = \{U \mid U \lneq M, Q \leq U\}$. $\mathfrak{M} \neq \emptyset$, und zu jeder Kette $\mathfrak{k}$ in $\mathfrak{M}$ ist $\bigcup_{K \in \mathfrak{k}} K$ eine obere Schranke in $\mathfrak{M}$. Nach dem Lemma von Zorn besitzt $\mathfrak{M}$ ein maximales Element U_m. Es ist leicht einzusehen, daß U_m ein maximaler Untermodul von M mit der Eigenschaft $m \notin U_m$ ist.

<u>Satz</u> 7.9 . Sei D der Durchschnitt aller maximalen Untermoduln von M und S die Summe aller kleinen Untermoduln von M. Dann ist $D = S$.

Beweis. "$\subseteq$". Sei $m \in M \setminus S$. Dann ist mR nicht klein. Nach Lemma 7.8 gibt es einen maximalen Untermodul U_m von M mit $m \notin U_m$. Damit gilt: $m \notin D$.

"$\supseteq$". Wir zeigen: Ist U ein maximaler Untermodul von M und $N <^{\cdot} M$, dann ist $N \leq U$. Angenommen $N \nleq U$, dann gilt wegen der Maximalität von U: $N + U = M$. Ein Widerspruch zu $N <^{\cdot} M$!

<u>Definition</u> 7.10 . Der Untermodul $D = S$ von M in Satz 7.9 heißt das (Jacobson-)Radikal von M. Wir setzen $\mathrm{Rad}\,M := D = S$.

<u>Lemma</u> 7.11 . Seien M , M' Moduln. Dann gilt:

a) $m \in \mathrm{Rad}\,M \Longleftrightarrow mR <\cdot M$.

b) $\alpha \in \mathrm{Hom}_R(M , M') \Longrightarrow \alpha(\mathrm{Rad}\,M) \leq \mathrm{Rad}\,M'$.

c) $\mathrm{Rad}(M \oplus M') = \mathrm{Rad}\,M \oplus \mathrm{Rad}\,M'$.

d) $\mathrm{Rad}(M/\mathrm{Rad}\,M) = 0$.
d') $N \leq \mathrm{Rad}\,M \Longrightarrow \mathrm{Rad}(M/N) = (\mathrm{Rad}\,M)/N$.

e) $M \cdot \mathrm{Rad}(R_R) \leq \mathrm{Rad}\,M$.

f) M halbeinfach $\Longrightarrow \mathrm{Rad}\,M = 0$.

g) $N \leq M$, M/N halbeinfach $\Longrightarrow \mathrm{Rad}\,M \leq N$.

h) Ist $\mathrm{Rad}\,M$ ein maximaler Untermodul von M, dann ist $\mathrm{Rad}\,M$ der einzige maximale Untermodul von M.

Beweis. a) Trivial.

b)
$$\alpha(\mathrm{Rad}\,M) = \alpha\left(\sum_{\substack{N\\ N<\cdot M}} N\right) = \sum_{\substack{N\\ N<\cdot M}} \alpha(N) \leq \sum_{\substack{U\\ U<\cdot M}} U = \mathrm{Rad}\,M' ,$$
wobei der vorletzte Schritt nach 7.7,c) gilt.

c) Wende b) auf die Inklusionen $M \longrightarrow M \oplus M'$, $M' \longrightarrow M \oplus M'$ und die Projektionen $M \oplus M' \longrightarrow M$, $M \oplus M' \longrightarrow M'$ an!

d) Sei $\nu : M \longrightarrow M/\mathrm{Rad}\,M$ der natürliche Epimorphismus und $m \in M \setminus \mathrm{Rad}\,M$, d.h. $\nu(m) \neq 0$. Dann ist mR nicht klein in M und es gibt nach Lemma 7.8 einen maximalen Untermodul U_m von M mit $mR + U_m = M$. Daraus folgt $\nu(m)R + \nu(U_m) = \nu(M)$. Wegen $\mathrm{Rad}\,M \leq U_m$ ist aber $\nu(U_m)$ maximal in $\nu(M)$. Also ist $\nu(m)R$ nicht klein in $\nu(M)$ und daher $\nu(m) \notin \mathrm{Rad}\,\nu(M)$.

d') Wir betrachten das kommutative Diagramm

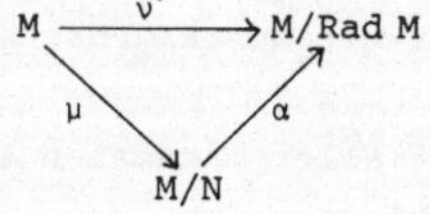

das aus lauter natürlichen Epimorphismen bestehen möge. Aus $\alpha(\mathrm{Rad}(M/N)) \leq \mathrm{Rad}(M/\mathrm{Rad}\,M) = 0$ folgt $\mathrm{Rad}(M/N) \leq (\mathrm{Rad}\,M)/N$. Die andere Inklusion ergibt sich nach b) aus

$$(\mathrm{Rad}\,M)/N = \mu(\mathrm{Rad}\,M) \leq \mathrm{Rad}(M/N).$$

e) Zu $m \in M$ sei α_m die Abbildung $R_R \ni r \longmapsto m \cdot r \in M$. Nach b) gilt: $m \cdot \mathrm{Rad}\,R_R = \alpha_m(\mathrm{Rad}\,R_R) \leq \mathrm{Rad}\,M$. Folglich ist $M \cdot \mathrm{Rad}\,R_R \leq \mathrm{Rad}\,M$.

f) Nach 7.7,d) ist der Nullmodul der einzige kleine Untermodul von M.

g) Sei $\nu : M \longrightarrow M/N$ der natürliche Epimorphismus. Dann ist nach b) $\nu(\text{Rad } M) \leq \text{Rad}(M/N) = 0$, also $\text{Rad } M \leq N$.

h) Trivial.

<u>Lemma</u> 7.12 (Nakayama). Für einen endlich erzeugten Modul M gilt: $\text{Rad } M <^{\cdot} M$.

Beweis (mit Widerspruch). Sei $Q \subsetneqq M$ mit $\text{Rad } M + Q = M$ und $\nu : M \longrightarrow M/Q$ der natürliche Epimorphismus.
Einerseits ist mit M auch M/Q endlich erzeugt und besitzt dann nach Lemma 1.1 einen maximalen Untermodul U: $\text{Rad}(M/Q) \leq U \subsetneqq M/Q$. Andererseits ist aber $M/Q = \nu(\text{Rad } M + Q) = \nu(\text{Rad } M) \leq \text{Rad}(M/Q)$. Ein Widerspruch!

<u>Definition</u> 7.13 . Die Summe aller einfachen Untermoduln, also der größte halbeinfache Untermodul, eines Moduls M heißt Sockel von M und wird mit $\text{Soc } M$ bezeichnet.

<u>Satz</u> 7.14 . Sei M ein artinscher Modul. Dann gilt:

a) $\text{Soc } M \leq^{*} M$.

b) $\text{Rad } M = 0 \Longrightarrow \text{Soc } M = M$.

Beweis. a) Da M artinsch ist, ist auch jeder Untermodul $V \neq 0$ von M artinsch und besitzt daher einen einfachen Untermodul V'. Wegen $0 \neq V' \leq \text{Soc } M$ gilt: $0 \neq V' \leq V \cap \text{Soc } M$. Damit ist $\text{Soc } M$ groß in M.

b) Wir betrachten zunächst einen direkten Summanden $U \neq 0$ von M. Dieser enthält einen einfachen Untermodul U'. U' ist nicht klein in U, denn aus $\text{Rad } M = 0$ und Lemma 7.11,c) ergibt sich $\text{Rad } U = 0$. Daher ist $U = U' + U^{*}$ mit $U^{*} \subsetneqq U$. Aus der Einfachheit von U' folgt $U' \cap U^{*} = 0$. Sei nun zu jedem solchen U eine Zerlegung $U = U' \oplus U^{*}$ mit U' einfach fest gewählt. Wir zerlegen sukzessive $M , M^{*} , M^{**} , \ldots$ und erhalten $M = M' \oplus M^{*} = M' \oplus M^{*'} \oplus M^{**} = \ldots$. Da M artinsch ist, enthält M nur eine endliche direkte Summe von einfachen Untermoduln, d.h. die Folge $M , M^{*} , M^{**} , \ldots$ ist endlich und ihr letztes Glied ist der Nullmodul. Also ist M eine (endliche) direkte Summe einfacher Untermoduln.

7.3 <u>Das Radikal eines Rings</u>

Unser erstes Ziel ist es, zu zeigen: $\text{Rad}(R_R) = \text{Rad}(_R R)$. Wir können dann $\text{Rad}(R_R)$ als zweiseitiges Ideal betrachten und schreiben in diesem Fall

$\mathrm{Rad}(R_R) =: \mathrm{Rad}\,R$. Danach werden wir vor allem Ringe R mit halbeinfachem Faktorring R/Rad R untersuchen.

Bekanntlich heißt ein Element $r \in R$ rechtsinvertierbar, wenn es $r' \in R$ gibt mit $rr' = 1$. Ist $r \in R$ rechts- und linksinvertierbar, d.h. $rr' = 1$ und $r''r = 1$ mit $r', r'' \in R$, dann ist r invertierbar:
$$r'' = r''1 = r''(rr') = (r''r)r' = 1r' = r'.$$

<u>Lemma</u> 7.15 . Sei $r \in R$. Dann sind äquivalent:

a) Für alle $r' \in R$ ist $1 + rr'$ rechtsinvertierbar.

b) Für alle $r' \in R$ ist $1 + rr'$ invertierbar.

Beweis. $b \Longrightarrow a$. Trivial.

$a \Longrightarrow b$. Es gibt $r'' \in R$ mit $(1 + rr')r'' = 1$, d.h. r'' ist linksinvertierbar. Andererseits ist $r'' = 1 - rr'r'' = 1 + r(-r'r'')$ nach Voraussetzung auch rechtsinvertierbar. Folglich ist r'' invertierbar und es gilt:
$1 = (1 + rr')r'' = r''(1 + rr')$. Dies war zu zeigen.

<u>Satz</u> 7.16 . a) $\mathrm{Rad}(R_R) = \{r \mid r \in R,\ 1 + rr'$ invertierbar für alle $r' \in R\}$; $\mathrm{Rad}(_R R) = \{r \mid r \in R,\ 1 + r''r$ invertierbar für alle $r'' \in R\}$.

b) $\mathrm{Rad}(R_R) = \mathrm{Rad}(_R R)$.

Beweis. a) Wir zeigen nur die erste Beziehung.

"$\subseteq$". Sei $r \in \mathrm{Rad}(R_R)$. Angenommen, $1 + rr_o$ ist für ein $r_o \in R$ nicht rechtsinvertierbar. Dann ist $(1 + rr_o)R \neq R$ und es gibt ein maximales Rechtsideal $M \leq R_R$ mit $1 + rr_o \in M$. Nun gilt aber $rr_o \in \mathrm{Rad}(R_R) \leq M$. Folglich ist $1 \in M$ im Widerspruch zur Maximalität von M.

"$\supseteq$". Sei $r \in R \setminus \mathrm{Rad}(R_R)$. Da rR nicht klein in R_R ist, existiert $M \not\leq R_R$ mit $rR + M = R$, d.h. $rr' + m = 1$ mit $r' \in R$, $m \in M$. Wegen $M \not\leq R_R$ ist jedoch $m = 1 - rr' = 1 + r(-r')$ nicht rechtsinvertierbar.

b) "$\subseteq$". Für alle $r'' \in R$ ist $r''\cdot - \in \mathrm{Hom}_R(R_R, R_R)$. Daher gilt nach Lemma 7.11,b): $r'' \cdot \mathrm{Rad}(R_R) \subseteq \mathrm{Rad}(R_R)$. Somit gilt: $r \in \mathrm{Rad}(R_R) \Longrightarrow r''r \in \mathrm{Rad}(R_R)$ für alle $r'' \in R \Longrightarrow 1 + (r''r)1 = 1 + r''r$ invertierbar für alle $r'' \in R \Longrightarrow r \in \mathrm{Rad}(_R R)$.

"$\supseteq$". Analog.

<u>Satz</u> 7.17 . Rad R ist das größte zweiseitige Ideal in R, das jeden halbeinfachen Modul annulliert.

Beweis. Sei M ein halbeinfacher Modul. Nach Lemma 7.11,e,f) gilt:

$M \cdot \mathrm{Rad}\, R \subsetneqq \mathrm{Rad}\, M = 0$.

Sei J ein Ideal in R, das jeden einfachen Modul annulliert. Für jedes maximale Rechtsideal $N \leq R_R$ gilt dann: $0 = (R/N)J = J/N \Longrightarrow J \leq N$. Daher liegt J in Rad R.

<u>Satz</u> 7.18 . Sei R/Rad R ein halbeinfacher Ring und M ein Modul über R. Dann gilt:

a) $\mathrm{Rad}\, M = M \cdot \mathrm{Rad}\, R$.

b) Rad M ist der kleinste Untermodul N von M, dessen Faktormodul M/N halbeinfach ist.

c) $\mathrm{Soc}\, M = \mathrm{ann}_M(\mathrm{Rad}\, R)$.

d) $\mathrm{Soc}\, M = \mathrm{Rad}\, M$, falls $M \cdot \mathrm{Rad}\, R \neq 0$, $M \cdot (\mathrm{Rad}\, R)^2 = 0$ und M unzerlegbar ist.

Beweis. a) " $\supseteq$ ". Lemma 7.11,e).

" $\subseteq$ ". Wir setzen $J := \mathrm{Rad}\, R$. Dann ist $(M/MJ) \cdot J = MJ/MJ = 0$, d.h. M/MJ kann auf natürliche Weise als Modul über dem halbeinfachen Ring R/J betrachtet werden und ist als solcher halbeinfach. Nun wird aber jeder einfache R/J-Modul durch den natürlichen Ringhomomomorphismus $R \longrightarrow R/J$ zu einem einfachen R-Modul. Somit ist M/MJ auch als R-Modul halbeinfach und es gilt $0 = \mathrm{Rad}(M/MJ) = \mathrm{Rad}\, M / MJ$. Folglich liegt Rad M in MJ.

b) $M/\mathrm{Rad}\, M = M/(M \cdot \mathrm{Rad}\, R)$ ist nach a) halbeinfach. Dies ergibt zusammen mit Lemma 7.11,g) die Behauptung.

c) " $\subseteq$ ". Satz 7.17.

" $\supseteq$ ". Der Untermodul $\mathrm{ann}_M(\mathrm{Rad}\, R)$ von M ist auch Modul über R/Rad R und daher halbeinfach.

d) Sei $J := \mathrm{Rad}\, R$.

" $\supseteq$ ". $\mathrm{Rad}\, M = MJ \subseteq \mathrm{ann}_M(J) = \mathrm{Soc}\, M$.

" $\subseteq$ ". Angenommen, es existiert $E \leq M$, E einfach mit $E \nleq \mathrm{Rad}\, M$. Dann ist E nicht klein. Folglich gibt es $M' \lneq M$ mit $M = E + M'$. Wegen der Einfachheit von E ist diese Summe direkt. M ist aber unzerlegbar, also bekommen wir nacheinander $M' = 0$, $M = E$ und schließlich $MJ = 0$ im Widerspruch zur Voraussetzung.

Im folgenden treten Produkte von Idealen auf. Wir erinnern kurz an die Definition: Sind J , J' zwei Ideale in R, dann besteht $J \cdot J'$ aus allen endlichen Summen von Gliedern der Form rr' mit $r \in J$, $r' \in J'$.

<u>Definition</u> 7.19 . Ein Ideal $J \nleq R$ heißt nilpotent, falls es eine natür-

liche Zahl n gibt mit $J^n = 0$. Die kleinste solche Zahl heißt Exponent von J, in Zeichen $\exp(J)$.

<u>Lemma</u> 7.20 . Sei J ein nilpotentes Ideal von R. Dann gilt:

a) $J \subseteq \operatorname{Rad} R$.

b) R/J halbeinfach $\Longrightarrow J = \operatorname{Rad} R$.

Beweis. a) Sei $r \in J$. Dann ist $rr' \in J$ für alle $r' \in R$ und es gibt $n(r') \in \mathbb{N}$ mit $(rr')^{n(r')} = 0$. Wegen

$$(1 + rr')(1 - rr' + (rr')^2 - \ldots + (-rr')^{n(r')}) = 1$$

folgt, daß $1 + rr'$ rechtsinvertierbar für alle $r' \in R$ ist, d.h. $r \in \operatorname{Rad} R$.

b) Klar nach a) und Lemma 7.11,g).

<u>Satz</u> 7.21 . Sei R rechtsartinsch. Dann ist $R/\operatorname{Rad} R$ halbeinfach und $\operatorname{Rad} R$ das größte nilpotente Ideal in R.

Beweis. Wegen R_R artinsch ist $R/\operatorname{Rad} R$ artinsch (zunächst als Modul über R, dann aber auch als Modul über $R/\operatorname{Rad} R$). Nach Lemma 7.11,d) gilt nun: $\operatorname{Rad}(R/\operatorname{Rad} R) = 0$. Also ergibt sich die erste Aussage aus Satz 7.14,b).

Wir setzen $J := \operatorname{Rad} R$. Die absteigende Folge $J \supseteq J^2 \supseteq J^3 \supseteq \ldots$ wird stationär, d.h. es gibt $n \in \mathbb{N}$ mit $J^n = J^{n+1} = \ldots$.

Annahme: $J^n \neq 0$. Wir betrachten die nichtleere Menge

$$\mathfrak{m} = \{U \mid U \leq R_R,\ UJ^n \neq 0\} \subseteq \mathfrak{U}(R_R)$$

mit der Ordnung $\leq$. Da R_R artinsch ist, besitzt $\mathfrak{m}$ ein minimales Element V. Wegen $VJ^n \neq 0$ existiert $v \in V$ mit

$$0 \neq vJ^n = (vR)J^n = (vR)J^{n+1} = (vJ)J^n = \operatorname{Rad}(vR)J^n.$$

Auf Grund der Minimalität von V und $\operatorname{Rad}(vR) \leq vR \leq V$ gilt daher:

$$\operatorname{Rad}(vR) = vR = V \quad (\neq 0).$$

Das steht im Widerspruch zu $\operatorname{Rad}(vR) < vR$ (Lemma von Nakayama). Somit war unsere Annahme falsch. J ist also nilpotent, und nach Lemma 7.20 ist dann J das größte nilpotente Ideal in R.

<u>Folgerung</u> 7.22 . Das Radikal eines kommutativen artinschen Ringes R besteht aus allen nilpotenten Elementen von R:

$$\operatorname{Rad} R = \{r \mid r \in R,\ r \text{ nilpotent}\}.$$

Beweis. "$\subseteq$". Satz 7.21 liefert die Nilpotenz von $\operatorname{Rad} R$. Daher ist jedes Element von Rad R nilpotent.

" $\supseteq$ ". In einem kommutativen Ring ist das von einem nilpotenten Element erzeuge Ideal wieder nilpotent und liegt nach Lemma 7.20 im Radikal des Ringes; das Gleiche gilt für das erzeugende nilpotente Element.

Satz 7.23 . Ein rechtsartinscher Ring R ist rechtsnoethersch.

Beweis. Sei $J := \operatorname{Rad} R$ und $J^n = 0$. Dann sind die Potenzen J, $J^2,\ldots,J^{n-1}$ als R-Rechtsmoduln auch artinsch, ebenso die Faktormoduln R/J, $J/J^2,\ldots,J^{n-1}/J^n$. Diese werden aber von J annulliert. Folglich sind sie halbeinfach (zunächst als R/J-, dann auch als R-Moduln; vgl. Beweis von Satz 7.18,a)) und artinsch, d.h. von endlicher Länge. Wir haben also gezeigt:

$$l(R_R) = \sum_{i=1}^{n} l((J^{i-1}/J^i)_R) < \infty.$$

Folgerung 7.24 . Ein endlich erzeugter Modul M über einem rechtsartinschen Ring R ist von endlicher Länge.

Beweis. Wir gehen vor wie im Beweis von Lemma 7.3,c) und erhalten: M ist Faktormodul von $\bigoplus_{i=1}^{n} R_i$. Nach dem Beweis von Satz 7.23 ist aber $l(R_R) < \infty$. Folglich gilt: $l(M) \leq \sum_{i=1}^{n} l(R_i) = n \cdot l(R_R) < \infty$.

7.4 Gruppenalgebren über p-Gruppen

In diesem Abschnitt sei K ein Körper mit $\operatorname{char} K = p > 0$, G eine endliche p-Gruppe, KG die Gruppenalgebra und J das Radikal von KG.

Als Beispiel für die vorangegangenen Untersuchungen soll hier die Struktur der Gruppenalgebra KG bestimmt werden. KG ist als endlich-dimensionale Algebra über K rechts- und linksartinsch, weil jedes Rechts- und jedes Linksideal ein K-Untervektorraum von KG ist.

Lemma 7.25 . Jeder einfache KG-Modul ist isomorph zum trivialen KG-Modul K.

Beweis. Sei M ein einfacher KG-Modul, $0 \neq m \in M$ und $F \subset K$ der Primkörper. Der FG-Modul mFG ($\subseteq M$) ist endlich-dimensional über F. Setzen wir $n := [mFG : F]$, dann hat mFG genau p^n Elemente.

Sei nun $\{a_1,\ldots,a_t\}$ eine minimale Teilmenge von mFG mit $a_1 = 0$ und

$mFG = \bigcup\limits_{i=1}^{t} \{a_i g \mid g \in G\}$. Dann ist diese Vereinigung disjunkt. Mit

$q_i := |\{a_i g \mid g \in G\}|$ gilt: $p^n = \sum\limits_{i=1}^{t} q_i$. Da $G_i := \{g \mid g \in G, a_i g = a_i\}$ eine Untergruppe von G darstellt, ist q_i gleich der Anzahl aller Rechtsnebenklassen von G_i in G, d.h. $q_i = [G : G_i]$. Außerdem ist q_i eine Potenz von p. Aus $q_1 = 1$ folgt die Existenz von $s \in \{2,\dots,t\}$ mit $q_s = 1$.

Wegen $a_s \neq 0$ und $a_s g = a_s$ für alle $g \in G$ ist $M = a_s KG = a_s K$ isomorph zum trivialen KG-Modul K.

<u>Satz</u> 7.26 . a) $KG/J \cong K$, $KG = 1 \cdot K \oplus J$ und $J = \sum\limits_{g \in G} (1 - g)K$.

b) $\mathrm{Soc}(KG_{KG}) = \mathrm{Soc}(_{KG}KG) = (\sum\limits_{g \in G} g)K$.

c) Für eine Teilmenge $E \subseteq G$ sind äquivalent:

    α) $J = \sum\limits_{g \in E} (1 - g)KG$

    β) $J = \sum\limits_{g \in E} (1 - g)K + J^2$.

    γ) G wird als Gruppe von E erzeugt.

Beweis. a) Da nach Lemma 7.25 jeder einfache KG-Modul isomorph zu K ist, ist K bis auf Isomorphie auch der einzige einfache Modul über dem halbeinfachen Ring KG/J. Mit den Sätzen 1.16 und 1.20 ergibt sich leicht $KG/J \cong K$ und daraus wiederum $KG = 1 \cdot K \oplus J$ (als K-Vektorraum).

Aus $KG/J \cong K$ folgt, daß J maximal in KG_{KG} ist. Andererseits ist wegen

$(1 - g)g' = (1 - gg') - (1 - g')$ für alle $g' \in G$

$\sum\limits_{g \in G} (1 - g)K$ ein Rechtsideal in KG. Es ist maximal, weil

$[\sum\limits_{g \in G} (1 - g)K : K] = |G| - 1$ ist. Es folgt $J = \sum\limits_{g \in G} (1 - g)K$.

b) Sei $\sum\limits_{g \in G} k_g\, g \in \mathrm{Soc}(KG_{KG}) = \{a \mid a \in KG, aJ = 0\}$. Dann gilt für alle $g' \in G$:

$0 = (\sum\limits_{g \in G} k_g\, g)(1 - g') = \sum\limits_{g \in G} (k_{gg'} - k_g)gg'$.

Aus einem Koeffizientenvergleich bekommen wir $k_{g'} = k_1$ für alle $g' \in G$, d.h. $\sum\limits_{g \in G} k_g\, g = k_1 (\sum\limits_{g \in G} g) \in (\sum\limits_{g \in G} g)K$. Also $0 \neq \mathrm{Soc}(KG_{KG}) \subseteq (\sum\limits_{g \in G} g)K$. Auf Grund von $[(\sum\limits_{g \in G} g)K : K] = 1$ ist dann $\mathrm{Soc}(KG_{KG}) = (\sum\limits_{g \in G} g)K$.

$\mathrm{Soc}(_{KG}KG)$ wird entsprechend behandelt.

c) Sei $E = \{g_1, \ldots, g_s\}$.

$\alpha \Longrightarrow \beta$. Wir benützen $KG = 1 \cdot K + J$:

$$J = \sum_{i=1}^{s} (1 - g_i) KG = \sum_{i=1}^{s} (1 - g_i) K + \sum_{i=1}^{s} (1 - g_i) J \subseteq \sum_{i=1}^{s} (1 - g_i) K + J^2.$$

$J \supseteq \sum_{i=1}^{s} (1 - g_i) K + J^2$ ist trivial.

$\beta \Longrightarrow \gamma$. Durch Induktion nach m erhalten wir aus β) leicht

$$J^m = \sum_{i_1, \ldots, i_m = 1}^{s} (1 - g_{i_1}) \cdot \ldots \cdot (1 - g_{i_m}) K + J^{m+1}.$$

Ist $n = \exp(J)$, so folgt

$$J = \sum_{m=1}^{n-1} \sum_{i_1, \ldots, i_m = 1}^{s} (1 - g_{i_1}) \cdot \ldots \cdot (1 - g_{i_m}) K.$$

Sei nun $g \in G \setminus \{1\}$. Wir schreiben $1 - g$ als Linearkombination von Elementen der Form $(1 - g_{i_1}) \cdot \ldots \cdot (1 - g_{i_m})$, multiplizieren diese aus, fassen zusammen und erhalten aus einem Koeffizientenvergleich, daß sich g als Produkt der Elemente $g_1, \ldots, g_s$ schreiben läßt.

$\gamma \Longrightarrow \alpha$. Jedes Element $g \in G$ lasse sich als Produkt von $l = l(g)$ Faktoren aus E schreiben. Wir zeigen durch Induktion nach l:

$$1 - g \in \sum_{i=1}^{s} (1 - g_i) KG.$$

Wir führen nur den Induktionsschluß durch: Sei $g = g_i g'$ mit $i \in \{1, \ldots, s\}$, $g' \in G$ und $l(g') = l(g) - 1$. Dann ist nach Induktionsannahme

$$1 - g = (1 - g_i) + (1 - g') - (1 - g_i)(1 - g') \in \sum_{i=1}^{s} (1 - g_i) KG.$$

Folglich ist $J \subseteq \sum_{i=1}^{s} (1 - g_i) KG$. $J \supseteq \sum_{i=1}^{s} (1 - g_i) KG$ ist klar nach a).

<u>Satz</u> 7.27 . Ist $G = \langle g \rangle$ eine zyklische p-Gruppe, dann bildet

$$KG \supset J \supset J^2 \supset \ldots \supset J^{|G|-1} \supset J^{|G|} = 0$$

die einzige Kompositionsreihe von KG.

Beweis. Aus $J = (1 - g) KG$ folgt $J^i = (1 - g)^i KG = (1 - g)^i (1 \cdot K + J) =$

$= (1 - g)^i K + J^{i+1} = (1 - g)^i K + \text{Rad}(J^i)$. Daher ist $\text{Rad}(J^i) = J^{i+1}$ maximal in J^i, falls $J^i \neq 0$. Somit ist J^{i+1} das einzige maximale Ideal in J^i. Aus $[KG : K] = |G|$ und $[J^i / J^{i+1} : K] = 1$, falls $J^i \neq 0$, folgt $J^{|G|-1} \neq 0$, $J^{|G|} = 0$.

7.5 Der Satz von Krull-Remak-Schmidt

<u>Definition</u> 7.28 . Ein Ring heißt lokal, wenn $R/\mathrm{Rad}\,R$ ein Schiefkörper ist.

<u>Satz</u> 7.29 . Sei $J_1 := \{r \mid r \in R, 1 \notin rR\}$ und $J_2 := \{r \mid r \in R, 1 \notin Rr\}$. Dann sind äquivalent:

a) R ist lokal.

b) $J_1 = \mathrm{Rad}\,R$.

c) J_1 ist additiv abgeschlossen.

d) $J_2 = \mathrm{Rad}\,R$.

e) J_2 ist additiv abgeschlossen.

Beweis. Es gilt immer $\mathrm{Rad}\,R \subseteq J_1 \cap J_2 : r \in \mathrm{Rad}\,R \implies rR <{\cdot} R_R$ und $Rr <{\cdot}\ _RR \implies r \in J_1 \cap J_2$.

$a \implies b$. Wir zeigen $J_1 \subseteq \mathrm{Rad}\,R$: $r \in R \setminus \mathrm{Rad}\,R \implies \bar{r} := (r + \mathrm{Rad}\,R) \in R/\mathrm{Rad}\,R$ ist wegen $\bar{r} \neq 0$ invertierbar $\implies$ es gibt $s \in R$ mit $\overline{rs} = \bar{1} \implies$ es gibt $t \in \mathrm{Rad}\,R$ mit $rs = 1 + t$. Da $1 + t$ invertierbar ist, existiert $u \in R$ mit $rsu = 1$. Also ist $r \notin J_1$.

$b \implies a$. Aus $J_1 = \mathrm{Rad}\,R$ schließt man leicht, daß jedes Element $0 \neq r + \mathrm{Rad}\,R \in R/\mathrm{Rad}\,R$ rechtsinvertierbar ist. Also ist jedes solche Element auch linksinvertierbar. $R/\mathrm{Rad}\,R$ ist daher ein Schiefkörper.

$b \implies c$. Trivial.

$c \implies b$. Angenommen, $\mathrm{Rad}\,R \subsetneqq J_1$, dann existiert $r \in J_1 \setminus \mathrm{Rad}\,R$. Da rR nicht klein in R ist, gibt es $M \neq R_R$ mit $rR + M = R$, d.h. $rs + m = 1$ mit $s \in R$, $m \in M$. Wegen $rs \in J_1$, $m \in J_1$ und J_1 additive Gruppe gilt: $rs + m = 1 \in J_1$. Ein Widerspruch!

Entsprechend zeigt man auch $a \iff d$ und $d \iff e$.

<u>Folgerung</u> 7.30 . In einem lokalen Ring R ist $1 = 1_R$ das einzige Idempotent.

Beweis. Aus $e = e^2 \in R$ folgt $R = eR \oplus (1-e)R$, d.h. $e \in \mathrm{Rad}\,R \iff e = 0$.

Sei nun $0 \neq e = e^2$. Wegen $e \notin \mathrm{Rad}\,R$ ist $\bar{e} := e + \mathrm{Rad}\,R$ ein Idempotent in dem Schiefkörper $R/\mathrm{Rad}\,R$. Folglich ist $\bar{e} = \bar{1}$, d.h. $e = 1 - r$ mit $r \in \mathrm{Rad}\,R$. Nun gilt: $e = e^2 \implies 1 - 2r + r^2 = 1 - r \implies r^2 = r \in \mathrm{Rad}\,R \implies r = 0$. Also ist $e = 1$.

<u>Lemma</u> 7.31 . Sei $M \neq 0$ ein Modul mit lokalem Endomorphismenring $\text{End}_R(M)$. Dann ist M unzerlegbar.

Beweis. Angenommen, M sei zerlegbar, d.h. $M = \bigoplus_{i=1}^{l} M_i$ mit $l \geq 2$ und $0 \neq M_i \leq M$ für $i = 1, \ldots, l$. Dann sind die Projektionen auf M_i von id_M verschiedene Idempotente in $\text{End}_R(M)$ im Widerspruch zu Folgerung 7.30.

Der folgende Satz ist eine Verallgemeinerung von Satz 1.5.

<u>Satz</u> 7.32 (Krull-Remak-Schmidt). Seien $M_1, \ldots, M_k,\ M_1', \ldots, M_l'$ Moduln $\neq 0$ mit lokalen Endomorphismenringen und sei $M = \bigoplus_{i=1}^{k} M_i$, $M' = \bigoplus_{j=1}^{l} M_j'$. Ist $M \cong M'$, dann ist $k = l$ und es gibt $\sigma \in \mathcal{T}_k$, so daß $M_i \cong M_{\sigma(i)}'$ für $i = 1, \ldots, k$.

Beweis. Wir zeigen die Behauptung durch Induktion nach k.

Sei $k = 1$. Da isomorphe Moduln isomorphe Endomorphismenringe haben, folgt $l = 1$ sofort aus dem Beweis des vorangegangenen Lemmas.

Wir nehmen nun an, die Behauptung sei für $k - 1$ richtig. Ohne Einschränkung sei $\bigoplus_{i=1}^{k} M_i = \bigoplus_{j=1}^{l} M_j' =: M$ gesetzt. Bezeichnen wir mit

$$\pi_i : M \longrightarrow M_i, \qquad \pi_j' : M \longrightarrow M_j'$$

bzw.

$$\iota_i : M_i \longrightarrow M, \qquad \iota_j' : M_j' \longrightarrow M$$

die zu diesen Zerlegungen gehörenden Projektionen bzw. Inklusionen, dann sind

$$\text{id}_M = \sum_{i=1}^{k} \iota_i \pi_i = \sum_{j=1}^{l} \iota_j' \pi_j'$$

zwei Zerlegungen der $1 = \text{id}_M$ in $\text{End}_R(M)$. Wegen

$$\text{id}_{M_k} = \pi_k \iota_k = \sum_{j=1}^{l} \pi_k (\iota_j' \pi_j') \iota_k$$

existiert $j_0 \in \{1, \ldots, l\}$ mit $\pi_k \iota_{j_0}' \pi_{j_0}' \iota_k =: \alpha \notin \text{Rad}(\text{End}_R(M_k))$. Da $\text{End}_R(M_k)$ lokal ist, ist α ein Isomorphismus. Ohne Einschränkung sei $j_0 = 1$.

Wir zeigen $M = M_1 \oplus \ldots \oplus M_{k-1} \oplus M_1'$. Dazu betrachten wir das Diagramm

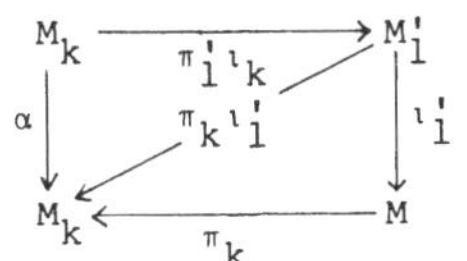

Es gilt:

α Isomorphismus $\Longrightarrow$ α Epimorphismus $\Longrightarrow \pi_k \iota_1'$ Epimorphismus;

α Isomorphismus $\Longrightarrow M_1' = Bi(\pi_1' \iota_k) \oplus Ke(\pi_k \iota_1') \Longrightarrow Ke(\pi_k \iota_1') = 0$ wegen

M_1' unzerlegbar $\Longrightarrow \pi_k \iota_1'$ Monomorphismus.

Also ist $\pi_k \iota_1'$ ein Isomorphismus, d.h. $M_k \cong M_1'$. Es folgt:

$$M = Bi(\iota_1') \oplus Ke(\pi_k) = M_1 \oplus \ldots \oplus M_{k-1} \oplus M_1'.$$

Daraus und aus $M = M_1' \oplus \ldots \oplus M_{l-1}' \oplus M_l'$ ergibt sich

$$M/M_1' \cong M_1 \oplus \ldots \oplus M_{k-1} \cong M_1' \oplus \ldots \oplus M_{l-1}'.$$

Nach Induktionsvoraussetzung ist dann $k - 1 = l - 1$ und es existiert $\sigma \in \mathcal{T}_{k-1}$ mit $M_i \cong M_{\sigma(i)}'$ für $i = 1, \ldots, k-1$. Damit ist der Induktionsschritt klar.

Mit Hilfe dieses Satzes werden wir nach kurzer Vorbereitung zeigen, daß sich jeder Modul endlicher Länge bis auf Reihenfolge und Isomorphie eindeutig als direkte Summe von unzerlegbaren Untermoduln schreiben läßt.

Bemerkung: Ist M ein Modul von endlicher Länge, dann sind bekanntlich für $\alpha \in End_R(M)$ die Eigenschaften Isomorphismus, Epimorphismus, Monomorphismus, rechtsinvertierbar (in $End_R(M)$), linksinvertierbar (in $End_R(M)$) zueinander äquivalent.

<u>Lemma</u> 7.33 . Sei M ein unzerlegbarer Modul von endlicher Länge und seien $0 \neq \alpha, \beta \in End_R(M)$ keine Isomorphismen. Dann gilt:

$$l(Bi(\beta\alpha)) < l(Bi(\alpha)) \quad \text{oder} \quad l(Bi(\beta\alpha)) < l(Bi(\beta)).$$

Beweis. Es ist klar, daß die Beziehung $\leq$ in beiden Fällen gilt. Angenommen, es gelte beide Male die Gleichheit, dann folgt aus der ersten Gleichung $0 = Bi(\alpha) \cap Ke(\beta)$ und aus der zweiten zuerst $Bi(\beta\alpha) = Bi(\beta)$ und daraus $M = Bi(\alpha) + Ke(\beta)$, also zusammen $M = Bi(\alpha) \oplus Ke(\beta)$. Dies steht im Widerspruch zur Unzerlegbarkeit von M auf Grund der Voraussetzungen über α und β.

<u>Satz</u> 7.34 . Sei M ein unzerlegbarer Modul mit der Länge $l < \infty$ und $S = End_R(M)$. Dann ist S ein lokaler Ring mit nilpotentem Radikal, und zwar ist $(Rad\, S)^l = 0$.

Beweis. Sei $J = \{\alpha \mid \alpha \in S, id_M \notin S\alpha\}$.

Wir zeigen zuerst $\alpha_1, \ldots, \alpha_{2^l} \in J \Longrightarrow \alpha_{2^l} \cdot \ldots \cdot \alpha_2 \alpha_1 = 0$,

und dann $\alpha_1, \alpha_2 \in J \Longrightarrow \alpha_1 + \alpha_2 \in J$.

Angenommen, $\alpha_{2^l}\cdot\ldots\cdot\alpha_2\alpha_1 \neq 0$, dann bekommen wir durch iterierte Anwendung von Lemma 7.33

$$l(Bi(\alpha_{2^l}\ldots\alpha_2\alpha_1)) < \max\{l(Bi(\alpha_{2^l}\ldots\alpha_{2^{l-1}+1})),\ l(Bi(\alpha_{2^{l-1}}\ldots\alpha_1))\} <$$
$$< \max\{l(Bi(\alpha_{2^l}\ldots\alpha_{2^{l-1}+2^{l-2}+1})),\ldots,\ l(Bi(\alpha_{2^{l-2}}\ldots\alpha_1))\} < \ldots$$
$$< \max\{l(Bi(\alpha_{2^l})),\ l(Bi(\alpha_{2^l-1})),\ldots,\ l(Bi(\alpha_1))\} < l.$$

Dies ist eine echt aufsteigende Folge von $l + 2$ natürlichen Zahlen mit Maximum l. Die Annahme muß also falsch sein.

Da $(\alpha_1 + \alpha_2)^{2^l} = \sum\limits_{\nu_1,\ldots,\nu_{2^l}=0}^{1} \alpha_{\nu_1}\alpha_{\nu_2}\ldots\alpha_{\nu_{2^l}} = 0$ ist, kann $\alpha_1 + \alpha_2$ kein

Isomorphismus sein, d.h. $\alpha_1 + \alpha_2 \in J$.

Somit ist nach Satz 7.29 S lokal und $J = \mathrm{Rad}\,S$. Außerdem ist $J^{(2^l)}=0$.

Um $J^l = 0$ zu zeigen, betrachten wir M als S - R - Bimodul und die Folge

$$M \geq JM \geq J^2M \geq \ldots \geq J^iM \geq J^{i+1}M \geq \ldots$$

als Folge von R-Untermoduln von M. Sei $k \in \mathbb{N}$ minimal mit $J^kM = J^{k+1}M$, dann ist $J^kM = J^iM$ für alle $i \geq k$ und folglich $J^kM = J^{2^l}M = 0$. Damit erhalten wir die echt absteigende Folge $M > JM > \ldots > J^kM = 0$. Also ist $k \leq l$. Aus $J^kM = 0$ ergibt sich sofort $J^k = 0$, da jeder Modul treu über seinem Endomorphismenring ist.

<u>Folgerung</u> 7.35 . Sei M ein Modul von endlicher Länge. Dann läßt sich M bis auf Reihenfolge und Isomorphie eindeutig als direkte Summe unzerlegbarer Moduln schreiben.

Beweis. Aus $l(M) < \infty$ folgt sofort die Existenz einer solchen Zerlegung von M. Da jeder unzerlegbare direkte Summand von M einen lokalen Endomorphismenring besitzt, ergibt sich der Rest aus Satz 7.32.

7.6 <u>Projektive und injektive Moduln</u>

<u>Definition</u> 7.36 . a) Ein Modul P heißt projektiv, wenn zu jedem Epimorphismus $\nu : M \longrightarrow N$ mit beliebigen Moduln M , N und jedem Homomorphismus $\alpha : P \longrightarrow N$ ein Homomorphismus $\beta : P \longrightarrow M$ existiert, so daß das Diagramm

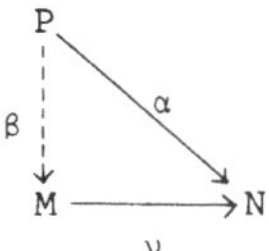

kommutativ ist, d.h. $\alpha = \nu\beta$.

b) Ein Modul I heißt injektiv, wenn zu jedem Monomorphismus $\iota : M \longrightarrow N$ mit beliebigen Moduln M , N und jedem Homomorphismus $\alpha : M \longrightarrow I$ ein Homomorphismus $\beta : N \longrightarrow I$ existiert, so daß das Diagramm

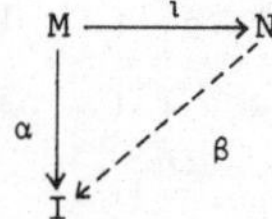

kommutativ ist, d.h. $\alpha = \beta\iota$.

<u>Lemma</u> 7.37 . a) Ist P ein projektiver Modul und $\nu : M \longrightarrow P$ ein Epimorphismus, dann zerfällt ν, d.h. Ke(ν) ist ein direkter Summand von M, und es gilt $M \cong P \oplus Ke(\nu)$.

b) Ist I ein injektiver Modul und $\iota : I \longrightarrow M$ ein Monomorphismus, dann zerfällt ι, d.h. Bi(ι) ist ein direkter Summand von M, und es gilt: $M \cong I \oplus (M/Bi(\iota))$.

Beweis. a) Da P projektiv ist, gibt es zu $\nu : M \longrightarrow P$ und $id_P : P \longrightarrow P$ einen Homomorphismus $\beta : P \longrightarrow M$ mit $id_P = \nu\beta$. Daraus folgt $M = Bi(\beta) \oplus Ke(\nu)$. Außerdem muß β ein Monomorphismus sein, also $Bi(\beta) \cong P$.

b) Dual zu a).

<u>Satz</u> 7.38 . Es sind äquivalent:

a) R ist ein halbeinfacher Ring.

b) Jeder R-Modul ist projektiv.

c) Jeder R-Modul ist injektiv.

Beweis. $a \Longrightarrow b$. Sei P ein R-Modul. Dann ist zu zeigen, daß zu jedem Epimorphismus $\nu : M \longrightarrow N$ und zu jedem Homomorphismus $\alpha : P \longrightarrow N$ ein Homomorphismus $\beta : P \longrightarrow M$ existiert, so daß $\alpha = \nu\beta$ ist. Da Ke(ν) ein direkter Summand von M ist, gibt es $M' \leq M$ mit $M = M' \oplus Ke(\nu)$. Bezeichnet $\iota : M' \longrightarrow M$ die Inklusion, dann ist $\nu\iota : M' \longrightarrow N$ ein Isomorphismus und $\beta := \iota(\nu\iota)^{-1}\alpha$ der gesuchte Homomorphismus.

$b \Longrightarrow a$. Um die Halbeinfachheit von R_R nachzuprüfen, zeigen wir, daß jeder Untermodul $U \leq R_R$ ein direkter Summand von R_R ist. R/U ist projektiv, also zerfällt der natürliche Epimorphismus $\nu : R \longrightarrow R/U$, und $U = Ke(\nu)$ ist direkter Summand von R_R.

$a \Longleftrightarrow c$. Dual zu $a \Longleftrightarrow b$.

<u>Satz</u> 7.39 . Ein Modul P ist genau dann projektiv, wenn er isomorph ist zu einem direkten Summanden eines freien Moduls.

Beweis. " $\Longrightarrow$ ". Sei F der freie R-Rechtsmodul über P (als Menge betrachtet), d.h. $\{p \mid p \in P\}$ sei eine R-Basis von F. Da der natürliche Homomorphismus

$$F = \bigoplus_{p \in P} pR \ni \sum_{p \in P} pr_p \overset{\nu}{\longmapsto} \sum_{p \in P} pr_p \in P$$

ein Epimorphismus ist und P projektiv ist, gilt nach Lemma 7.37
$F \cong P \oplus Ke(\nu)$, was zu zeigen war.

" $\Longleftarrow$ ". Sei F ein freier Modul mit der Basis B, seien $F_1, F_2 \leq F$ mit
$F = F_1 \oplus F_2$ und seien π_1, π_2 bzw. ι_1, ι_2 die zugehörigen Projektionen
bzw. Inklusionen. Wir zeigen: F_1 ist projektiv. (Es ist klar, daß die
Eigenschaft "projektiv" erhalten bleibt, wenn man zu isomorphen Moduln
übergeht.)

Sei $\nu : M \longrightarrow N$ ein Epimorphismus und $\alpha : F_1 \longrightarrow N$ ein Homomorphismus.
Wir betrachten das Diagramm

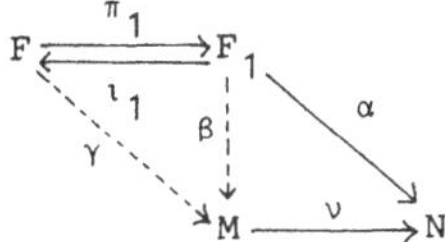

und geben zuerst $\gamma \in \text{Hom}_R(F, M)$ so an, daß $\alpha\pi_1 = \nu\gamma$ ist. Dazu wählen wir
zu jedem $b \in B$ ein Element $m_b \in \nu^{-1}(\alpha\pi_1(b))$. Da F frei ist, gibt es dann
genau einen Homomorphismus $\gamma : F \longrightarrow M$ mit

$$\gamma(b) = m_b \quad \text{für alle } b \in B.$$

Für diesen gilt offensichtlich: $\alpha\pi_1 = \nu\gamma$. Damit können wir zu ν und α
einen Homomorphismus β mit $\alpha = \nu\beta$ angeben; mit $\beta := \gamma\iota_1$ gilt nämlich:

$$\nu\beta = \nu\gamma\iota_1 = \alpha\pi_1\iota_1 = \alpha \cdot \text{id}_{F_1} = \alpha.$$

<u>Satz</u> 7.40 . Sei $\{M_i \mid i \in I\}$ eine Familie von Moduln. Dann gilt:

a) $\bigoplus_{i \in I} M_i$ projektiv $\Longleftrightarrow M_i$ projektiv für alle $i \in I$.

b) $\prod_{i \in I} M_i$ injektiv $\Longleftrightarrow M_i$ injektiv für alle $i \in I$.

Beweis. a) Dies folgt unmittelbar aus Satz 7.39 . (Es läßt sich auch
dual zu b) beweisen.)

b) Zu einem Monomorphismus $\iota : M \longrightarrow N$ und einem Homomorphismus
$\alpha : M \longrightarrow \prod\limits_{i \in I} M_i$ betrachten wir das nebenstehende

Diagramm. π_j bezeichne darin die Projektion.

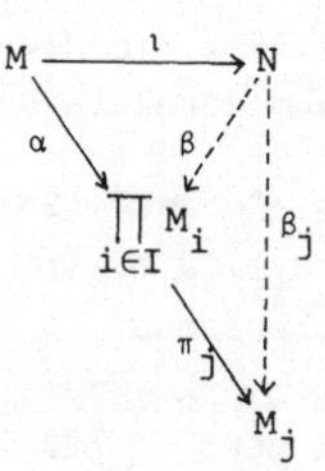

" $\Longrightarrow$ ". Da jeder Homomorphismus $M \longrightarrow M_j$ in der
Form $\pi_j \alpha$ geschrieben werden kann, genügt es, die
Existenz von $\beta_j \in \operatorname{Hom}_R(N , M_j)$ mit $\pi_j \alpha = \beta_j \iota$ nach-
zuweisen. Aus der Injektivität von $\prod\limits_{i \in I} M_i$ bekom-

men wir β mit $\alpha = \beta\iota$ und setzen $\beta_j := \pi_j \beta$.

" $\Longleftarrow$ ". Aus M_j injektiv für alle $j \in I$ erhalten wir β_j mit $\pi_j \alpha = \beta_j \iota$
und nehmen für β die Abbildung

$$N \ni n \longmapsto (\beta_i(n)) \in \prod\limits_{i \in I} M_i .$$

<u>Definition</u> 7.41 . a) Sei $\{M_i \mid i \in \mathbf{Z}\}$ eine Familie von Moduln. Eine
Folge von Homomorphismen

$$\cdots \longrightarrow M_{-1} \xrightarrow{\alpha_0} M_0 \xrightarrow{\alpha_1} M_1 \xrightarrow{\alpha_2} M_2 \longrightarrow \cdots$$

heißt exakt, falls $\operatorname{Bi}(\alpha_i) = \operatorname{Ke}(\alpha_{i+1})$ für alle $i \in \mathbf{Z}$.

b) Seien L, M, N Moduln. Eine Folge von Homomorphismen

$$0 \longrightarrow L \xrightarrow{\alpha} M \xrightarrow{\beta} N \longrightarrow 0$$

heißt kurze exakte Folge, falls die Folge

$$\cdots \longrightarrow 0 \longrightarrow 0 \longrightarrow L \xrightarrow{\alpha} M \xrightarrow{\beta} N \longrightarrow 0 \longrightarrow 0 \longrightarrow \cdots$$

exakt ist.

<u>Bemerkung</u>. Ist $0 \longrightarrow L \xrightarrow{\alpha} M \xrightarrow{\beta} N \longrightarrow 0$ eine kurze exakte Folge,
dann ist α ein Monomorphismus und β ein Epimorphismus. Zu einem Mono-
morphismus $\alpha : L \longrightarrow M$ läßt sich die kurze exakte Folge

$$0 \longrightarrow L \xrightarrow{\alpha} M \xrightarrow{\nu} M/\operatorname{Bi}(\alpha) \longrightarrow 0$$

angeben, wobei ν der natürliche Epimorphismus ist. Umgekehrt läßt sich
zu einem Epimorphismus $\beta : M \longrightarrow N$ die kurze exakte Folge

$$0 \longrightarrow \operatorname{Ke}(\beta) \xrightarrow{\iota} M \xrightarrow{\beta} N \longrightarrow 0$$

angeben, wobei ι die Inklusion ist.

<u>Definition</u> 7.42 . Sei M ein Modul.

a) Ein Epimorphismus $\nu : P \longrightarrow M$ heißt projektive Hülle (von M), falls
P ein projektiver Modul und $\operatorname{Ke}(\nu)$ klein in P ist.

b) Ein Monomorphismus $\iota : M \longrightarrow I$ heißt injektive Hülle (von M), falls I ein injektiver Modul und $\mathrm{Bi}(\iota)$ groß in I ist.

<u>Satz</u> 7.43 (Eindeutigkeit der projektiven bzw. injektiven Hülle). Seien M,M' zueinander isomorphe Moduln und $\varphi : M \longrightarrow M'$ ein Isomorphismus.

a) Sind $\nu : P \longrightarrow M$ und $\nu' : P' \longrightarrow M'$ projektive Hüllen, dann existiert ein Isomorphismus $\gamma : P \longrightarrow P'$ mit $\varphi\nu = \nu'\gamma$.

b) Sind $\iota : M \longrightarrow I$ und $\iota' : M' \longrightarrow I'$ injektive Hüllen, dann existiert ein Isomorphismus $\delta : I \longrightarrow I'$ mit $\iota'\varphi = \delta\iota$.

Beweis. a) Wir betrachten das Diagramm

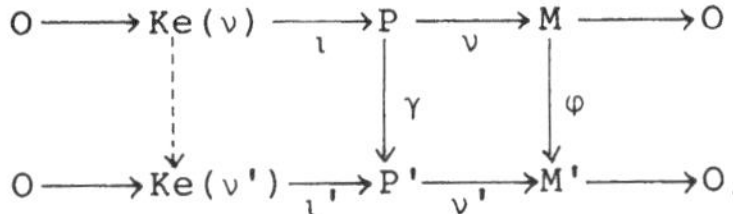

wobei ι,ι' die Inklusionen sind. Beide Zeilen sind also exakt. Da P projektiv ist und ν' ein Epimorphismus, gibt es $\gamma \in \mathrm{Hom}_R(P,P')$ mit $\nu'\gamma = \varphi\nu$.

Wir zeigen, daß γ ein Epimorphimus ist: $\varphi\nu$ ist ein Epimorphismus. Daher gilt: $P' = \mathrm{Bi}(\gamma) + \mathrm{Ke}(\nu')$. ν' ist eine projektive Hülle, folglich $\mathrm{Ke}(\nu') <^{\cdot} P'$, und damit $P' = \mathrm{Bi}(\gamma)$.

Wir zeigen, daß γ ein Monomorphismus ist: In dem nebenstehenden Diagramm existiert $\beta \in \mathrm{Hom}_R(P',P)$ mit $\mathrm{id}_{P'} = \gamma\beta$, weil P' projektiv und γ ein Epimorphismus ist. Es folgt $P = \mathrm{Bi}(\beta) \oplus \mathrm{Ke}(\gamma)$. Wegen $\mathrm{Ke}(\gamma) \subseteq \mathrm{Ke}(\nu) <^{\cdot} P$ gilt $\mathrm{Ke}(\gamma) <^{\cdot} P$. Damit ist aber $\mathrm{Ke}(\gamma) = 0$.

b) Dual zu a).

Bemerkung. Ohne Beweis sei angeführt, daß jeder Modul eine injektive Hülle besitzt, aber im allgemeinen keine projektive Hülle. Wir werden im nächsten Abschnitt sehen, daß endlich erzeugte Moduln über semiperfekten Ringen projektive Hüllen besitzen.

<u>Lemma</u> 7.44 . a) Ist $\nu : P \longrightarrow M$ eine projektive Hülle, dann gilt: $P/\mathrm{Rad}\,P \cong M/\mathrm{Rad}\,M$.

b) Ist $\iota : M \longrightarrow I$ eine injektive Hülle, und $\mathrm{Soc}\,M \leq^* M$, dann gilt: $\mathrm{Soc}\,M \cong \mathrm{Soc}\,I$.

Beweis. a) Wegen $\mathrm{Ke}(\nu) \subseteq \mathrm{Rad}\,P$ und $P/\mathrm{Ke}(\nu) \cong M$ gilt unter Verwendung von Lemma 7.11,d':

$$M/\text{Rad } M \cong (P/\text{Ke}(\nu))/\text{Rad}(P/\text{Ke}(\nu)) = (P/\text{Ke}(\nu))/(\text{Rad } P/\text{Ke}(\nu)) \cong P/\text{Rad } P.$$

b) Es genügt zu zeigen: $\iota(\text{Soc } M) = \text{Soc } I$.

"$\subseteq$" Klar.

"$\supseteq$" Wegen $\iota(M) \leq^* I$ gilt $\text{Soc } I \leq \iota(M)$, d.h. $\text{Soc } I \leq \text{Soc } \iota(M) = \iota(\text{Soc } M)$.

7.7 Semiperfekte Ringe

__Definition__ 7.45 . Ein Ring R heißt semiperfekt, wenn R die folgenden Bedingungen erfüllt:

a) $R/\text{Rad } R$ ist halbeinfach.

b) Jede Zerlegung des Einselementes $\bar{1} := 1 + \text{Rad } R$ in $R/\text{Rad } R$ kann zu einer Zerlegung der $1 \in R$ hochgehoben werden, d.h. zu jeder Zerlegung $\sum\limits_{i=1}^{n} \varepsilon_i$ von $\bar{1}$ in $R/\text{Rad } R$ existiert eine Zerlegung $\sum\limits_{i=1}^{n} e_i$ der 1 in R mit $\varepsilon_i = \bar{e}_i := e_i + \text{Rad } R$ für $i = 1,\ldots,n$.

__Lemma__ 7.46 . Sei $\bar{R} := R/\text{Rad } R$ halbeinfach und seien $e, f \in R$ Idempotente mit $\bar{e}\bar{R} \cong \bar{f}\bar{R}$. Dann gilt: $eR \cong fR$.

Beweis. Der natürliche Ringhomomorphismus $R \longrightarrow R/\text{Rad } R$ macht die isomorphen $\bar{R}$-Rechtsmoduln $\bar{e}\bar{R}$ und $\bar{f}\bar{R}$ zu isomorphen R-Rechtsmoduln. Auf Grund der Eindeutigkeit der projektiven Hülle genügt es, zu zeigen, daß der natürliche R-Epimorphismus $\nu : eR \longrightarrow \bar{e}\bar{R}$ eine projektive Hülle von $\bar{e}\bar{R}$ ist: eR ist als direkter Summand von R_R projektiv und $\text{Ke}(\nu) = e \cdot \text{Rad } R = \text{Rad}(eR)$ ist nach dem Lemma von Nakayama klein in eR, da eR endlich erzeugt ist.

__Lemma__ 7.47 . Sei R semiperfekt und $e \in R$ ein primitives Idempotent. Dann gilt:

a) $\bar{e} \in R/\text{Rad } R$ ist ein primitives Idempotent.

b) $eR/\text{Rad}(eR)$ ist einfach, d.h. eR besitzt einen eindeutigen maximalen Untermodul, nämlich $\text{Rad}(eR)$.

c) eRe ist ein lokaler Ring mit dem Einselement e und dem Radikal $e \cdot \text{Rad } R \cdot e$.

Beweis. a) Ohne Einschränkung sei $e \neq 1$. Angenommen, $\varepsilon_1 + \varepsilon_2$ sei eine Zerlegung von $\bar{e}$ in $\bar{R}$, dann ist $(\overline{1-e}) + \varepsilon_1 + \varepsilon_2$ eine Zerlegung der $\bar{1}$ in $\bar{R}$. Nach Voraussetzung gibt es eine Zerlegung $e_o + e_1 + e_2$ der 1 in R mit $\bar{e}_o = \overline{1-e}$, $\bar{e}_1 = \varepsilon_1, \bar{e}_2 = \varepsilon_2$. Das voranstehende Lemma liefert nun

$eR \cong (e_1 + e_2)R = e_1R \oplus e_2R$, d.h. eR ist zerlegbar. Dies steht im Widerspruch zur Primitivität von e.

b) Nach Satz 7.18 ist $\mathrm{Rad}(eR) = e \cdot \mathrm{Rad}\,R$. Somit folgt aus dem Beweis von Lemma 7.46: $eR/\mathrm{Rad}(eR) \cong \bar{e}\bar{R}$. Da $\bar{R}$ halbeinfach und $\bar{e}$ nach a) primitiv ist, ist $\bar{e}\bar{R}$ zunächst als $\bar{R}$-Modul, dann aber auch als R-Modul einfach.

c) Sei $J = \{ere \mid r \in R,\ e \notin ereR\}$. Es genügt zu zeigen:

$$J \underset{1)}{\leq} e \cdot \mathrm{Rad}\,R \cdot e \underset{2)}{\leq} \mathrm{Rad}(eRe) \underset{3)}{\leq} J.$$

1) Ist $ere \in J$, so folgt nach b) $ereR \leq \mathrm{Rad}(eR) = e \cdot \mathrm{Rad}\,R$, d.h. $ere \in e \cdot \mathrm{Rad}\,R$. Multiplikation mit e liefert wegen $e^2 = e$: $ere \in e \cdot \mathrm{Rad}\,R \cdot e$.

2) Wir setzen $S := eRe$. Sei $r \in \mathrm{Rad}\,R$ und $Q \leq S_S$ mit $ereS + Q = S$. Dann gibt es $s \in S$, $q \in Q$ mit $eres + q = e$, also gilt auch $eresR + qR = eR$. Wegen $eresR \leq e \cdot \mathrm{Rad}\,R <^{\cdot} eR$ folgt $qR = eR$ und daraus (nach Multiplikation mit e) $qS = S$. Somit ist $ereS$ klein in S, folglich $ere \in \mathrm{Rad}(S)$.

3) Trivial.

Bemerkung. Für jeden beliebigen Ring R und jedes Idempotent $e \in R$ gilt

$$\mathrm{Rad}(eRe) = e \cdot \mathrm{Rad}\,R \cdot e.$$

Hierbei kann der Beweis von "$\geq$" aus obigem Beweispunkt c,2) wörtlich übernommen und der von "$\subseteq$" dazu ähnlich geführt werden.

Definition 7.48 . Ein Idempotent $e \in R$ heißt lokal, wenn eRe ein lokaler Ring ist.

Bemerkung. Der Definition 1.7 entsprechend heißt eine Zerlegung $\sum\limits_{i=1}^{n} e_i$ der 1 in R lokal, wenn $e_1, \ldots, e_n$ paarweise orthogonale, lokale Idempotente sind.

Lemma 7.49 . Ist $e \in R$ ein lokales Idempotent, dann ist $eR/\mathrm{Rad}(eR)$ einfach.

Beweis. Wir zeigen für $r \in R$: $er \notin \mathrm{Rad}(eR) \implies e \in erR$.

Es gibt $Q = eQ \lneq eR$ mit $erR + Q = eR$. Multiplikation mit e liefert $erRe + eQe = eRe$. Wegen eRe lokal und $e \notin Q$ ist $erRe = eRe$. Daraus folgt $e \in erR$.

<u>Satz</u> 7.50 . Für einen Ring R sind äquivalent:

a) R ist semiperfekt.

b) Es gibt eine lokale Zerlegung der 1 in R.

Beweis. $a \Longrightarrow b$. Zu einer primitiven Zerlegung $\sum\limits_{i=1}^{n} \varepsilon_i$ von $\bar{1}$ in

$\bar{R} := R/\text{Rad } R$ gibt es eine Zerlegung $\sum\limits_{i=1}^{n} e_i$ der 1 in R mit $\bar{e}_i = \varepsilon_i$ für

$i = 1,\ldots,n$. Diese ist auch primitiv; denn eine Zerlegung $e_i' + e_i''$ von e_i in R zieht im Widerspruch zur Primitivität von ε_i die Zerlegung $\bar{e}_i' + \bar{e}_i''$ von $\bar{e}_i = \varepsilon_i$ in $\bar{R}$ nach sich (e_i', $e_i'' \notin \text{Rad } R$). Nach Lemma 7.47,c) ist somit die Zerlegung $\sum\limits_{i=1}^{n} e_i$ der 1 in R lokal.

$b \Longrightarrow a$. Sei $\sum\limits_{i=1}^{n} e_i$ eine lokale Zerlegung der 1 in R.

1) Aus $R_R = \bigoplus\limits_{i=1}^{n} e_i R$ und $\text{Rad}(R_R) = \bigoplus\limits_{i=1}^{n} \text{Rad}(e_i R)$ folgt:

$R/\text{Rad } R \cong \bigoplus\limits_{i=1}^{n} (e_i R/\text{Rad}(e_i R))$. Nach Lemma 7.49 ist $e_i R/\text{Rad}(e_i R)$ für $i = 1,\ldots,n$ einfach. Also ist $R/\text{Rad } R$ halbeinfach.

2) Da jede Zerlegung von $\bar{1}$ in $\bar{R}$ zu einer primitiven Zerlegung "verfeinert" werden kann, genügt es zu zeigen, daß primitive Zerlegungen hochgehoben werden können.

Sei $\sum\limits_{j=1}^{m} \varepsilon_j$ eine primitive Zerlegung von $\bar{1}$ in $\bar{R}$. Da die Summanden in

$\bar{R} = \bigoplus\limits_{i=1}^{n} \bar{e}_i \bar{R}$ bzw. $\bar{R} = \bigoplus\limits_{j=1}^{m} \varepsilon_j \bar{R}$ (wegen $\bar{e}_i \bar{R} \cong e_i R/\text{Rad}(e_i R)$ bzw. ε_j primitiv) einfach sind, liefert Satz 1.5 $m = n$. Außerdem dürfen wir ohne Einschränkung annehmen: $\bar{e}_i \bar{R} \cong \varepsilon_i \bar{R}$ für $i = 1,\ldots,n$. Seien nun $\varphi_i : \bar{e}_i \bar{R} \longrightarrow \varepsilon_i \bar{R}$, $i = 1,\ldots,n$, festgewählte Isomorphismen, und sei

$c \in R$ mit $\bar{c} = \sum\limits_{i=1}^{n} \varphi_i(\bar{e}_i)$. Wegen

$$\bar{c}\bar{e}_j \bar{R} = \sum\limits_{i=1}^{n} \varphi_i(\bar{e}_i)\bar{e}_j \bar{R} = \sum\limits_{i=1}^{n} \varphi_i(\bar{e}_i \bar{e}_j \bar{R}) = \varphi_j(\bar{e}_j \bar{R}) = \varepsilon_j \bar{R}$$

ist die Abbildung $\bar{c} \cdot - : \bar{R} \longrightarrow \bar{R}$ ein Isomorphismus. Damit ist $\bar{c}$ invertierbar in $\bar{R}$, also auch c invertierbar in R (siehe Beweis von Satz 7.29). Sei $d := c^{-1}$.
Wir zeigen: $\overline{ce_i d} = \varepsilon_i$.

Einerseits ist $\overline{ce_i d} = \bar{c}\bar{e}_i \bar{d} \in \varepsilon_i \bar{R}$ und

$$\overline{1 - ce_i d} \;=\; \overline{c(1 - e_i)d} \;=\; \overline{c(\sum_{\substack{j=1 \\ j \neq i}}^{n} e_j)d} \;\in\; (\sum_{\substack{j=1 \\ j \neq i}}^{n} \varepsilon_j)\bar{R} \;=\; (1 - \varepsilon_i)\bar{R},$$

andererseits ist

$$\bar{R} = \varepsilon_i \bar{R} \oplus (1 - \varepsilon_i)\bar{R} \quad \text{und} \quad \bar{1} = \varepsilon_i + (\bar{1} - \varepsilon_i) = \overline{ce_i d} + \overline{(1 - ce_i d)},$$

also gilt $\varepsilon_i = \overline{ce_i d}$.

Damit ist $\displaystyle\sum_{i=1}^{n} ce_i d$ eine zu $\displaystyle\sum_{i=1}^{n} \varepsilon_i$ gehörige Zerlegung der 1 in R.

Es sei bemerkt, daß man mit der gleichen Methode zeigen kann, daß lokale Zerlegungen der 1 in R zueinander konjugiert sind. Dabei ist nur Satz 1.5 durch den allgemeineren Satz 7.32 (von Krull-Remak-Schmidt) zu ersetzen.

<u>Folgerung</u> 7.51 . a) Lokale Ringe sind semiperfekt.

b) Rechtsartinsche Ringe sind semiperfekt.

c) Faktorringe von semiperfekten Ringen sind semiperfekt.

Beweis. a) R lokal $\Longrightarrow 1 \in R$ lokales Idempotent.

b) Ist R rechtsartinsch, dann gibt es wegen $l(R_R) < \infty$ eine primitive Zerlegung $\displaystyle\sum_{i=1}^{n} e_i$ der 1 in R. Es gilt:

e_i primitiv $\Longrightarrow e_i R$ unzerlegbar; $\quad l(R_R) < \infty \Longrightarrow l(e_i R) < \infty$.
Hieraus folgt nach Satz 7.34: $e_i R e_i \cong \mathrm{End}_R(e_i R)$ lokal.
Damit ist $\displaystyle\sum_{i=1}^{n} e_i$ eine lokale Zerlegung der 1 in R.

c) Sei R semiperfekt und J ein zweiseitiges Ideal in R. Wir setzen $S := R/J$ und $\bar{r} := r + J$ für alle $r \in R$. Es genügt zu zeigen: Ist $e \in R$ ein lokales Idempotent, so ist $\bar{e} = 0$ oder $\bar{e}$ ein lokales Idempotent in $\bar{R}$. Angenommen $\bar{e} \neq 0$, dann gilt $eJe \subsetneq \mathrm{Rad}(eRe)$, woraus nach Lemma 7.11,d') folgt: $\mathrm{Rad}(eRe/eJe) = \mathrm{Rad}(eRe)/eJe$. Damit gilt:

$$\bar{e}\bar{S}\bar{e}/\mathrm{Rad}(\bar{e}\bar{S}\bar{e}) \cong (eRe/eJe)/\mathrm{Rad}(eRe/eJe) \cong eRe/\mathrm{Rad}(eRe).$$

$eRe/\mathrm{Rad}(eRe)$ ist ein Schiefkörper, also auch $\bar{e}\bar{S}\bar{e}/\mathrm{Rad}(\bar{e}\bar{S}\bar{e})$, was zu zeigen war.

<u>Satz</u> 7.52 . Sei R semiperfekt. Dann gilt:

a) Jedes Rechtsideal $X \leq R_R$ mit $X \nsubseteq \mathrm{Rad}\,R$ enthält ein Idempotent.

b) Ist $\{X_i \mid i \in I\}$ eine Menge von zweiseitigen Idealen in R und $e \in R$ ein primitives Idempotent mit $e \in \sum_{i \in I} X_i$, dann gibt es $i_o \in I$ mit $e \in X_{i_o}$.

Beweis. a) Sei $\nu : R \longrightarrow \bar{R} := R/\mathrm{Rad}\,R$ der natürliche Ringhomomorphismus. Da $\bar{R}$ halbeinfach ist, ist $\nu(X) \neq 0$ ein direkter Summand von $\bar{R}$; also enthält $\nu(X)$ ein Idempotent ε. Zu diesem gibt es ein Idempotent $e \in R$ mit $\bar{e} = \varepsilon \in \nu(X)$, d.h. es existiert $r \in \mathrm{Rad}\,R$ mit $e + r \in X$. Auf Grund der Invertierbarkeit von $1 + r$ können wir das Idempotent $(1 + r)e(1 + r)^{-1}$ bilden; es liegt in X:

$$(1 + r)e(1 + r)^{-1} = (e + re)(1 + r)^{-1} = (e + r)e(1 + r)^{-1} \in (e + r)R \leq X.$$

b) Da eRe lokal ist, gilt für jedes zweiseitige Ideal $eX_i e$:

$$eX_i e = eRe \quad \text{oder} \quad eX_i e \subseteq \mathrm{Rad}(eRe).$$

Damit haben wir:

$$e \in \sum_{i \in I} X_i \Longrightarrow eRe = \sum_{i \in I} eX_i e \Longrightarrow \text{es gibt } i_o \in I \text{ mit } eRe = eX_{i_o} e$$

$$\Longrightarrow e \in X_{i_o}$$

<u>Satz</u> 7.53 . Sei R semiperfekt und P ein endlich erzeugter projektiver R-Rechtsmodul. Dann gibt es lokale Idempotente $e_1, \ldots, e_n \in R$, so daß

$$P \cong \bigoplus_{i=1}^{n} e_i R.$$

Beweis. $P/\mathrm{Rad}\,P = P/P \cdot \mathrm{Rad}\,R$ ist als Modul über dem halbeinfachen Ring $\bar{R} := R/\mathrm{Rad}\,R$ halbeinfach und endlich erzeugt. Daher gibt es primitive Idempotente $\varepsilon_1, \ldots, \varepsilon_n \in \bar{R}$, so daß $P/\mathrm{Rad}\,P \cong \bigoplus_{i=1}^{n} \varepsilon_i \bar{R}$. Da R semiperfekt ist, existiert zu jedem ε_i ein lokales Idempotent $e_i \in R$ mit $\bar{e}_i = \varepsilon_i$. Nun ist einerseits der natürliche Epimorphismus

$$\nu : \bigoplus_{i=1}^{n} e_i R \longrightarrow \bigoplus_{i=1}^{n} \bar{e}_i \bar{R} = \bigoplus_{i=1}^{n} \varepsilon_i \bar{R} \quad \text{wegen} \quad \mathrm{Ke}(\nu) = \bigoplus_{i=1}^{n} e_i \mathrm{Rad}\,R <^{\cdot} \bigoplus_{i=1}^{n} e_i R$$

eine projektive Hülle von $\bigoplus_{i=1}^{n} \varepsilon_i \bar{R}$, andererseits ist der natürliche Epimorphismus $\nu' : P \longrightarrow P/\mathrm{Rad}\,P$ wegen $\mathrm{Rad}\,P <^{\cdot} P$ (P ist endlich erzeugt) ebenfalls eine projektive Hülle. Somit liefert Satz 7.43 $P \cong \bigoplus_{i=1}^{n} e_i R.$

<u>Satz</u> 7.54 . Sei R semiperfekt und M ein endlich erzeugter R-Rechtsmodul. Dann besitzt M eine projektive Hülle.

Beweis. Wir gehen vor wie im letzten Beweis und erhalten lokale Idempotente $e_1, \ldots, e_n \in R$, so daß $M/\mathrm{Rad}\,M \cong \bigoplus_{i=1}^{n} \bar{e}_i \bar{R}$; weiter ist der natürliche Epimorphismus $\nu : \bigoplus_{i=1}^{n} e_i R \longrightarrow \bigoplus_{i=1}^{n} \bar{e}_i \bar{R}$ eine projektive Hülle.

Wir betrachten nun das Diagramm

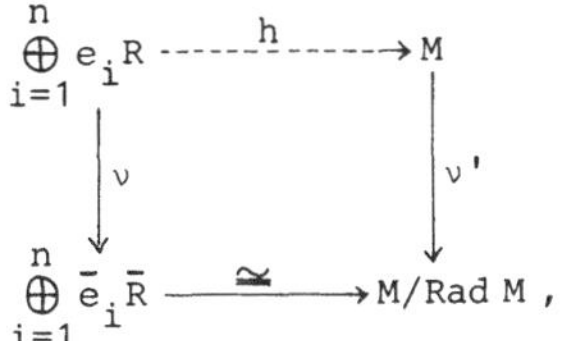

in dem ν' den natürlichen Epimorphismus bezeichne. Da $\bigoplus_{i=1}^{n} e_i R$ projektiv ist, existiert ein Homomorphismus h, der das Diagramm kommutativ macht. Da $\nu'h$ ein Epimorphismus ist, gilt: $M = \mathrm{Bi}(h) + \mathrm{Ke}(\nu')$. $\mathrm{Ke}(\nu') = \mathrm{Rad}\, M$ ist aber klein in M, weil M endlich erzeugt ist. Somit ist $M = \mathrm{Bi}(h)$. Wegen $\mathrm{Ke}(h) \subseteq \mathrm{Ke}(\nu'h) = \mathrm{Ke}(\nu) <^{\cdot} \bigoplus_{i=1}^{n} e_i R$ ist folglich h eine projektive Hülle von M.

An dieser Stelle sei erwähnt, daß sich der vorige Satz umkehren läßt: Ein Ring R ist semiperfekt, falls jeder endlich erzeugte Modul eine projektive Hülle besitzt (vgl.[11]).

Im nächsten Satz wollen wir die Blöcke in semiperfekten Ringen charakterisieren.

Es ist klar, daß in einem semiperfekten Ring R eine zentral-primitive Zerlegung $\sum_{i=1}^{k} \varepsilon_i$ der 1 in R existiert. Diese ist nach Lemma 1.9 eindeutig. R besitzt also die Blöcke $\varepsilon_1 R, \ldots, \varepsilon_k R$. Diese zentral-primitiven Idempotente und die zugehörigen Blöcke haben folgende Eigenschaften:

a) Sind $\varepsilon, \varepsilon' \in \{\varepsilon_1, \ldots, \varepsilon_k\}$ mit $\varepsilon\varepsilon' \neq 0$, dann ist $\varepsilon = \varepsilon'$.

b) Zu einem lokalen Idempotent $e \in R$ gibt es genau ein $\varepsilon \in \{\varepsilon_1, \ldots, \varepsilon_k\}$ mit $e\varepsilon \neq 0$. Es gilt: $e\varepsilon \neq 0 \Longleftrightarrow e\varepsilon = e \Longleftrightarrow e \in \varepsilon R$.

c) Zu einem unzerlegbaren Modul $M \neq 0$ gibt es genau ein $\varepsilon \in \{\varepsilon_1, \ldots, \varepsilon_k\}$ mit $M\varepsilon \neq 0$. Es gilt: $M\varepsilon \neq 0 \Longleftrightarrow M\varepsilon = M$. In diesem Fall sagen wir auch: M gehört zum Block εR.

d) Sind X_1 und X_2 zweiseitige Ideale in R mit $R = X_1 \oplus X_2$, dann sind X_1 und X_2 direkte Summen von Blöcken.

<u>Satz</u> 7.55 . Sei $\sum_{i=1}^{n} e_i$ eine lokale Zerlegung der 1 in R. Dann sind für zwei Idempotente $e_1, e_m \in \{e_1, \ldots, e_n\}$ äquivalent:

a) e_1 und e_m liegen im gleichen Block.

b) Es gibt Idempotente $f_0, f_1, \ldots, f_{2s} \in \{e_1, \ldots, e_n\}$ mit $f_0 = e_1$, $f_{2s} = e_m$ und

$$f_{2j} R f_{2j+1} \neq 0, \quad f_{2j+2} R f_{2j+1} \neq 0 \quad \text{für } j = 0, 1, \ldots, s-1.$$

Beweis. Die Bedingungen a) und b) liefern Äquivalenzrelationen auf $\{e_1, \ldots, e_n\}$. Diese seien mit (a) und (b) bezeichnet.
Wir zeigen zuerst: (b) ist feiner als (a), d.h. b $\Longrightarrow$ a.
Zu jedem Idempotent $f_h \in \{e_1, \ldots, e_n\}$ gehört genau ein zentral-primitives
Idempotent $\varepsilon_{(h)}$ mit $f_h = f_h \varepsilon_{(h)}$. Damit gilt für $j = 0, 1, \ldots, s-1$:

$$0 \neq f_{2j} R f_{2j+1} = f_{2j} R f_{2j+1} \cdot \varepsilon_{(2j)} \cdot \varepsilon_{(2j+1)}$$

$$\Longrightarrow \varepsilon_{(2j)} \cdot \varepsilon_{(2j+1)} \neq 0 \Longrightarrow \varepsilon_{(2j)} = \varepsilon_{(2j+1)}$$

und ebenso

$$0 \neq f_{2j+2} R f_{2j+1} \Longrightarrow \varepsilon_{(2j+2)} = \varepsilon_{(2j+1)}.$$

Folglich ist $\varepsilon_{(0)} = \varepsilon_{(1)} = \cdots = \varepsilon_{(2s)}$ und daher $e_1, e_m \in \varepsilon_{(0)} R$.
Wir zeigen jetzt: (b) = (a).
Sei $\{e_i \mid i \in I\}$ eine (b)-Äquivalenzklasse von $\{e_1, \ldots, e_n\}$ und sei
$J = \{1, \ldots, n\} \setminus I$. Da $e_i R e_j = e_j R e_i = 0$ ist für alle $i \in I$, $j \in J$, annullieren sich die Rechtsideale $X_1 := \sum_{i \in I} e_i R$ und $X_2 := \sum_{j \in J} e_j R$, d.h.
$X_1 X_2 = X_2 X_1 = 0$. X_1 und X_2 sind sogar zweiseitige Ideale; wegen
$R = X_1 \oplus X_2$ gilt nämlich

$$RX_1 = (X_1 + X_2) X_1 \subseteq X_1, \quad RX_2 = (X_1 + X_2) X_2 \subseteq X_2.$$

Damit sind X_1 und X_2 Summen von Blöcken. Zusammen mit der vorangegangenen Überlegung folgt, daß X_1 ein Block ist. Folglich ist $\{e_i \mid i \in I\}$
auch eine (a)-Äquivalenzklasse.

<u>Lemma</u> 7.56 . Sei R ein semiperfekter Ring mit dem Radikal J, $e \in R$ ein
lokales Idempotent und M ein R-Modul von endlicher Länge. Dann ist die
Anzahl der Kompositionsfaktoren von M, die zu eR/eJ isomorph sind,
gleich der Länge des eRe-Moduls Me.

Beweis. Ist $M = M_0 \supset M_1 \supset \cdots \supset M_l = 0$ eine Kompositionsreihe von M,
dann ist $Me = M_0 e \supseteq M_1 e \supseteq \cdots \supseteq M_l e = 0$ eine Normalreihe des eRe-Mo-
duls Me. Wir setzen $U_i := M_{i-1}/M_i$ für $i = 1, \ldots, l$.

a) Aus $U_i \cong eR/eJ$ folgt

$$U_i e \cong (eR/eJ) e \cong eRe/eJe = eRe/\mathrm{Rad}(eRe).$$

Wegen $U_i e \cong M_{i-1} e / M_i e$ ist also $M_{i-1} e / M_i e$ einfach.

b) Aus $U_i \not\cong eR/eJ$ folgt $U_i e = 0$, d.h. $M_{i-1} e = M_i e$; gäbe es nämlich

$O \neq u \in U_i e$, dann wäre der Homomorphismus

$$eR \ni r \longmapsto ur \in U_i$$

wegen der Einfachheit von U_i ein Epimorphismus (mit dem Kern
$\mathrm{Rad}(eR) = eJ$) und nach dem Homomorphiesatz wäre $eR/eJ \cong U_i$.
Aus a) und b) ergibt sich unmittelbar die Behauptung.

Mit Hilfe dieses Lemmas sehen wir sofort, daß für einen rechtsartinschen Ring R die Bedingungen $f_{2j} R\, f_{2j+1} \neq O$, $f_{2j+2} R\, f_{2j+1} \neq O$ in Satz
7.55 gleichbedeutend dazu sind, daß $f_{2j} R$ und $f_{2j+2} R$ einen gemeinsamen
Kompositionsfaktor besitzen; dieser ist nämlich $f_{2j+1} R/\mathrm{Rad}(f_{2j+1} R)$.

7.8 Einreihige Moduln

Definition 7.57 . Sei M ein Modul. M heißt einreihig, wenn M genau eine
Kompositionsreihe besitzt. M heißt einreihig zerlegbar, wenn M eine
direkte Summe von einreihigen Untermoduln ist.

Beispiele: Sei $n \in \mathbb{N}$. a) Ist $n = p_1^{\alpha_1} \cdot \ldots \cdot p_r^{\alpha_r}$ die kanonische Primzahlzerlegung von n, dann gilt für den $\mathbb{Z}$-Modul $\mathbb{Z}/n\mathbb{Z}$:

$$\mathbb{Z}/n\mathbb{Z} \cong \mathbb{Z}/p_1^{\alpha_1}\mathbb{Z} \oplus \ldots \oplus \mathbb{Z}/p_r^{\alpha_r}\mathbb{Z}.$$

Da alle direkten Summanden einreihig sind, ist $\mathbb{Z}/n\mathbb{Z}$ einreihig zerlegbar.

b) Der Faktorring $R = K[X]/(X^n)$ des Polynomrings $K[X]$ über einem Körper K ist als R-Modul einreihig.

c) Der Unterring

$$R = \begin{pmatrix} K & O & O & \ldots\ldots & O \\ K & K & O & & \vdots \\ K & O & K & \ddots & \vdots \\ \vdots & \vdots & & \ddots & O \\ K & O & \ldots\ldots & O & K \end{pmatrix}$$

des Matrizenrings $K_{n\times n}$ über einem Körper K ist als R-Rechtsmodul einreihig zerlegbar, aber im Fall $n \geq 3$ nicht als R-Linksmodul.

Lemma 7.58 . Für einen einreihigen Modul M gilt:

a) Jeder Faktormodul und jeder Untermodul von M ist einreihig.

b) Ist $\sum_{i=1}^{n} e_i$ eine Zerlegung der 1 in R, dann gibt es $k \in \{1,\ldots,n\}$ und

$N \leq e_k R$, so daß $M \cong e_k R/N$.

Beweis. a) Trivial.

b) Sei $m \notin \operatorname{Rad} M$. Da M einreihig ist, gilt

$$M = mR = m(\sum_{i=1}^{n} e_i)R = \sum_{i=1}^{n} me_i R,$$

und es gibt $k \in \{1,\ldots,n\}$ mit $M = me_k R$. Daraus gewinnen wir den Epimorphismus

$$\nu : e_k R \ni r \longmapsto me_k r \in M.$$

Setzen wir $N := \operatorname{Ke}(\nu)$, dann ist nach dem Homomorphiesatz $M \cong e_k R/N$.

Folgerung 7.59 . Sei R_R einreihig zerlegbar und $\sum_{i=1}^{n} e_i$ eine lokale Zerlegung der 1 in R. Ist $e_1 R/\operatorname{Rad}(e_1 R),\ldots,e_k R/\operatorname{Rad}(e_k R)$ eine Transversale
von einfachen R-Rechtsmoduln, dann gibt es genau $\sum_{i=1}^{k} 1(e_i R)$ Isomorphieklassen von einreihigen Moduln $\neq 0$.

Beweis. Da R_R einreihig zerlegbar ist, gilt $1(R_R) < \infty$. Folglich ist R_R
rechtsartinsch. Es existiert also eine lokale Zerlegung $\sum_{i=1}^{n} e_i$ der 1 in
R. Mit Hilfe des Satzes von Krull-Remak-Schmidt ergibt sich, daß
$e_1 R,\ldots,e_n R$ einreihig sind. Damit folgt die Behauptung sofort aus Lemma
7.46 und Lemma 7.58,b).

Satz 7.60 . Seien R_R und $_R R$ einreihig zerlegbar. Dann ist jeder endlich
erzeugte Modul einreihig zerlegbar.

Beweis. Sei $\sum_{i=1}^{n} e_i$ eine lokale Zerlegung der 1 in R und M ein endlich
erzeugter Modul $\neq 0$. Wegen $M = \sum_{i=1}^{n} Me_i$ gibt es endliche Erzeugendensy-
steme S von M mit $S \subseteq E := (\bigcup_{i=1}^{n} Me_i) \setminus \{0\}$. Unter allen solchen sei
$\{m_1,\ldots,m_s\}$ so gewählt, daß $\sum_{j=1}^{s} 1(m_j R)$ minimal ist.
Die Untermoduln $m_1 R,\ldots,m_s R$ sind einreihig; denn es gibt wegen
$\{m_1,\ldots,m_s\} \subseteq E$ eine Abbildung $\alpha : \{1,\ldots,s\} \longrightarrow \{1,\ldots,n\}$ mit der Eigenschaft $m_j = m_j e_{\alpha(j)}$ für $j = 1,\ldots,s$, was zur Folge hat, daß $m_j R$ Faktormodul des einreihigen Rechtsideals $e_{\alpha(j)} R$ ist.
Somit genügt es zu zeigen: $M = \bigoplus_{j=1}^{s} m_j R$.

Angenommen, $\sum_{j=1}^{s} m_j R$ sei nicht direkt, dann gibt es (zumindest nach Umordnung von $m_1,\ldots,m_s$) $r_1,\ldots,r_s \in R$, so daß $\sum_{j=1}^{s} m_j r_j = 0$, aber $m_1 r_1 \neq 0$ ist. Weiter existiert $e \in \{e_1,\ldots,e_n\}$ mit $m_1 r_1 e \neq 0$. Da Re einreihig ist, gibt es in der Menge $\{Rr_j e \mid j = 1,\ldots,s;\ m_j r_j e \neq 0\}$ ein größtes Linksideal. Dies sei (ohne Einschränkung) $Rr_1 e$. Im Fall $m_j r_j e \neq 0$ gibt es also $r_j' \in R$, so daß $r_j e = r_j' r_1 e$ ist; im Fall $m_j r_j e = 0$ setzen wir $r_j' = 0$.

Ohne Einschränkung dürfen wir noch die Gültigkeit folgender Gleichungen annehmen

$$r_j = e_{\alpha(j)} r_j \quad \text{für } j = 1,\ldots,s;$$
$$r_1' = e_{\alpha(1)} \quad \text{und } r_j' = r_j' e_{\alpha(1)} \quad \text{für } j = 2,\ldots,s.$$

Wir ersetzen nun im obigen Erzeugendensystem m_1 durch

$m_1' := m_1 + \sum_{j=2}^{s} m_j r_j'$. $\{m_1', m_2,\ldots,m_s\}$ ist wegen $m_1' = m_1' e_{\alpha(1)}$ wieder ein Erzeugendensystem, das in E liegt. Außerdem gilt $1(m_1' R) < 1(m_1 R)$:
Dazu betrachten wir die Epimorphismen

$$e_{\alpha(1)} R \xrightarrow{\ \nu\ } m_1 R \qquad e_{\alpha(1)} R \xrightarrow{\ \nu'\ } m_1' R$$

definiert durch $\nu(e_{\alpha(1)}) = m_1$ bzw. $\nu'(e_{\alpha(1)}) = m_1'$. Aus $\nu(r_1 e) = m_1 r_1 e \neq 0$ und $\nu'(r_1 e) = m_1' r_1 e = (\sum_{j=1}^{s} m_j r_j) e = 0$ folgt $Ke(\nu) \subsetneq Ke(\nu')$ wegen der Einreihigkeit von $e_{\alpha(1)} R$. Mit Hilfe des Homomorphiesatzes ergibt sich daraus wiederum

$$1(m_1' R) = 1(e_{\alpha(1)} R) - 1(Ke(\nu')) < 1(e_{\alpha(1)} R) - 1(Ke(\nu)) = 1(m_1 R).$$

Hiermit haben wir einen Widerspruch zur Minimalität von $\sum_{j=1}^{s} 1(m_j R)$ hergeleitet.

Aus den Aussagen 7.58 bis 7.60 ergibt sich zusammen mit Satz 7.27 sofort

<u>Folgerung 7.61</u> . Sei K ein Körper mit $\mathrm{char}(K) = p > 0$, G eine zyklische p-Gruppe und KG die Gruppenalgebra. Dann gibt es genau $|G|$ Isomorphieklassen von endlich erzeugten unzerlegbaren KG-Moduln $\neq 0$. Außerdem sind $\{KG/\mathrm{Rad}(KG)^i \mid i = 1,\ldots,|G|\}$ und $\{\mathrm{Rad}(KG)^i \mid i = 0,1,\ldots,|G| - 1\}$ zwei vollständige Repräsentantensysteme dieser Klassen.

<u>Folgerung 7.62</u> . Jede endliche abelsche Gruppe G ist direkte Summe zyklischer Untergruppen.

Beweis. Da G ein endlich erzeugter Modul über dem einreihig zerlegbaren Ring $\mathbb{Z}/|G| \cdot \mathbb{Z}$ ist, folgt die Behauptung sofort aus Satz 7.60.

7.9 Frobenius-Algebren

In diesem und dem nächsten Abschnitt sei A eine endlich-dimensionale Algebra über einem Körper K.

Zu einem A-Rechtsmodul M bezeichne M^* (wie in Abschnitt 4.6) den K-Vektorraum $\mathrm{Hom}_K(M, K)$ versehen mit der A-Linksmodulstruktur

$$a\mu := (M \ni m \longmapsto \mu(ma) \in K) \quad \text{für alle } a \in A, \ \mu \in \mathrm{Hom}_K(M, K);$$

M^* heißt der zu M duale Modul.

Zu einem A-Rechtsmodulhomomorphismus $\alpha : M \longrightarrow N$ bezeichne α^* den A-Linksmodulhomomorphismus

$$N^* \ni \nu \longmapsto \nu\alpha \in M^*.$$

Entsprechend werde zu einem A-Linksmodul U der duale Modul U^* definiert, d.h.

$$\omega a := (U \ni u \longmapsto \omega(au) \in K) \quad \text{für alle } a \in A, \ \omega \in \mathrm{Hom}_K(U, K),$$

und ebenso zu einem A-Linksmodulhomomorphismus $\beta : U \longrightarrow V$ der A-Rechtsmodulhomomorphismus $\beta^* : V^* \longrightarrow U^*$.

Der zu M^* duale Modul $\mathrm{Hom}_K(M^*, K) =: M^{**}$ "enthält" M; denn die Auswertungsabbildung

$$M \ni m \longmapsto \hat{m} := (\alpha \longmapsto \alpha(m)) \in M^{**}$$

ist ein A-Monomorphismus. Im Fall $[M : K] < \infty$ ist sie wegen $[M : K] = [M^* : K] = [M^{**} : K]$ sogar ein Isomorphismus. Wir werden dann M und M^{**} miteinander identifizieren.

$A^* := \mathrm{Hom}_K(A, K)$ kann, je nachdem ob von A_A oder $_AA$ ausgegangen wird, als Links- oder Rechtsmodul angesehen werden. Wir schreiben dafür $_AA^*$ bzw. A_A^*.

<u>Satz</u> 7.63 . Ist P ein projektiver A-Rechtsmodul, dann ist P^* ein injektiver A-Linksmodul.

Beweis. P^* ist genau dann injektiv, wenn es zu jedem A-(Linksmodul-)Monomorphismus $\iota : U \longrightarrow V$ und jedem A-Homomorphismus $\alpha : U \longrightarrow P^*$ einen A-Homomorphismus $\beta : V \longrightarrow P^*$ gibt, so daß $\alpha = \beta\iota$ ist. Um dies zu zeigen, betrachten wir das Diagramm

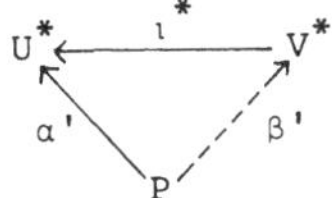

wobei α' den A-Homomorphismus

$$P \ni p \longmapsto (u \longmapsto \alpha(u)(p)) \in U^*$$

bezeichnet. Da ι^* ein Epimorphismus (ι zerfällt als K-Homomorphismus) und P ein projektiver Modul ist, existiert $\beta' \in \mathrm{Hom}_A(P, V^*)$ mit $\alpha' = \iota^*\beta'$, d.h. $\alpha'(p) = \iota^*\beta'(p) = \beta'(p)\iota$ für alle $p \in P$.

Nun sei β der A-Homomorphismus

$$V \ni v \longmapsto (p \longmapsto \beta'(p)(v)) \in P^*.$$

Dann ist $\alpha = \beta\iota$; denn für alle $u \in U$ gilt:

$$\beta\iota(u) = (p \longmapsto \beta'(p)\iota(u)) = (p \longmapsto \iota^*\beta'(p)(u)) =$$
$$= (p \longmapsto \alpha'(p)(u)) = (p \longmapsto \alpha(u)(p)) = \alpha(u).$$

Damit ist der Satz bewiesen.

Hieraus ergibt sich unmittelbar

<u>Folgerung</u> 7.64 . A^*_A und $_AA^*$ sind injektiv.

<u>Satz</u> 7.65 . Sei M ein endlich-dimensionaler A-Modul. Dann gibt es einen Antiisomorphismus $^\perp$ des Untermodulverbandes von M auf den von M^* mit der Eigenschaft: Ist $e \in A$ ein primitives Idempotent und $U < V \le M$ mit $V/U \cong eA/\mathrm{Rad}(eA)$, dann folgt $U^\perp/V^\perp \cong Ae/\mathrm{Rad}(Ae)$.

Beweis. Wir definieren (zu jedem endlich-dimensionalen A-Modul M) die Abbildung $^\perp$ durch

$$M \ge U \longmapsto U^\perp := \{\alpha \mid \alpha \in M^*, U \le \mathrm{Ke}(\alpha)\} \le M^*.$$

Wenn wir, wie oben angegeben, M^{**} und M miteinander identifizieren, dann bildet die zu M^* gehörende Abbildung $^\perp$ den Untermodulverband von M^* in den von M ab, und es gilt für $\Omega \le M^*$:

$$\Omega^\perp = \{\hat{m} \mid m \in M, \Omega \le \mathrm{Ke}(\hat{m})\} = \{\hat{m} \mid m \in M, \hat{m}(\alpha) = 0 \text{ für alle } \alpha \in \Omega\}$$

$$= \{m \mid m \in M, \alpha(m) = 0 \text{ für alle } \alpha \in \Omega\} = \bigcap_{\alpha \in \Omega} \mathrm{Ke}(\alpha).$$

a) Wir zeigen: $U^{\perp\perp} = U$ für alle $U \le M$.

"$\supseteq$". Trivial.

"$\subseteq$". Sei $m \in M \setminus U$. Ist B eine K-Basis von U, dann läßt sich die Menge

$B \cup \{m\}$ zu einer K-Basis C von M erweitern, und es gibt $\beta \in M^*$ mit

$$\beta(x) = \begin{cases} 1 & \text{für } x = m \\ 0 & \text{für } x \in C \setminus \{m\}. \end{cases}$$

Wegen $\beta(B) = 0$ ist $\beta \in U^{\perp}$ und somit $m \notin \bigcap_{\alpha \in U^{\perp}} Ke(\alpha) = U^{\perp\perp}$.

b) Da die Aussage a) für alle endlich-dimensionalen Moduln M gilt, ist sie auch für M^* richtig, d.h.

$$\Omega^{\perp\perp} = \Omega \quad \text{für alle } \Omega \leq M^*.$$

Damit ist $^{\perp}$ eine Bijektion der Untermodulverbände von M^* und M.

c) Wir zeigen: $^{\perp}$ ist ein Verbandsantihomomorphismus.

Für $U_1, U_2 \leq M$ gilt:

$$(U_1 + U_2)^{\perp} = \{\alpha \mid \alpha \in M^*, U_1 + U_2 \leq Ke(\alpha)\} =$$
$$= \{\alpha \mid \alpha \in M^*, U_1 \leq Ke(\alpha)\} \cap \{\alpha \mid \alpha \in M^*, U_2 \leq Ke(\alpha)\} = U_1^{\perp} \cap U_2^{\perp}.$$
$$(U_1 \cap U_2)^{\perp} = (U_1^{\perp\perp} \cap U_2^{\perp\perp})^{\perp} = ((U_1^{\perp} + U_2^{\perp})^{\perp})^{\perp} = U_1^{\perp} + U_2^{\perp}.$$

d) Wegen $V/U \cong eA/Rad(eA)$ gibt es $m \in V \setminus U$ mit $me = m$. Zu m sei nun $\beta \in U^{\perp}$ wie in a) gewählt. Dann gilt:

$$(e\beta)(m) = \beta(me) = \beta(m) = 1 \implies e\beta \notin V^{\perp}.$$

Da $eA/Rad(eA)$ einfach ist und $^{\perp}$ ein Verbandsantiisomorphismus, ist $U^{\perp}/V^{\perp}$ einfach. Also ist die Abbildung

$$Ae \ni ae \longmapsto ae\beta + V^{\perp} \in U^{\perp}/V^{\perp}$$

ein A-Epimorphismus mit dem Kern $Rad(Ae)$. Aus dem Homomorphiesatz folgt nun $U^{\perp}/V^{\perp} \cong Ae/Rad(Ae)$.

Folgerung 7.66 . Sei M wie in Satz 7.65 . Dann gilt:

a) $l(U) + l(U^{\perp}) = l(M)$ für alle $U \leq M$.

b) $U^{\perp} \cong (M/U)^*$ für alle $U \leq M$.

c) $(Rad\, M)^{\perp} = Soc(M^*)$, $(Soc\, M)^{\perp} = Rad(M^*)$.

d) M einreihig (zerlegbar) $\Longleftrightarrow$ M^* einreihig (zerlegbar).

Beweis. a) Da $^{\perp}$ ein Verbandsantiisomorphismus ist, gilt: $l(U^{\perp}) = l(M/U)$.

b) Die natürliche Abbildung

$$U^{\perp} \ni \alpha \longmapsto (m + U \longmapsto \alpha(m)) \in (M/U)^*$$

ist offensichtlich ein Isomorphismus.

c) Sei $U \leq M$. U ist genau dann maximal in M, wenn $U^{\perp}$ einfach ist. Wegen $[M : K] = [M^* : K] < \infty$ läßt sich Rad M als Durchschnitt endlich vieler maximaler Untermoduln und $\mathrm{Soc}(M^*)$ als Summe endlich vieler einfacher Untermoduln schreiben. Damit gilt:

$$(\mathrm{Rad}\,M)^{\perp} \subseteq \mathrm{Soc}(M^*) \quad \text{und} \quad \mathrm{Soc}(M^*)^{\perp} \supseteq \mathrm{Rad}\,M .$$

Aus letzterem folgt $(\mathrm{Rad}\,M)^{\perp} \supseteq \mathrm{Soc}(M^*)$. Somit ist die erste Beziehung klar.

Die zweite ergibt sich, wenn wir in der ersten M durch M^* ersetzen und dann $^{\perp}$ auf diese anwenden.

d) Klar nach Satz 7.65 .

<u>Satz</u> 7.67 . Jeder endlich-dimensionale A-Rechtsmodul M besitzt eine injektive Hülle.

Beweis. Da A (rechts-)artinsch und damit semiperfekt ist, gibt es zu M^* eine projektive Hülle $\nu : P \longrightarrow M^*$. Wegen $M^{**} \cong M$ genügt es zu zeigen, daß $\nu^* : M^{**} \longrightarrow P^*$ eine injektive Hülle ist. Es ist klar,daß ν^* ein Monomorphismus und P^* ein injektiver Modul ist. Weiter gilt:

$$\nu^*(\mathrm{Soc}\,M^{**}) \leq \mathrm{Soc}(P^*) \leq^* P^* \quad \text{nach Satz 7.14, und}$$
$$\mathrm{Soc}(M^{**}) \cong (M^*/\mathrm{Rad}\,M^*)^* \cong (P/\mathrm{Rad}\,P)^* \cong \mathrm{Soc}(P^*)$$

nach Folgerung 7.66 und Lemma 7.44. Es folgt

$$\mathrm{Soc}(P^*) = \nu^*(\mathrm{Soc}\,M^{**}) \leq \mathrm{Bi}(\nu^*) \leq^* P^*.$$

Damit ist alles gezeigt.

<u>Satz</u> 7.68 . Es sind äquivalent:

a) $A_A \cong A_A^*$.

b) Es gibt $\lambda \in A^*$ mit den Eigenschaften

$$\left.\begin{array}{l} \lambda(aA) = O \implies a = O, \\ \lambda(Aa) = O \implies a = O \end{array}\right\} \quad \text{für alle } a \in A.$$

c) $_A A \cong {}_A A^*$.

Beweis. a $\implies$ b. Sei $\alpha : A_A \longrightarrow A_A^*$ ein Isomorphismus. Wir setzen $\lambda := \alpha(1)$ und wählen $a \in A$ mit $\lambda(aA) = O$ bzw. $\lambda(Aa) = O$. Dann gilt:

$$O = \lambda(aA) = (\lambda a)(A) \implies O = \lambda a = \alpha(1)a = \alpha(a) \implies a = O.$$
$$O = \lambda(Aa) = (\lambda A)(a) = (\alpha(1)A)(a) = (\alpha(A))(a) = A^*(a) \implies a = O.$$

b $\implies$ a. Der A-Homomorphismus $\alpha : A \ni a \longmapsto \lambda a \in A^*$ ist ein Monomorphismus; denn für $a \in A$ gilt:

$$\lambda a = O \implies \lambda(aA) = (\lambda a)(A) = O \implies a = O.$$

Wegen $[A : K] = [A^* : K] < \infty$ ist α sogar ein Isomorphismus.

b$\Longleftrightarrow$c. Die Bedingung b) ist nicht seitenabhängig.

$\underline{\text{Definition 7.69}}$. A heißt Frobenius-Algebra, wenn A eine der Bedingungen von Satz 7.68 erfüllt.

$\underline{\text{Satz}}$ 7.70 . Sei A eine Frobenius-Algebra und M ein endlich-dimensionaler A-Rechtsmodul. Dann gilt:

    M projektiv $\Longleftrightarrow$ M injektiv.

Beweis. "$\Longrightarrow$". Wir können M als direkten Summanden einer endlichen direkten Summe von Kopien von A_A auffassen. Da A_A ($\simeq A_A^*$) injektiv ist, ist nach Satz 7.40 diese Summe und damit auch M injektiv.

"$\Longleftarrow$". Die A-Linksmodulstruktur von A induziert auf $\text{Hom}_K(A, M)$ eine A-Rechtsmodulstruktur. Da $\text{Hom}_K(A, M)$ isomorph ist zu einer direkten Summe von [M : K] Kopien von A_A^* ($\simeq A_A$), ist $\text{Hom}_K(A, M)$ frei. Wegen der Injektivität von M zerfällt der A-Monomorphismus

    $M \ni m \longmapsto (a \longmapsto ma) \in \text{Hom}_K(A, M)$.

Somit ist M isomorph zu einem direkten Summanden eines freien Moduls. Nach Satz 7.39 folgt daraus die Projektivität von M.

$\underline{\text{Satz}}$ 7.71 . Sei A eine Frobenius-Algebra und

    $0 \longrightarrow L \overset{\iota}{\longrightarrow} M \overset{\nu}{\longrightarrow} N \longrightarrow 0$

eine kurze exakte Folge von endlich-dimensionalen A-Rechtsmoduln. Dann sind äquivalent:

a) N ist ein nichtprojektiver unzerlegbarer Modul und ν ist eine projektive Hülle.

b) L ist ein nichtinjektiver unzerlegbarer Modul und ι ist eine injektive Hülle.

Beweis. a$\Longrightarrow$b. Um zu zeigen, daß ι eine injektive Hülle ist, betrachten wir das Diagramm

$$0 \longrightarrow L \overset{\iota}{\longrightarrow} M \overset{\nu}{\longrightarrow} N \longrightarrow 0$$
$$\alpha \searrow \quad \nearrow \beta$$
$$I$$

wobei α eine injektive Hülle von L bezeichne.

Da ν eine projektive Hülle ist, ist M projektiv und damit nach Satz 7.70 auch injektiv. Da α ein Monomorphismus ist, existiert folglich $\beta \in \text{Hom}_A(I, M)$ mit $\iota = \beta\alpha$. β ist ein Monomorphismus; denn $\beta\alpha$ ist Monomorphismus, also $Bi(\alpha) \cap Ke(\beta) = O$, und $Bi(\alpha) \leq^* I$. Da I injektiv ist, zerfällt β, d.h. es gibt $M' \leq M$ mit $M = Bi(\beta) \oplus M'$. Wegen $Ke(\nu) = Bi(\iota) \subseteqq Bi(\beta)$ ist dann $\nu|_{M'}$ ein Monomorphismus. Auf Grund der Injektivität von M' zerfällt auch $\nu|_{M'}$. Da N unzerlegbar ist, folgt daraus $\nu(M') = O$ oder $\nu(M') = N$. Das letztere ist aber falsch; denn $\nu|_{M'}$ ist injektiv, aber N ist nach Voraussetzung nichtprojektiv und damit auch nichtinjektiv. Daher ist $M' = O$, also β ein Epimorphismus.

Somit ist bewiesen, daß β ein Isomorphismus und folglich $\iota (= \beta\alpha)$ eine injektive Hülle ist.

L ist nichtinjektiv; andernfalls gilt:

ι zerfällt $\Longrightarrow M \cong Bi(\iota) \oplus N \Longrightarrow N$ projektiv

im Widerspruch zur Voraussetzung.

Wir nehmen nun an, L sei zerlegbar: $L = L_1 \oplus L_2$ mit $O \neq L_i \leq L$ für $i = 1,2$. Dann gibt es $M_1, M_2 \leq M$ mit $M = M_1 \oplus M_2$ und $\iota(L_i) \leq M_i$ für $i = 1,2$. (Sind nämlich $\iota_1 : L_1 \longrightarrow I_1$, $\iota_2 : L_2 \longrightarrow I_2$ injektive Hüllen, so ist auch

$$L_1 \oplus L_2 \ni (l_1, l_2) \longmapsto (\iota_1(l_1), \iota_2(l_2)) \in I_1 \oplus I_2$$

eine injektive Hülle.) Es folgt: $N = \nu(M_1) + \nu(M_2)$. Diese Summe ist sogar direkt: Zu $m_1 \in M_1$, $m_2 \in M_2$ mit $O = \nu(m_1) + \nu(m_2) = \nu(m_1 + m_2)$ gibt es wegen

$$m_1 + m_2 \in Ke(\nu) = Bi(\iota) = \iota(L_1) \oplus \iota(L_2)$$

$l_1 \in L_1$, $l_2 \in L_2$ mit $m_1 + m_2 = \iota(l_1) + \iota(l_2)$. Auf Grund von m_i, $\iota(l_i) \in M_i$ für $i = 1,2$ und $M = M_1 \oplus M_2$ ist $m_i = \iota(l_i)$ für $i = 1,2$ und daher $\nu(m_i) = \nu\iota(l_i) = O$ für $i = 1,2$.

Außerdem sind beide Summanden in der Summe $N = \nu(M_1) \oplus \nu(M_2)$ nichttrivial. Andernfalls wäre etwa $M_1 \subseteqq Ke(\nu)$ und damit $Ke(\nu)$ nicht klein in M.
Zusammen ergibt sich, daß N zerlegbar ist. Ein Widerspruch!

b $\longrightarrow$ a. Dual zum vorangegangenen Beweisschritt.

Wir bezeichnen im folgenden mit [U] die Klasse aller Moduln, die zu einem A-Rechtsmodul U isomorph sind, und mit $\mathcal{M}_A$ die Menge aller Isomorphieklassen von endlich-dimensionalen nichtprojektiven unzerlegbaren A-Rechtsmoduln.

Der vorausgehende Satz dient nun dazu, im Falle, daß A eine Frobenius-Algebra ist, zwei Abbildungen $ke : \mathcal{M}_A \longrightarrow \mathcal{M}_A$ und $kok : \mathcal{M}_A \longrightarrow \mathcal{M}_A$

zu definieren:

a) Zu einem Modul N mit [N] $\in \mathcal{M}_A$ sei $\nu : M \longrightarrow N$ eine projektive Hülle. Wir setzen

$$ke([N]) := [Ke(\nu)].$$

b) Zu einem Modul L mit [L] $\in \mathcal{M}_A$ sei $\iota : L \longrightarrow M$ eine injektive Hülle. Wir setzen

$$kok([L]) := [M/\iota(L)].$$

Nach Satz 7.43 und Satz 7.71 sind dann die Abbildungen ke und kok wohldefiniert.

Im Falle a) erfüllt die kurze exakte Folge

$$O \longrightarrow Ke(\nu) \overset{\iota}{\longrightarrow} M \overset{\nu}{\longrightarrow} N \longrightarrow O,$$

wobei ι die Inklusion ist, die Bedingung a) von Satz 7.71; im Falle b) erfüllt die kurze exakte Folge

$$O \longrightarrow L \overset{\iota}{\longrightarrow} M \overset{\nu}{\longrightarrow} M/\iota(L) \longrightarrow O,$$

wobei ν der natürliche Epimorphismus ist, die Bedingung b) von Satz 7.71.

Aus Satz 7.71 ergibt sich auch unmittelbar

<u>Folgerung</u> 7.72 . Die Abbildungen $ke : \mathcal{M}_A \longrightarrow \mathcal{M}_A$ und $kok : \mathcal{M}_A \longrightarrow \mathcal{M}_A$ sind zueinander invers.

<u>Satz</u> 7.73 . Sei A eine Frobenius-Algebra, $e \in A$ ein primitives Idempotent und $\varepsilon \in A$ das zentral-primitive Idempotent mit $e\varepsilon = e$. Dann gilt:

a) eA und Ae sind injektiv.

b) Soc(eA) und Soc(Ae) sind einfach.

c_1) eA ist einfach $\Longleftrightarrow \varepsilon A\varepsilon$ ist ein einfacher Ring.

c_2) Ae ist einfach $\Longleftrightarrow \varepsilon A\varepsilon$ ist ein einfacher Ring.

Beweis. a) Klar nach Satz 7.70.

b) Da die Einbettung $Soc(eA) \longrightarrow eA$ eine injektive Hülle und eA unzerlegbar ist, muß auch Soc(eA) unzerlegbar sein (vgl. Beweis von Satz 7.71). Ein unzerlegbarer halbeinfacher Modul ist aber einfach.

c_1) "$\Longrightarrow$". Im Hinblick auf Satz 7.55 sei $f \in A$ ein primitives Idempotent mit $eAf \neq O$ oder $fAe \neq O$.

$eAf \neq O$ bedeutet, daß es $O \neq \alpha \in Hom_A(fA,eA)$ gibt. Wegen der Einfachheit von eA ist α ein Epimorphismus; wegen der Projektivität von eA zerfällt α: $fA \cong Ke(\alpha) \oplus eA$. fA ist aber unzerlegbar, also $fA \cong eA$. Dual folgt aus $fAe \neq O$ ebenfalls $fA \cong eA$.

Zusammen mit Satz 7.55 ergibt sich, daß εA eine direkte Summe von isomorphen einfachen Rechtsidealen ist. Somit ist $\varepsilon A = \varepsilon A\varepsilon$ ein einfacher Ring.

"$\Longleftarrow$". Klar nach Abschnitt 1.2.

c_2) Analog zu c_1).

7.10 Symmetrische Algebren

$\underline{\text{Definition}}$ 7.74 . A heißt symmetrische Algebra, falls es $\lambda \in A^*$ gibt mit den Eigenschaften

$$\left.\begin{array}{l} \lambda(aA) = O \Longrightarrow a = O, \\ \lambda(Aa) = O \Longrightarrow a = O \end{array}\right\} \quad \text{für alle } a \in A,$$

und

$$\lambda(ab) = \lambda(ba) \quad \text{für alle } a,b \in A.$$

Bemerkung: A symmetrische Algebra $\Longrightarrow$ A Frobenius-Algebra.

$\underline{\text{Satz}}$ 7.75 . Die Gruppenalgebra KG über einem Körper K und einer endlichen Gruppe G ist eine symmetrische Algebra.

Beweis. Die Abbildung

$$\lambda : KG \ni \sum_{g \in G} k_g\, g \longmapsto k_1 \in K$$

ist ein K-Homomorphismus (k_1 ist der Koeffizient des Einselements $1 \in G$).

Sei nun $O \neq a := \sum_{g \in G} k_g\, g \in KG$. Dann existiert $h \in G$ mit $k_h \neq O$. Damit gilt:

$$\lambda(ah^{-1}) = k_h \Longrightarrow \lambda(aKG) \neq O,$$
$$\lambda(h^{-1}a) = k_h \Longrightarrow \lambda(KGa) \neq O.$$

Außerdem ist $\lambda(gh) = \lambda(hg)$ für alle $h,g \in G$ wegen $gh = 1 \Longleftrightarrow hg = 1$. Auf Grund der K-Linearität von λ folgt

$$\lambda(ab) = \lambda(ba) \quad \text{für alle } a,b \in KG.$$

Damit erfüllt λ alle in der Definition 7.74 geforderten Bedingungen.

$\underline{\text{Satz}}$ 7.76 . Sei $K[X,Y]$ der kommutative Polynomring in zwei Unbestimmten X,Y über einem Körper K, und seien m,n natürliche Zahlen. Dann ist $A := K[X,Y]/(X^m,Y^n)$ eine symmetrische Algebra. Ist char $K = p > 0$ und sind m, n Potenzen von p, dann ist A isomorph zur Gruppenalgebra KG, wobei G direktes Produkt zweier zyklischer Untergruppen der Ordnungen m und n ist.

Beweis. Wir setzen $x := X + (X^m,Y^n)$ und $y := Y + (X^m,Y^n)$. Die Menge

$$\{x^i y^j \mid i = 0,1,\ldots,m-1;\ j = 0,1,\ldots,n-1\}$$

ist dann eine K-Basis von A. Rad $A = xA + yA$; denn A ist kommutativ, x und y sind nilpotent, und $A/(xA + yA) \cong K$. Da

$$\text{Soc } A = \{a \mid a \in A,\ \ a \cdot \text{Rad } A = 0\} = Kx^{m-1}y^{n-1}$$

einfach ist, ist dieses Ideal in jedem Ideal $\neq 0$ enthalten. Somit besitzt der K-Homomorphismus

$$\lambda : A \ni \sum_{i=0}^{m-1} \sum_{j=0}^{n-1} k_{ij}\, x^i y^i \longmapsto k_{m-1,n-1} \in K$$

die in 7.74 geforderten Eigenschaften. A ist also eine symmetrische Algebra.

Sei nun char $K = p > 0$, seien m, n Potenzen von p und sei G wie oben:

$$G = \langle g,h \mid g^m = 1,\ h^n = 1,\ gh = hg \rangle.$$

Dann ist

$$A \ni \sum_{i=0}^{m-1} \sum_{j=0}^{n-1} k_{ij}\, x^i y^j \longmapsto \sum_{i=0}^{m-1} \sum_{j=0}^{n-1} k_{ij}(1-g)^i(1-h)^j \in KG$$

der gesuchte K-Algebren-Isomorphismus; denn $(1-g)^m = 0$, $(1-h)^n = 0$ und $\{(1-g)^i(1-h)^j \mid i = 0,1,\ldots,m-1;\ j = 0,1,\ldots,n-1\}$ ist eine K-Basis von KG.

<u>Satz</u> 7.77 . Sei $A = K[X,Y]/(X^2,Y^2)$. Dann gibt es zu jedem $n \in \mathbb{N}$ genau zwei nichtisomorphe unzerlegbare A-Moduln mit der Länge $2n+1$.

Beweis. a) Sei $x := X + (X^2,Y^2)$, $y := Y + (X^2,Y^2)$ und $J := \text{Rad } A$. Dann ist $A/J \cong K$, $J^2 = \text{Soc } A = xyK \cong K$ und $l(A) = \dim_K(A) = 4$. Außerdem ist K bis auf Isomorphie der einzige einfache A-Modul.

b) Wir zeigen, daß für einen unzerlegbaren A-Modul U der Länge $2n+1$ gilt:

α) Rad U = Soc U.

β) U ist nichtprojektiv und nichtinjektiv.

Zu α: In Hinblick auf Satz 1.18,d) ist nur $UJ \neq 0$ und $UJ^2 = 0$ nachzuprüfen. Angenommen $UJ = 0$, dann ist U halbeinfach. Ein halbeinfacher unzerlegbarer Modul ist aber einfach, d.h. $l(U) = 1$ im Widerspruch zu $l(U) = 2n+1$. Angenommen $UJ^2 \neq 0$, dann existiert $0 \neq u \in U$ mit $uxy \neq 0$.

Somit ist die Abbildung $\alpha : A \ni a \longmapsto ua \in U$ ein A-Monomorphismus. Da A injektiv ist, zerfällt $\alpha : U \cong A \oplus U/\mathrm{Bi}(\alpha)$. U ist aber unzerlegbar, also $U \cong A$. Folglich ist $l(U) = 4$. Ein Widerspruch!

Zu β: Da A ein lokaler Ring ist, folgt aus Satz 7.53, daß jeder endlich-dimensionale projektive A-Modul frei ist. Da A eine Frobenius-Algebra ist, ist somit auch jeder endlich-dimensionale injektive A-Modul frei. Die Länge von endlich-dimensionalen freien A-Moduln ist aber durch 4 ($=l(A)$) teilbar.

c) Wir zeigen, daß für eine kurze exakte Folge von A-Moduln

$$0 \longrightarrow L \stackrel{\iota}{\longrightarrow} M \stackrel{\nu}{\longrightarrow} N \longrightarrow 0,$$

die die Bedingungen von Satz 7.71 erfüllt, gilt:

α) $l(\mathrm{Soc}\,L) = l(\mathrm{Soc}\,M) = l(M/\mathrm{Rad}\,M) = l(N/\mathrm{Rad}\,N)$.

β) $l(L)$ ungerade $\Longleftrightarrow l(N)$ ungerade.

γ_1) $l(\mathrm{Soc}\,N) > l(N/\mathrm{Rad}\,N) \Longrightarrow \begin{cases} l(L) < l(N); \\ l(L) = 1 \text{ oder } l(\mathrm{Soc}\,L) > l(L/\mathrm{Rad}\,L). \end{cases}$

γ_2) $l(\mathrm{Soc}\,L) < l(L/\mathrm{Rad}\,L) \Longrightarrow \begin{cases} l(N) < l(L); \\ l(N) = 1 \text{ oder } l(\mathrm{Soc}\,N) < l(N/\mathrm{Rad}\,N). \end{cases}$

δ_1) $l(N) = 2n - 1$, $l(N/\mathrm{Rad}\,N) = n \Longrightarrow l(L) = 2n + 1$, $l(L/\mathrm{Rad}\,L) = n + 1$.

δ_2) $l(L) = 2n - 1$, $l(\mathrm{Soc}\,L) = n \Longrightarrow l(N) = 2n + 1$, $l(\mathrm{Soc}\,N) = n + 1$.

Zu α: Es gibt $t \in \mathbb{N}$ mit $M \cong A^t$. Wegen $\mathrm{Soc}\,A \cong A/\mathrm{Rad}\,A$ ist $\mathrm{Soc}\,M \cong M/\mathrm{Rad}\,M$. Der Rest folgt sofort aus Lemma 7.44 .

Zu β: $l(L) + l(N) = l(M) = 4t$.

Zu γ_1: Auf Grund der Voraussetzung ist N nicht einfach. Da N zusätzlich nichtinjektiv ist, gilt wie in b): $\mathrm{Rad}\,N = \mathrm{Soc}\,N$. Damit erhalten wir:

$l(L) = l(M) - l(N) = 4t - l(N/\mathrm{Rad}\,N) - l(\mathrm{Soc}\,N) = 3t - l(\mathrm{Soc}\,N) <$

$\quad < 3t - l(N/\mathrm{Rad}\,N) = 2t < l(N/\mathrm{Rad}\,N) + l(\mathrm{Soc}\,N) = l(N);$

$l(L) \neq 1 \Longrightarrow \mathrm{Rad}\,L = \mathrm{Soc}\,L \Longrightarrow$

$l(L/\mathrm{Rad}\,L) = l(M) - l(N) - l(\mathrm{Soc}\,L) = 4t - (t + l(\mathrm{Soc}\,N)) - t = 2t - l(\mathrm{Soc}\,N) <$

$< t = l(\mathrm{Soc}\,L).$

Zu γ_2: Analog zu γ_1.

Zu δ_1: $l(L) = l(M) - l(N) = 4n - (2n - 1) = 2n + 1$.

$l(L/\mathrm{Rad}\,L) = l(L) - l(\mathrm{Soc}\,L) = l(L) - l(N/\mathrm{Rad}\,N) = 2n + 1 - n = n + 1$.

Zu δ_2: Analog zu δ_1.

d) Sei nun U ein unzerlegbarer A-Modul mit $l(U) = 2n + 1$. Wegen $l(U) = l(U/\mathrm{Rad}\,U) + l(\mathrm{Soc}\,U)$ ist entweder $l(\mathrm{Soc}\,U) > l(U/\mathrm{Rad}\,U)$ oder $l(\mathrm{Soc}\,U) < l(U/\mathrm{Rad}\,U)$. Im ersten Fall liefert die wiederholte Anwendung der Abbildung ke auf $[U]$ gemäß c,γ_1) die Existenz von $i \in \mathbb{N}$ mit

$ke^i[U] = [K]$; im zweiten Fall gibt es gemäß c,γ_2) $j \in \mathbb{N}$ mit $kok^j[U] = [K]$.

e) Aus c,δ_1) bzw. c,δ_2) folgt sofort durch Induktion nach n:

$$U \in ke^n[K] \implies l(U) = 2n + 1, \; l(Soc\, U) = n;$$

$$U \in kok^n[K] \implies l(U) = 2n + 1, \; l(Soc\, U) = n + 1.$$

f) Da die Abbildungen ke und kok zueinander invers sind, ergibt sich aus d) und e), daß es genau zwei Isomorphieklassen von unzerlegbaren A-Moduln der Länge $2n + 1$ gibt, nämlich $ke^n[K]$ und $kok^n[K]$.

Damit ist der Satz bewiesen.

Bemerkung. Die Struktur von $U \in ke^n[K]$ kann folgendermaßen beschrieben werden: Es gibt eine K-Basis $\{u_1,\ldots,u_{n+1},s_1,\ldots,s_n\}$ von U mit den Eigenschaften

   a) $s_i x = s_i y = 0$

                      $\}$ für $i = 1,\ldots,n$;

   b) $u_{i+1} x = u_i y = s_i$

   c) $u_1 x = u_{n+1} y = 0$.

Diese Relationen seien durch das "Diagramm"

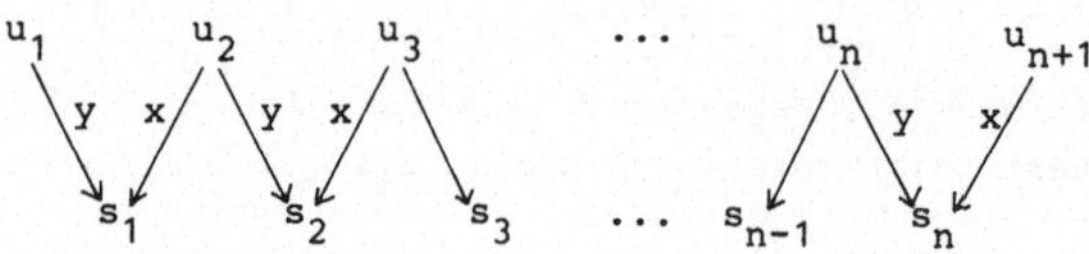

veranschaulicht. Entsprechend kann die Struktur von $U \in kok^n[K]$ durch

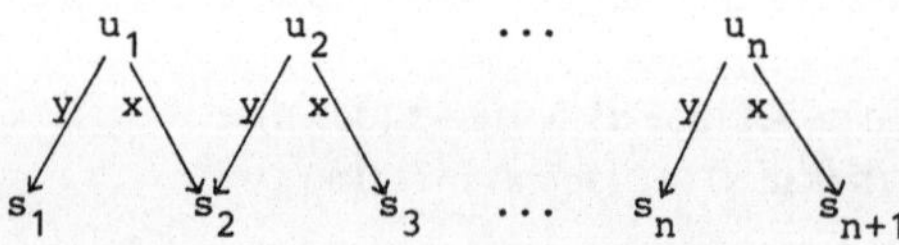

dargestellt werden. Man findet in [3], Lemma 64.3 einen einfachen Beweis dafür, daß letztere Relationen einen unzerlegbaren A-Modul liefern.

<u>Folgerung</u> 7.78 . Sei K ein Körper mit char $K = p > 0$ und G eine nichtzyklische endliche p-Gruppe. Dann gibt es zu jedem $n \in \mathbb{N}$ mindestens 2 nichtisomorphe unzerlegbare KG-Rechtsmoduln mit der Länge $2n + 1$.

Beweis. Sei A wie in Satz 7.77. Da jeder unzerlegbare A-Modul U mit der Länge $2n + 1$ von J^2 annulliert wird, ist U auch unzerlegbarer Modul über dem Ring A/J^2, und es genügt zu zeigen, daß ein surjektiver K-Algebren-homomorphismus $\alpha : KG \longrightarrow A/J^2$ existiert.

Ist $\{g_1,\ldots,g_s\}$ ein minimales Erzeugendensystem von G, so folgern wir mit Satz 7.26, daß $\text{Rad } KG = \bigoplus\limits_{i=1}^{s} (1-g_i)K \oplus (\text{Rad } KG)^2$ und $L := \bigoplus\limits_{i=3}^{s} (1-g_i)K \oplus (\text{Rad } KG)^2$ ein zweiseitiges Ideal ist. Damit wird ein surjektiver K-Algebrenhomomorphismus $\alpha : KG \longrightarrow A/J^2$ gegeben durch

$$\alpha(1) = 1 + J^2, \quad \alpha(1-g_1) = x + J^2, \quad \alpha(1-g_2) = y + J^2 \quad \text{und} \quad \alpha(L) = 0.$$

Nun untersuchen wir wieder von einem allgemeineren Standpunkt aus weitere Eigenschaften von symmetrischen Algebren.

Lemma 7.79 . Seien A , B symmetrische Algebren über einem Körper K, sei $e \in A$ ein Idempotent und C ein Unterkörper von K mit $[K : C] < \infty$. Dann gilt:

a) Die Matrizenalgebren $A_{n \times n}$, $n \in \mathbb{N}$, sind symmetrische Algebren.

b) Das Produkt $A \times B$ ist eine symmetrische Algebra.

c) eAe ist eine symmetrische Algebra.

d) A ist eine symmetrische Algebra über C.

Beweis. $\lambda \in A^*$, $\mu \in B^*$ mögen die in der Definition 7.74 geforderten Eigenschaften besitzen. Es ist dann eine leichte Übung nachzuweisen, daß die im folgenden angeführten linearen Abbildungen auch diese Eigenschaften besitzen.

a) $\qquad A_{n \times n} \ni \mathfrak{A} \longmapsto \lambda(\text{Sp}(\mathfrak{A})) \in K.$

b) $\qquad A \times B \ni (a,b) \longmapsto \lambda(a) + \mu(b) \in K.$

c) $\lambda\big|_{eAe} : eAe \ni eae \longmapsto \lambda(eae) \in K.$

d) Sei $\{k_1,\ldots,k_n\}$ eine C-Basis von K und $\pi : K \longrightarrow C$ die Projektion, die durch

$$\pi\left(\sum_{i=1}^{n} c_i k_i\right) = c_1 \quad \text{für alle } c_1,\ldots,c_n \in C$$

gegeben ist. Dann macht der C-Homomorphismus

$$A \ni a \longmapsto \pi(\lambda(a)) \in C$$

A zu einer symmetrischen Algebra über C.

Satz 7.80 . a) Sei $K \subset L$ eine Körpererweiterung mit $[L : K] < \infty$. Dann ist L eine symmetrische Algebra über K.

b) Sei D ein Schiefkörper mit dem Zentrum K und $[D : K] < \infty$. Dann ist D eine symmetrische Algebra über K.

Beweis. a) Da L eine symmetrische Algebra über sich ist, folgt die Behauptung aus Lemma 7.79,d).

b) Bezeichnet L einen maximalen Unterkörper von D, der K enthält, und ist $n := \sqrt{[D:K]}$, so ist nach Lemma 4.39 $L \otimes_K D \cong L_{n \times n}$. Folglich ist $L \otimes_K D$ nach Lemma 7.79,a) und d) eine symmetrische Algebra über K. Damit existiert ein K-Homomorphismus $\lambda : L \otimes_K D \longrightarrow K$ mit den in 7.74 geforderten Eigenschaften, sodaß D durch die Einschränkung von λ auf $1 \otimes D \cong D$ zu einer symmetrischen Algebra über K wird.

Aus Lemma 7.79 und Satz 7.80 ergibt sich unter Berücksichtigung von Satz 1.20 sofort der

<u>Satz</u> 7.81. Jede endlich-dimensionale halbeinfache Algebra über einem Körper ist eine symmetrische Algebra.

<u>Lemma</u> 7.82 . Sei A eine symmetrische Algebra. Dann gilt:

a) $A \cong A^*$ (als A-Bimoduln).

b) $Soc(A_A) = Soc(_A A) =: Soc\,A$.

c) $A/Rad\,A \cong Soc\,A$ (als A-Bimoduln).

Beweis. $\lambda \in A^*$ möge die in 7.74 geforderten Eigenschaften besitzen.

a) Der im Beweis "b$\Longrightarrow$a" von Satz 7.68 definierte Isomorphismus $\alpha : A \longrightarrow A^*$ ist wegen

$\quad \lambda(ab) = \lambda(ba)$ für alle $a,b \in A$

ein A-Bimodulhomomorphismus.

b) Mit Hilfe von a) folgt aus

$$Soc(A_A^*) = \{\alpha \mid \alpha \in A^*,\ \alpha \cdot Rad\,A = 0\} = \{\alpha \mid \alpha \in A^*,\ \alpha(Rad\,A) = 0\} =$$
$$= \{\alpha \mid \alpha \in A^*,\ Rad\,A \cdot \alpha = 0\} = Soc(_A A^*)$$

die Behauptung.

c) Nach a) und Satz 7.81 sind $A/Rad\,A$ und $(A/Rad\,A)^*$ als A/Rad A -Bimoduln isomorph. Da dieser Isomorphismus auch ein A-Bimodulisomorphismus ist, erhalten wir die nachstehende Folge von A-Bimodulisomorphismen:

$$Soc\,A \cong Soc(A^*) = \{\alpha \mid \alpha \in A^*,\ \alpha(Rad\,A) = 0\} \cong (A/Rad\,A)^* \cong A/Rad\,A .$$

<u>Satz</u> 7.83 . Sei A eine symmetrische Algebra. Dann ist A genau dann halbeinfach, wenn das Zentrum $Z(A)$ von A halbeinfach ist.

Beweis. Angenommen, Z(A) ist nicht halbeinfach. Dann enthält Z(A) ein nilpotentes Element $s \neq O$. Da das Ideal sA nilpotent ist, und jedes nilpotente Ideal von A im Radikal von A liegt, gilt Rad A $\neq O$. Daher ist A nicht halbeinfach.

Angenommen, A ist nicht halbeinfach. Sei $\bar{A} := A/\mathrm{Rad}\,A$ und sei $\beta : \mathrm{Soc}\,A \longrightarrow \bar{A}$ ein A- bzw. $\bar{A}$-Bimodulisomorphismus. Da Soc A $\cap$ Rad A einen A-Bimodul $\neq O$ bildet, ist $\beta(\mathrm{Soc}\,A \cap \mathrm{Rad}\,A)$ eine nichtleere Summe von Blöcken von $\bar{A}$. In dieser gibt es ein zentrales Idempotent ε von $\bar{A}$. Wegen

$$\beta^{-1}(\varepsilon)a = \beta^{-1}(\varepsilon a) = \beta^{-1}(a\varepsilon) = a\beta^{-1}(\varepsilon) \qquad \text{für alle } a \in A$$

gilt $\beta^{-1}(\varepsilon) \in Z(A)$. Außerdem ist $\beta^{-1}(\varepsilon) \in \mathrm{Rad}\,A$, d.h. $\beta^{-1}(\varepsilon)$ ist ein nilpotentes Element $\neq O$ von Z(A). Nach Folgerung 7.22 ist daher $\mathrm{Rad}(Z(A)) \neq O$ und somit Z(A) nicht halbeinfach.

Wir geben jetzt noch zwei Struktursätze für symmetrische Algebren an.

<u>Satz</u> 7.84 . Sei A eine symmetrische Algebra und $e \in A$ ein primitives Idempotent.Dann sind die Untermodulverbände von Ae und eA antiisomorph, und es gilt: $\mathrm{Soc}(Ae) \cong Ae/\mathrm{Rad}\,Ae$ und $\mathrm{Soc}(eA) \cong eA/\mathrm{Rad}\,eA$.

Beweis. Aus Lemma 7.82,c) ergeben sich sofort die Beziehungen für Soc(Ae) und Soc(eA).
Da die Inklusionen $\mathrm{Soc}(Ae) \longrightarrow Ae$ und $\mathrm{Soc}((eA)^*) \longrightarrow (eA)^*$ injektive Hüllen sind und $\mathrm{Soc}((eA)^*) \cong Ae/\mathrm{Rad}\,Ae \cong \mathrm{Soc}(Ae)$ ist, folgt aus Satz 7.43 $Ae \cong (eA)^*$ und aus Satz 7.65 die Antiisomorphie der Untermodul-verbände von Ae und eA.

Bemerkung. Ein Ring R heißt unzerlegbar, wenn $1 \in R$ zentral-primitives Idempotent ist; in diesem Fall besteht R aus genau einem Block.

<u>Satz</u> 7.85 . Sei A eine unzerlegbare symmetrische Algebra mit dem Radikal $J \neq O$, und sei A_A einreihig zerlegbar. Sei zu einem primitiven Idempotent $e_1 \in A$ n die kleinste natürliche Zahl, so daß $e_1 J^n/e_1 J^{n+1} \cong e_1 A/e_1 J$, dann existieren primitive Idempotente $e_2,\ldots,e_n \in A$, so daß $e_1 J^{i-1}/e_1 J^i \cong e_i A/e_i J$ für $i = 2,\ldots,n$. Weiter gilt:

a) $\{e_i A/e_i J \mid i = 1,\ldots,n\}$ ist eine Transversale von einfachen A-Rechts-moduln.

b) Die projektiven Rechtsideale $e_1 A,\ldots,e_n A$ haben alle die gleiche Länge l.

c) $e_iA \supset e_iJ \supset e_iJ^2 \supset \ldots \supset e_iJ^{l-1} \supset e_iJ^l = 0$

ist die einzige Kompositionsreihe von e_iA für $i = 1, \ldots, n$.

d) $e_iJ^k/e_iJ^{k+1} \cong e_hA/e_hJ \Longleftrightarrow h \equiv i + k \bmod n$ für $\begin{cases} i,h = 1, \ldots, n, \\ k = 0, 1, \ldots, l-1. \end{cases}$

e) $l \equiv 1 \bmod n$.

Beweis. Wir setzen $l_i = l(e_iA)$ für $i = 1, \ldots, n$. Da A_A einreihig zerlegbar ist, ist

$$e_iA \supset e_iJ \supset \ldots \supset e_iJ^{l_i-1} \supset e_iJ^{l_i} = 0$$

die einzige Kompositionsreihe von e_iA.

Wegen $e_1J/e_1J^2 \cong e_2A/e_2J$ gibt es einen Epimorphismus
$\alpha : e_1J \longrightarrow e_2A/e_2J$. Bezeichnet $\nu : e_2A \longrightarrow e_2A/e_2J$ den natürlichen Epimorphismus, dann existiert wegen der Projektivität von e_2A ein Homomorphismus $\beta_1 : e_2A \longrightarrow e_1J$, so daß $\nu = \alpha\beta_1$ ist. Da $\alpha\beta_1$ ein Epimorphismus ist und $\mathrm{Ke}(\alpha) = e_1J^2 <\cdot e_1J$, ist β_1 ein Epimorphismus. Es folgt:

$l_2 \geq l(e_1J) = l_1 - 1$. Angenommen $l_2 = l_1 - 1$, so ist $e_2A \cong e_1J$ und damit e_1J injektiv, also zerfällt die Inklusion $e_1J \longrightarrow e_1A$, was aber nicht sein kann, da e_1A unzerlegbar ist. Daher gilt $l_2 \geq l_1$. Weiter ergibt sich aus
$\beta_1(e_2J^{k-1}) = e_1J^k$ für $k = 1, 2, \ldots$

$$e_2J/e_2J^2 \cong e_1J^2/e_1J^3 \cong e_3A/e_3J.$$

Eine Iteration dieser Überlegung liefert die Existenz von Epimorphismen $\beta_i : e_{i+1}A \longrightarrow e_iJ$ für $i = 2, 3, \ldots, n-1, n$, wobei $e_{n+1} := e_1$ gesetzt wird. Daraus folgt erstens $l_1 \geq l_n \geq l_{n-1} \geq \ldots \geq l_2 \geq l_1$, also $l_1 = l_2 = \ldots = l_n := l$, und zweitens

$$e_{i+1}J^k/e_{i+1}J^{k+1} \cong e_iJ^{k+1}/e_iJ^{k+2}$$

für $i = 1, \ldots, n$ und $k = 0, \ldots, l-2$.

Damit sind b), c) und die Richtung "$\Longleftarrow$" von d) klar.

Angenommen, es gibt $i,j \in \{2, \ldots, n\}$, $i > j$, mit $e_iA/e_iJ \cong e_jA/e_jJ$, dann gilt

$$e_1A/e_1J \cong e_iJ^{n-i+1}/e_iJ^{n-i+2} \cong e_jJ^{n-i+1}/e_jJ^{n-i+2}$$

$$\cong e_1J^{n-i+j}/e_1J^{n-i+j+1}$$

im Widerspruch zur Wahl von n. Somit sind die einfachen Moduln $e_1A/e_1J, \ldots, e_nA/e_nJ$ paarweise nichtisomorph. Daraus folgern wir, daß die Richtung " $\Longrightarrow$ " von d) gilt, und hieraus wiederum die Richtigkeit von e) wegen $e_1A/e_1J \cong \mathrm{Soc}(e_1A) = e_1J^{l-1}$.

Als letztes ist zu beweisen, daß jeder einfache A-Rechtsmodul bis auf Isomorphie unter den einfachen Moduln in a) vorkommt.

Zu einem beliebigen einfachen A-Rechtsmodul E existiert ein primitives Idempotent $f \in A$ mit $E \cong fA/fJ$. Da A unzerlegbar ist, liegen e_1 und f im gleichen Block. Folglich gibt es nach Satz 7.55 und der Bemerkung nach Lemma 7.56 primitive Idempotente $e_1 =: f_1, f_2, \ldots, f_t := f$, so daß die Rechtsideale f_iA und $f_{i+1}A$ für jedes $i = 1, \ldots, t-1$ einen gemeinsamen Kompositionsfaktor haben.

Wir zeigen: Es existiert $i_2 \in \{1, \ldots, n\}$, so daß $f_2A \cong e_{i_2}A$.

Sei $e_{i_0}A/e_{i_0}J$ ein gemeinsamer Kompositionsfaktor von e_1A und f_2A. Dann gibt es einen Homomorphismus $0 \neq \alpha : e_{i_0}A \longrightarrow f_2A$. Da der Sockel von f_2A einfach ist und $\mathrm{Soc}(f_2A) \cap \mathrm{Bi}(\alpha) \neq 0$, kommt $\mathrm{Soc}(f_2A)$ auch als Kompositionsfaktor in $e_{i_0}A$ vor, d.h. es gibt $i_2 \in \{1, \ldots, n\}$ mit

$$\mathrm{Soc}(f_2A) \cong e_{i_2}A/e_{i_2}J \cong \mathrm{Soc}(e_{i_2}A).$$

Da die Rechtsideale f_2A und $e_{i_2}A$ die injektiven Hüllen ihrer Sockel sind, folgt nach Satz 7.43,b): $f_2A \cong e_{i_2}A$.

Nun liefert ein einfaches Induktionsargument, daß $i_t \in \{1, \ldots, n\}$ existiert, so daß $f_tA \cong e_{i_t}A$, woraus sich sofort ergibt

$$E \cong fA/fJ = f_tA/f_tJ \cong e_{i_t}A/e_{i_t}J.$$

§ 8. <u>Relativ-projektive Moduln.</u>

In diesem Paragraphen sei K ein Körper, G eine endliche Gruppe und KG
die zugehörige Gruppenalgebra. Da die im folgenden in Anlehnung an
Hamernik [8] entwickelte Theorie nur dann von Bedeutung ist, wenn
$\operatorname{char} K \, / \, |G|$, sei zusätzlich gefordert: $\operatorname{char} K = p > 0$.

8.1 <u>Der Spurhomomorphismus</u>

Seien M,N KG-Rechtsmoduln und $U, V \leq H \leq G$. Ein vollständiges Repräsentantensystem der Rechtsnebenklassen von U in H bzw. der U-V-Doppelne-
benklassen in H nennen wir eine Rechtstransversale von U in H bzw.
eine U-V-Bitransversale in H.

$U \underset{H}{\leq} V$ bzw. $U \underset{H}{=} V$ bedeutet, daß es $h \in H$ gibt, so daß $h^{-1} U h$ in V enthalten
bzw. gleich V ist. Weiter setzen wir $H^g := g^{-1} H g$ und $h^g := g^{-1} h g$ für
$g, h \in G$.

<u>Definition</u> 8.1 . a) Zu einer Untergruppe $H \leq G$ heißt der K-Vektorraum
$M_H := \{m \mid m \in M, \ mh = m \text{ für alle } h \in H\}$ H-Fixuntermodul von M.

b) Ist $U \leq H \leq G$ und ρ eine Rechtstransversale von U in H, so heißt der
K-Homomorphismus

$$T_{H,U} : M_U \longrightarrow M_H \quad \text{gegeben durch}$$

$$T_{H,U}(m) := \sum_{h \in \rho} mh \quad \text{für alle } m \in M,$$

der zu dem Untergruppenpaar (H,U) gehörende Spurhomomorphismus von M.
Setze $M_{H,U} := \operatorname{Bi}(T_{H,U})$.

c) Ist $\mathfrak{U}$ eine Menge von Untergruppen von H und $H \leq G$, so sei
$$M_{H,\mathfrak{U}} := \sum_{U \in \mathfrak{U}} M_{H,U}.$$

<u>Bemerkung</u>. a) $T_{H,U}$ ist unabhängig von ρ:

Ist $\rho = \{h_1, \ldots, h_s\}$ und ρ' eine weitere Rechtstransversale von U in
H, dann gibt es $u_1, \ldots, u_s \in U$, so daß $\rho' = \{u_1 h_1, \ldots, u_s h_s\}$ ist. Somit
gilt für alle $m \in M_U$:

$$\sum_{h \in \rho'} mh = \sum_{i=1}^{s} mu_i h_i = \sum_{i=1}^{s} mh_i = \sum_{h \in \rho} mh.$$

b) $T_{H,U}$ ist wohldefiniert, d.h. $\operatorname{Bi}(T_{H,U}) \subseteq M_H$:

Ist $h' \in H$, dann ist $\rho'' := \{h_1 h', \ldots, h_s h'\}$ eine Rechtstransversale von U in H. Daher gilt für alle $m \in M_U$:

$$T_{H,U}(m) h' = (\sum_{i=1}^{s} m h_i) h' = \sum_{h \in \rho''} m h = T_{H,U}(m).$$

c) $M_{\{1\}} = M$; $M_{H,\emptyset} = O$.

Die Aussagen des folgenden Lemmas sind unmittelbar klar.

__Lemma__ 8.2 . a) $U \leq H \Longrightarrow M_H \leq M_U$.

b) $M_H \cdot g = M_{(H^g)}$ für $g \in G$.

c) $\alpha(M_{H,\mathfrak{U}}) \subseteq N_{H,\mathfrak{U}}$ für $\alpha \in \mathrm{Hom}_{KH}(M,N)$.

__Lemma__ 8.3 . Seien $U,V \leq H \leq G$, sei $\{h_1, \ldots, h_s\}$ eine U-V-Bitransversale in H und $\{v_{i1}, \ldots, v_{i t_i}\}$ eine Rechtstransversale von $V \cap U^{h_i}$ in V für $i = 1, \ldots, s$. Dann ist $\{h_i v_{ij} \mid i = 1, \ldots, s; \ j = 1, \ldots, t_i\}$ eine Rechtstransversale von U in H.

Beweis. a) Angenommen $U h_i v_{ij} = U h_k v_{kl}$, dann folgt $U h_i V = U h_i v_{ij} V = U h_k v_{kl} V = U h_k V$ und daraus wiederum $i = k$. Weiter gilt: $U h_i v_{ij} = U h_i v_{il} \Longrightarrow$ es gibt $u \in U$ mit $h_i v_{ij} = u h_i v_{il} \Longrightarrow$ $v_{ij} v_{il}^{-1} = h_i^{-1} u h_i \in V \cap U^{h_i} \Longrightarrow (V \cap U^{h_i}) v_{ij} = (V \cap U^{h_i}) v_{il} \Longrightarrow j = l$.

b) Zu $h \in H$ existiert $i \in \{1, \ldots, s\}$, $u \in U$, $v \in V$ mit $h = u h_i v$, und zu v existiert $u' \in U$, $j \in \{1, \ldots, t_i\}$ mit $v = u'^{h_i} v_{ij}$. Es folgt: $Uh = U u h_i (h_i^{-1} u' h_i) v_{ij} = U h_i v_{ij}$.

__Lemma__ 8.4 . Seien $U,V \leq H \leq G$ und sei σ eine U-V-Bitransversale in H. Dann gilt:

a) $T_{H,H} = \mathrm{id}_{M_H}$; also $M_{H,H} = M_H$.

b) $T_{H,U}(m) = [H:U]m$ für $m \in M_H$; also

$$M_{H,U} \supseteq [H:U]M_H = \begin{cases} O & \text{falls } p/[H:U], \\ M_H & \text{sonst.} \end{cases}$$

c) $V \leq U \Longrightarrow T_{H,V} = T_{H,U} T_{U,V}$; also

$$M_{H,V} = T_{H,U}(M_{U,V}) \subseteq M_{H,U}.$$

d) $T_{H,U}(m) \cdot g = T_{H^g, U^g}(mg)$ für $m \in M_U$, $g \in G$; also

$$M_{H,U}\,g \;=\; M_{H^g,U^g} \qquad \text{für } g \in G,$$

$$M_{H,U} \;=\; M_{H,U^g} \qquad \text{für } g \in H \text{ und}$$

$$V \underset{G}{=} U \Longrightarrow M_{G,V} = M_{G,U} \; ,$$

$$V \underset{G}{\leq} U \Longrightarrow M_{G,V} \leq M_{G,U} \; .$$

e) $T_{H,U}(m) = \sum_{h \in \sigma} T_{V,V \cap U^h}(mh) \qquad \text{für } m \in M_U; \text{ also}$

$$M_{H,U} \subseteq \sum_{h \in \sigma} M_{V,V \cap U^h} \; .$$

Beweis. a,b) Trivial.

c) Sei $\{h_1, \ldots, h_s\}$ eine Rechtstransversale von U in H und $\{u_1, \ldots, u_t\}$ eine von V in U. Dann ist $\{u_j h_i \mid i = 1, \ldots, s; \; j = 1, \ldots, t\}$ eine Rechtstransversale von V in H, und es gilt für alle $m \in M_V$:

$$T_{H,V}(m) = \sum_{i=1}^{s} \sum_{j=1}^{t} mu_j h_i = T_{H,U}(\sum_{j=1}^{t} mu_j) = T_{H,U}\, T_{U,V}(m).$$

d) Sei $\{h_1, \ldots, h_s\}$ eine Rechtstransversale von U in H. Dann ist $\{h_1^g, \ldots, h_s^g\}$ eine Rechtstransversale von U^g in H^g, und es gilt:

$$T_{H,U}(m)\, g \;=\; \sum_{i=1}^{s} mh_i g \;=\; \sum_{i=1}^{s} (mg) h_i^g \;=\; T_{H^g,U^g}(mg) \; .$$

Der letzte Ausdruck ist wohldefiniert; denn $mg \in M_{U^g}$ für $m \in M_U$.

e) Sei $\sigma = \{h_1, \ldots, h_s\}$ eine U-V-Bitransversale in H und $\{h_i v_{ij} \mid i = 1, \ldots, s; \; j = 1, \ldots, t_i\}$ eine Rechtstransversale von U in H wie in Lemma 8.3. Dann gilt:

$$T_{H,U}(m) = \sum_{i=1}^{s} (\sum_{j=1}^{t_i} mh_i v_{ij}) = \sum_{i=1}^{s} T_{V,V \cap U^h}(mh_i) = \sum_{h \in \sigma} T_{V,V \cap U^h}(mh) \; .$$

<u>Lemma</u> 8.5 . Sei $U \leq H \leq G$, $\mathfrak{X} := \{U \cap U^g \mid g \in G \setminus H\}$ und $\mathfrak{Y} := \{H \cap U^g \mid g \in G \setminus H\}$.

Dann gilt:

a) $M_{H,\mathfrak{X}} \subseteq M_{H,U} \cap M_{H,\mathfrak{Y}} \; .$

b) $m \in M_{H,U} \Longrightarrow m - T_{G,H}(m) \in M_{H,\mathfrak{Y}} \; .$

c) $M_{G,U} \subseteq M_{H,U} + M_{H,\mathfrak{Y}} \; .$

d) $M_{G,\mathfrak{X}} \subseteq M_{H,\mathfrak{Y}} \; .$

Beweis. a) $U \cap U^g \leq U \Longrightarrow M_{H,U \cap U^g} \leq M_{H,U}.$

$$U \cap U^g \leq H \cap U^g \Longrightarrow M_{H,U \cap U^g} \leq M_{H,H \cap U^g} \leq M_{H,\mathfrak{Y}} \; .$$

b) Zu $m \in M_{H,U}$ gibt es $x \in M_U$ mit $m = T_{H,U}(x)$. Wähle eine U-H-Bitransversale σ in G mit $1 \in \sigma$. Dann ist

$$T_{G,H}(m) = T_{G,U}(x) = \sum_{g \in \sigma} T_{H,H \cap U^g}(xg) =$$

$$= T_{H,U}(x) + \underbrace{\sum_{g \in \sigma \setminus \{1\}} T_{H,H \cap U^g}(xg)} \in m + M_{H,\eta} \, .$$

c) $M_{G,U} = T_{G,H}(M_{H,U}) \subseteq M_{H,U} + M_{H,\eta}$ nach b).

d) Sei $V \in \mathfrak{X}$. Ersetzen wir in c) U durch V und η durch

$\eta_V := \{H \cap V^g \mid g \in G \setminus H\}$, so erhalten wir

$$M_{G,V} \subseteq M_{H,V} + M_{H,\eta_V} \subseteq M_{H,\mathfrak{X}} + M_{H,\eta} = M_{H,\eta} \, .$$

8.2 Das Transfer-Theorem von Green

__Definition 8.6__ . a) Seien M, N, P K-Vektorräume. Eine K-bilineare Abbildung $\alpha : M \times N \longrightarrow P$ heißt K-Produkt. Setze $\alpha(m,n) =: m \cdot n$ für alle $m \in M$, $n \in N$, und $\mathrm{Bi}(\alpha) =: M \cdot N$.

b) Seien M, N, P KG-Rechtsmoduln. Ein K-Produkt $\alpha : M \times N \longrightarrow P$ heißt K-G-Produkt, wenn

$$(mg) \cdot (ng) = (m \cdot n)g \quad \text{für alle } m \in M, \ n \in N, \ g \in G.$$

__Beispiele.__ Sind M, N, P KG-Rechtsmoduln, dann tragen gemäß Abschnitt 4.6 $M \otimes_K N$, $\mathrm{Hom}_K(M,N)$, $\mathrm{Hom}_K(N,P)$ und $\mathrm{Hom}_K(M,P)$ KG-Rechtsmodulstrukturen, und die natürlichen Abbildungen

$$M \times N \ni (m,n) \longmapsto m \otimes n \in M \otimes_K N$$

und

$$\mathrm{Hom}_K(N,P) \times \mathrm{Hom}_K(M,N) \ni (\beta, \alpha) \longmapsto \beta\alpha \in \mathrm{Hom}_K(M,P)$$

sind K-G-Produkte.

Nur letzteres sei ausgeführt. Für alle $m \in M$, $g \in G$ gilt:

$$((\beta\alpha) \circ g)(m) = (\beta\alpha)(mg^{-1})g = \beta((\alpha(mg^{-1})g)g^{-1})g = (\beta \circ g)(\alpha(mg^{-1})g) =$$

$$= (\beta \circ g)(\alpha \circ g)(m).$$

Im folgenden beziehen sich die Spurhomomorphismen je nach Argument auf M, N oder P.

__Lemma 8.7__ . Sei $H \leq G$ und $\alpha : M \times N \longrightarrow P$ ein K-G-Produkt. Dann gilt

a) für $U \leq H$:

$$m_1 \in M_U, \ n_1 \in N_H \Longrightarrow T_{H,U}(m_1) \cdot n_1 = T_{H,U}(m_1 \cdot n_1) \, ;$$

$$m_2 \in M_H, \; n_2 \in N_U \implies m_2 \cdot T_{H,U}(n_2) = T_{H,U}(m_2 \cdot n_2).$$

b) für eine Menge $\mathcal{U}$ von Untergruppen von H:

$$M_{H,\mathcal{U}} \cdot N_H \subseteq P_{H,\mathcal{U}}, \quad M_H \cdot N_{H,\mathcal{U}} \subseteq P_{H,\mathcal{U}}.$$

c) für $U,V \leq H$ und eine U-V-Bitransversale σ in H:

$$m \in M_U, \; n \in N_V \implies T_{H,U}(m) \cdot T_{H,V}(n) = \sum_{h\in\sigma} T_{H,V\cap U^h}(mh \cdot n);$$

also

$$M_{H,U} \cdot N_{H,V} \subseteq \sum_{h\in\sigma} P_{H,V\cap U^h}.$$

d) für $U, \mathcal{X}, \mathcal{Y}$ wie in Lemma 8.5:

$$M_{H,U} \cdot N_{H,\mathcal{Y}} \subseteq P_{H,\mathcal{X}}, \quad M_{H,\mathcal{Y}} \cdot N_{H,U} \subseteq P_{H,\mathcal{X}}.$$

Beweis. a) Sei ρ eine Rechtstransversale von U in H. Wir zeigen nur die erste Behauptung:

$$T_{H,U}(m_1) \cdot n_1 = \left(\sum_{h\in\rho} m_1 h\right) \cdot n_1 = \sum_{h\in\rho} (m_1 h \cdot n_1) = \sum_{h\in\rho} (m_1 h \cdot n_1 h) =$$

$$= \sum_{h\in\rho} (m_1 \cdot n_1) h = T_{H,U}(m_1 \cdot n_1).$$

b) Klar nach a).

c) $T_{H,U}(m) \cdot T_{H,V}(n) = T_{H,V}(T_{H,U}(m) \cdot n)$ 　　　nach a)

$= T_{H,V}\left(\sum_{h\in\sigma} T_{V,V\cap U^h}(mh) \cdot n\right)$ 　　　nach Lemma 8.4,e)

$= T_{H,V}\left(\sum_{h\in\sigma} T_{V,V\cap U^h}(mh \cdot n)\right)$ 　　　nach a)

$= \sum_{h\in\sigma} T_{H,V\cap U^h}(mh \cdot n)$ 　　　nach Lemma 8.4,c).

d) Sei $V := H \cap U^g \in \mathcal{Y}$, σ eine U-V-Bitransversale in H und $h\in\sigma$. Dann ist

$$V \cap U^h = H \cap U^g \cap U^h = U^g \cap U^h = (U \cap U^{gh^{-1}})^h \underset{H}{=} U \cap U^{gh^{-1}} \in \mathcal{X},$$

und es gilt:

$$M_{H,U} \cdot N_{H,V} \subseteq \sum_{h\in\sigma} P_{H,V\cap U^h} = \sum_{h\in\sigma} P_{H,U\cap U^{gh^{-1}}} \subseteq P_{H,\mathcal{X}}.$$

<u>Definition 8.8</u>. Seien $\alpha_1 : M_1 \times N_1 \longrightarrow P_1$ und $\alpha_2 : M_2 \times N_2 \longrightarrow P_2$ zwei K-Produkte und $\omega = (\omega_M, \omega_N, \omega_P)$ ein Tripel von K-Homomorphismen $\omega_M : M_1 \longrightarrow M_2$, $\omega_N : N_1 \longrightarrow N_2$, $\omega_P : P_1 \longrightarrow P_2$. Schreibe $\omega : \alpha_1 \longrightarrow \alpha_2$. ω heißt multiplikativ, falls

$$\omega_M(m) \cdot \omega_N(n) = \omega_P(m \cdot n) \quad \text{für alle } m \in M_1, \; n \in N_1.$$

<u>Satz</u> 8.9 (Green) . Sei $U \le H \le G$, $\varkappa = \{U \cap U^g \mid g \in G \setminus H\}$ und
$\mathcal{W} = \{H \cap U^g \mid g \in G \setminus H\}$.

I) Zu einem KG-Rechtsmodul X sei $X' := X_{H,U} \cap X_{H,\mathcal{W}}$,

$\nu_X : X_{H,U} \longrightarrow X_{H,U}/X'$ der natürliche Epimorphismus, und

$t_X : X_{H,U} \longrightarrow X_{G,U}/X_{G,\varkappa}$ der durch $T_{G,H}$ induzierte Epimorphismus,

d.h. $t_X(x) := T_{G,H}(x) + X_{G,\varkappa}$ für alle $x \in X_{H,U}$. Dann gilt:

a) $X_{H,\varkappa} \subseteq \mathrm{Ke}(t_X) \subseteq \mathrm{Ke}(\nu_X)$; also gibt es genau eine Abbildung τ_X, so

daß das Diagramm

$$
\begin{array}{ccc}
 & X_{H,U} & \\
t_X \swarrow & & \searrow \nu_X \\
X_{G,U}/X_{G,\varkappa} & \xrightarrow{\ \tau_X\ } & X_{H,U}/X'
\end{array}
$$

kommutativ wird. τ_X ist ein Epimorphismus.

b) τ_X ist ein Isomorphismus, falls $X' = X_{H,\varkappa}$.

II) Sei $\alpha : M \times N \longrightarrow P$ ein K-G-Produkt. Dann gilt:

a) Die durch α induzierten Abbildungen

$\alpha_{H,U} : \qquad M_{H,U} \times N_{H,U} \qquad \ni (m,n) \longmapsto m \cdot n \in P_{H,U}$,

$\bar{\alpha}_{H,U} : M_{H,U}/M' \times N_{H,U}/N' \ni (\bar{m},\bar{n}) \longmapsto \overline{m \cdot n} \in P_{H,U}/P'$ und

$\bar{\alpha}_{G,U} : M_{G,U}/M_{G,\varkappa} \times N_{G,U}/N_{G,\varkappa} \ni (\bar{m},\bar{n}) \longmapsto \overline{m \cdot n} \in P_{G,U}/P_{G,\varkappa}$

sind K-Produkte.

b) Die Tripel

$\nu = (\nu_M, \nu_N, \nu_P) : \alpha_{H,U} \longrightarrow \bar{\alpha}_{H,U}$,

$t = (t_M, t_N, t_P) : \alpha_{H,U} \longrightarrow \bar{\alpha}_{G,U}$ und

$\tau = (\tau_M, \tau_N, \tau_P) : \bar{\alpha}_{G,U} \longrightarrow \bar{\alpha}_{H,U}$

sind multiplikativ.

Beweis. I. t_X ist ein Epimorphismus, denn

$$T_{G,H}(X_{H,U}) = T_{G,H}T_{H,U}(X_U) = T_{G,U}(X_U) = X_{G,U} \ .$$

a) Wegen $T_{G,H}(X_{H,\varkappa}) = X_{G,\varkappa}$ ist $X_{H,\varkappa} \subseteq \mathrm{Ke}(t_X)$. Weiter gilt für $x \in \mathrm{Ke}(t_X)$

nach Lemma 8.5,d) und b):

$$T_{G,H}(x) \in X_{G,\varkappa} \subseteq X_{H,\mathcal{W}} \quad \text{und} \quad x - T_{G,H}(x) \in X_{H,\mathcal{W}} \ .$$

Zusammen ergibt sich: $x \in X_{H,\mathfrak{V}}$. Wegen $Ke(t_X) \subseteq X_{H,U}$ folgt: $x \in X_{H,U} \cap X_{H,\mathfrak{V}} = X' = Ke(\nu_X)$. Der Rest von a) ist klar.

b) $X' = X_{H,\mathfrak{X}} \Longrightarrow Ke(t_X) = Ke(\nu_X) \Longrightarrow$ es gibt $\sigma_X : X_{H,U}/X' \longrightarrow X_{G,U}/X_{G,\mathfrak{X}}$ mit $t_X = \sigma_X \nu_X$. Zusammen mit $\nu_X = \tau_X t_X$ folgt $t_X = \sigma_X \tau_X t_X$ und $\nu_X = \tau_X \sigma_X \nu_X$, und daraus $\sigma_X \tau_X = id$ und $\tau_X \sigma_X = id$, weil t_X und ν_X Epimorphismen sind.

II. a) Die Abbildungen $\alpha_{H,U}$, $\bar{\alpha}_{H,U}$ und $\bar{\alpha}_{G,U}$ sind auf Grund von Lemma 8.7,b) wohldefiniert. Wir deuten es nur für $\bar{\alpha}_{H,U}$ an:

$$M_{H,U} \cdot N' \subseteq M_{H,U} \cdot N_H \subseteq P_{H,U} ,$$

$$M_{H,U} \cdot N' \subseteq M_H \cdot N_{H,\mathfrak{V}} \subseteq P_{H,\mathfrak{V}} .$$

$\alpha_{H,U}$, $\bar{\alpha}_{H,U}$ und $\bar{\alpha}_{G,U}$ sind K-bilinear, da α K-bilinear ist.

b) Die Multiplikativität von ν ist klar.

t ist multiplikativ; denn es gilt für alle $m \in M_{H,U}$, $n \in N_{H,U}$:

$$T_{G,H}(m) \cdot T_{G,H}(n) - T_{G,H}(m \cdot n) = T_{G,H}(m \cdot T_{G,H}(n)) - T_{G,H}(m \cdot n) =$$

$$= T_{G,H}(m \cdot (T_{G,H}(n) - n)) \in T_{G,H}(M_{H,U} \cdot N_{H,\mathfrak{V}}) \subseteq T_{G,H}(P_{H,\mathfrak{X}}) = P_{G,\mathfrak{X}}.$$

Dabei wurde Lemma 8.7,b) und d) benützt.

Die Multiplikativität von τ ergibt sich aus der von ν und t, wenn man berücksichtigt, daß t_X ein Epimorphismus und $\tau_X t_X = \nu_X$ ist für $X = M,N,P$.

Damit ist der Satz bewiesen.

8.3 Defektgruppen

__Definition__ 8.10 . a) Eine K-Algebra A, die zugleich ein KG-Rechtsmodul ist, heißt K-G-Algebra, falls die Multiplikation

$$A \times A \ni (a,a') \longmapsto aa' \in A$$

ein K-G-Produkt ist. Schreibe die Modulmultiplikation mit "$\circ$".

b) Ein K-Algebrenhomomorphismus zwischen K-G-Algebren, der zugleich ein KG-Rechtsmodulhomomorphismus ist, heißt K-G-Algebrenhomomorphismus.

c) Sei $H \leq G$ und $\mathfrak{U}$ eine Menge von Untergruppen von G. Eine K-G-Algebra A heißt H-projektiv bzw. $\mathfrak{U}$-projektiv, falls $A_G = A_{G,H}$ bzw. $A_G = A_{G,\mathfrak{U}}$ ist.

__Beispiele.__ a) Sei M ein KG-Rechtsmodul. Dann ist $End_K(M)$ eine K-G-Algebra und $(End_K(M))_G = End_{KG}(M)$.

Ist $\varphi : M \longrightarrow N$ ein KG-Rechtsmodulisomorphismus, dann ist die Abbildung

$$\text{End}_K(M) \ni \alpha \longmapsto \varphi\alpha\varphi^{-1} \in \text{End}_K(N)$$

ein K-G-Algebrenisomorphismus.

b) Sei $\underline{KG}$ die Gruppenalgebra KG zusammen mit der durch

$$a \cdot g := g^{-1}ag \quad \text{für alle } a \in KG,\ g \in G$$

gegebenen KG-Rechtsmodulstruktur. Dann ist $\underline{KG}$ eine K-G-Algebra und $\underline{KG}_G = Z(KG)$.

Bemerkung. a) Ist A eine K-G-Algebra und $g \in G$, dann ist die Rechtsmultiplikation $- \cdot g : A \longrightarrow A$ ein K-Algebrenautomorphismus.

b) Ist $\alpha : A \longrightarrow B$ ein K-G-Algebrenisomorphismus, so gilt für $H \leq G$:
A ist H-projektiv $\Longleftrightarrow$ B ist H-projektiv.

<u>Lemma</u> 8.11 . Sei A eine K-G-Algebra, $H \leq G$ und $e \in A_G$ ein Idempotent. Dann gilt:

a) $p \nmid [G : H] \Longrightarrow A$ ist H-projektiv.

b) $U \leq G,\ U \underset{G}{=} H \Longrightarrow (A$ ist H-projektiv $\Longleftrightarrow A$ ist U-projektiv$)$.

c) A_G ist ein Ring mit 1_A als Einselement.

d) $A_{G,H}$ ist ein zweiseitiges Ideal in A_G.

e) eA ist ein KG-Rechtsmodul und $(eA)_{G,H} = eA_{G,H}$.

f) eAe ist eine K-G-Algebra und $(eAe)_{G,H} = eA_{G,H}e$.

Beweis. a) Lemma 8.4,b).

b) Lemma 8.4,d).

c) A_G ist Ring nach Lemma 8.7,b). $1_A \in A_G$ nach vorangehender Bemerkung a).

d) Lemma 8.7 ,b).

e) Für alle $a \in A,\ g \in G$ ist

$$(ea) \cdot g = (e \circ g)(a \circ g) = e(a \cdot g) \in eA.$$

Wegen $(eA)_H = e(eA)_H \subseteq eA_H \subseteq (eA)_H$ gilt: $(eA)_H = eA_H$.

Nach Lemma 8.7,a) folgt daraus:

$$(eA)_{G,H} = T_{G,H}((eA)_H) = T_{G,H}(eA_H) = eT_{G,H}(A_H) = eA_{G,H}.$$

f) Ähnlich wie e).

<u>Satz</u> 8.12 . Sei A eine K-G-Algebra mit der Eigenschaft, daß A_G ein lokaler Ring ist. Dann gibt es eine p-Untergruppe D von G, so daß für alle $H \leq G$ gilt:

$$A \text{ ist H-projektiv} \iff D \underset{G}{\leq} H .$$

<u>Beweis.</u> Sei $\mathfrak{P} := \{H \mid H \leq G, A_G = A_{G,H}\}$ und P eine p-Sylow-Untergruppe von G. Wegen $p \nmid [G : P]$ ist $P \in \mathfrak{P}$. Wir wählen nun D als minimale Untergruppe von P mit $D \in \mathfrak{P}$.

"$\Longleftarrow$". $D \underset{G}{\leq} H \Longrightarrow A_{G,D} \leq A_{G,H}$ nach Lemma 8.4,d)

$$\Longrightarrow A_G = A_{G,D} \leq A_{G,H} \leq A_G \Longrightarrow A_{G,H} = A_G .$$

"$\Longrightarrow$". $H \in \mathfrak{P} \Longrightarrow A_G = A_{G,H} = A_{G,D}$

$$\Longrightarrow A_G = A_G \cdot A_G = A_{G,H} \cdot A_{G,D} \subseteq \sum_{g \in G} A_{G,D \cap H^g} \subseteq A_G \text{ nach Lemma 8.7,c).}$$

Da A_G lokaler Ring ist und $A_{G,D \cap H^g}$, $g \in G$, zweiseitige Ideale in A_G sind, gibt es $h \in G$ mit $A_{G,D \cap H^h} = A_G$. Wegen der Minimalität von D gilt:

$$D \cap H^h = D \Longrightarrow D \leq H^h \Longrightarrow D \underset{G}{\leq} H .$$

<u>Definition</u> 8.13 . Die bis auf G-Konjugation eindeutige p-Untergruppe $D \leq G$ in Satz 8.12 heißt Defektgruppe von A. $\delta_G(A) := \{D^g \mid g \in G\}$ bezeichne die Menge aller Defektgruppen von A.

<u>Satz</u> 8.14 . Sei A eine endlich-dimensionale K-G-Algebra und A_G lokal, sei $H \leq G$ und $\sum_{i=1}^{n} e_i$ eine lokale Zerlegung der 1 in A_H. Dann ist $A_i := e_i A e_i$ eine K-H-Algebra und A_{i_H} lokal für $i = 1, \ldots, n$. Ist $D \in \delta_G(A)$ und $D_i \in \delta_H(A_i)$, so gilt weiter:

a) Es gibt $g_1, \ldots, g_n \in G$ mit $D_i \underset{H}{\leq} H \cap D^{g_i}$; also ist $D_i \underset{G}{\leq} D$ für $1 \leq i \leq n$.

b) $D \underset{G}{\leq} H \Longrightarrow$ es gibt $i_o \in \{1, \ldots, n\}$ mit $D_{i_o} \underset{G}{=} D$.

c) $D \underset{G}{\leq} H \Longrightarrow$ es gibt $i_1 \in \{1, \ldots, n\}$ mit $D_{i_1} \underset{H}{=} D$.

d) $N_G(D) \leq H \Longrightarrow$ es gibt genau ein $i_1 \in \{1, \ldots, n\}$ mit $D_{i_1} \underset{H}{=} D$.

<u>Beweis.</u> Fassen wir A als K-H-Algebra auf, so folgt wegen $e_i \in A_H$ aus Lemma 8.11,f), daß A_i eine K-H-Algebra und $A_{i_H} = e_i A_H e_i$ ein lokaler Ring ist.

a) $A_G = A_{G,D} \subseteq \sum_{g \in G} A_{H,H \cap D^g}$ nach Lemma 8.4,e)

$$\Longrightarrow A_H = A_H \cdot A_G \subseteq \sum_{g \in G} A_H \cdot A_{H,H \cap D^g} = \sum_{g \in G} A_{H,H \cap D^g} \leq A_H$$

$$\Longrightarrow A_H = \sum_{g \in G} A_{H,H \cap D^g} \Longrightarrow A_{i_H} = \sum_{g \in G} A_{i_{H,H \cap D^g}} \text{ nach Lemma 8.11,f).}$$

Da $A_{i\,H}$ lokal ist, gibt es $g_i \in G$ mit $A_{i\,H} = A_{i\,H, H \cap D}g_i$, was zu zeigen war.

b) $D \underset{G}{\leq} H \implies A_G = A_{G,H} = T_{G,H}(A_H) = T_{G,H}(\sum_{i=1}^{n} e_i A_H) = \sum_{i=1}^{n} T_{G,H}(e_i A_H)$;

$e_i \in A_{i\,H} = A_{i\,H, D_i} \subseteq A_{H,D_i} \implies e_i A_H \subseteq A_{H,D_i}$. Dies wird in die Zeile

vorher eingesetzt: $A_G \subseteq \sum_{i=1}^{n} T_{G,H}(A_{H,D_i}) = \sum_{i=1}^{n} A_{G,D_i} \subseteq A_G$.

Da A_G lokal ist, gibt es $i_o \in \{1,\ldots,n\}$ mit $A_G = A_{G,D_{i_o}}$, also $D \underset{G}{\leq} D_{i_o}$. Nach a) ist aber $D_{i_o} \underset{G}{\leq} D$, somit $D_{i_o} \underset{G}{=} D$.

c) $D \leq H \implies e_i \in A_D \implies$ es gibt eine lokale Zerlegung $\sum_{j=1}^{s_i} e_{ij}$ von e_i in

$A_D \implies \sum_{i=1}^{n} \sum_{j=1}^{s_i} e_{ij}$ ist eine lokale Zerlegung der 1 in A_D .

Sei nun $D_{ij} \in \delta_D(e_{ij} A e_{ij})$. Setzen wir in b) $H := D$ und ersetzen $\{D_i \mid i = 1,\ldots,n\}$ durch $\{D_{ij} \mid i = 1,\ldots,n;\ j = 1,\ldots,s_i\}$, dann gibt es

nach b) i_1, j_1 mit $D_{i_1 j_1} \underset{G}{=} D$. Wegen $D_{i_1 j_1} \subseteq D$ ist $D_{i_1 j_1} = D$. Ersetzen

wir jetzt in a) A durch $e_{i_1} A e_{i_1}$, $\{e_i \mid i = 1,\ldots,n\}$ durch

$\{e_{i_1 j} \mid j = 1,\ldots, s_{i_1}\}$, G durch H, H durch D, D durch D_{i_1} und

$\{D_i \mid i = 1,\ldots,n\}$ durch $\{D_{i_1 j} \mid j = 1,\ldots, s_{i_1}\}$, dann folgt aus a):

$D = D_{i_1 j_1} \underset{H}{\leq} D_{i_1}$. Andererseits ist $D_{i_1} \underset{G}{\leq} D$, also $D_{i_1} \underset{H}{=} D$.

d) Sei $\mathbf{x} = \{D \cap D^g \mid g \in G \setminus H\}$, $\mathbf{y} = \{H \cap D^g \mid g \in G \setminus H\}$ und i_1 wie in c).

Wir zeigen zuerst: $e_{i_1} \notin A_{H,\mathbf{y}}$. Angenommen $e_1 \in A_{H,\mathbf{y}}$, dann ist

$A_{i_1 H} = A_{i_1 H, \mathbf{y}} = \sum_{g \in G \setminus H} A_{i_1 H, H \cap D^g}$. Da $A_{i_1 H}$ lokal ist, gibt es $g \in G \setminus H$ mit

$D \underset{H}{\leq} H \cap D^g$ und folglich auch $h \in H$ mit $D^h \underset{}{\leq} D^g$. Wegen $|D| < \infty$ folgt $D = D^{gh^{-1}}$,

also $gh^{-1} \in N_G(D) \leq H$, was aber wegen $g \in G \setminus H$, $h \in H$ nicht sein kann.

Somit genügt es zu zeigen, daß $A_H / A_{H,\mathbf{y}}$ ein lokaler Ring ist.

$A_H = A_{H,D} + A_{H,\mathbf{y}}$; denn $1_A \in A_{G,D}$ und $A_{G,D} \subseteq A_{H,D} + A_{H,\mathbf{y}}$ nach Lemma 8.5,c). Folglich ist die natürliche Abbildung

$$\rho : A_{H,D} / (A_{H,D} \cap A_{H,\mathbf{y}}) \longrightarrow A_H / A_{H,\mathbf{y}}$$

ein Ringisomorphismus. Nach Satz 8.9,I existiert ein K-Epimorphismus

$$\tau_A : A_{G,D} / A_{G,\mathbf{x}} \longrightarrow A_{H,D} / (A_{H,D} \cap A_{H,\mathbf{y}}) .$$

Bezeichnet $\alpha : A \times A \longrightarrow A$ die Multiplikation, so folgt aus Satz 8.9,II, daß $\tau = (\tau_A, \tau_A, \tau_A) : \bar{\alpha}_{G,D} \longrightarrow \bar{\alpha}_{H,D}$ multiplikativ ist, und daraus wiederum, daß τ_A ein Ringhomomorphismus ist. Wegen $A_G = A_{G,D}$ gibt es daher einen surjektiven Ringhomomorphismus von A_G auf $A_H/A_{H,\mathfrak{y}}$; also ist $A_H/A_{H,\mathfrak{y}}$ lokal.

Damit ist der Satz vollständig bewiesen.

<u>Bemerkung</u>. Im Fall d) gilt sogar

$$A_{H,D} \cap A_{H,\mathfrak{y}} = A_{H,\mathfrak{x}} \quad \text{und} \quad A_G/A_{G,\mathfrak{x}} \cong A_{i_{1}H}/A_{i_{1}H,\mathfrak{x}} \,.$$

Beweis. $A_{H,D} \cap A_{H,\mathfrak{y}} \supseteq A_{H,\mathfrak{x}}$ ist trivial (siehe auch Satz 8.9,I a)).

"$\subseteq$". $a \in A_{H,D} \cap A_{H,\mathfrak{y}} \implies$

$$a = 1a = e_{i_1}a + (\sum_{\substack{i=1 \\ i \neq i_1}}^{n} e_i)a \in A_{H,D} \cdot A_{H,\mathfrak{y}} + A_{H,\mathfrak{y}} \cdot A_{H,D} \subseteq A_{H,\mathfrak{x}}$$

nach Lemma 8.7, d).

Aus $A_{H,D} \cap A_{H,\mathfrak{y}} = A_{H,\mathfrak{x}}$ folgt nach Satz 8.9,I b) und dem Beweis von d) $A_G/A_{G,\mathfrak{x}} \cong A_{i_{1}H}/A_{i_{1}H,\mathfrak{y}}$. Außerdem ist

$$A_{i_{1}H,\mathfrak{y}} \subseteq e_{i_1}A_{H,\mathfrak{y}}e_{i_1} \subseteq A_{H,D} \cap A_{H,\mathfrak{y}} = A_{H,\mathfrak{x}} \,, \quad \text{also} \quad A_{i_{1}H,\mathfrak{y}} = A_{i_{1}H,\mathfrak{x}} \,.$$

8.4 <u>Der Satz von Higman</u>

<u>Definition</u> 8.15 . Sei M ein KG-Rechtsmodul, $A = \text{End}_K(M)$ und $H \leq G$. M heißt H-projektiv, wenn A H-projektiv ist. Wenn A_G $(=\text{End}_{KG}(M))$ ein lokaler Ring ist, heißt die Defektgruppe D von A auch Vertex von M. Setze $\mathfrak{V}_G(M) := \delta_G(A)$.

<u>Beispiel</u>. Der triviale KG-Modul K hat als Vertices die p-Sylow-Untergruppen.

Beweis. Sei $P \in \mathfrak{V}_G(K)$ und $A := \text{End}_K(K)$. Wegen $A \cong K$ ist

$$1_A \in A_G = A_{G,P} = T_{G,P}(A_P) = T_{G,P}(A_G) = [G:P]A_G,$$

daher $p \nmid [G:P]$. Folglich ist P eine p-Sylow-Untergruppe von G.

Die folgenden Lemmata dienen dazu, eine Charakterisierung der H-projektiven Moduln vorzubereiten.

In diesem Abschnitt sei immer $H \leq G$ und $\{g_1,\ldots,g_s\}$ eine Rechtstransversale von H in G mit $g_1 = 1$.

<u>Lemma</u> 8.16 . Für einen KG-Epimorphismus $\alpha: M \longrightarrow N$ sind äquivalent:

a) $\text{Ke}(\alpha)$ ist als KH-Untermodul direkter Summand von $M|_H$.

b) Es gibt einen KH-Homomorphismus $\beta : N \longrightarrow M$ mit $\alpha\beta = \mathrm{id}_N$.

Beweis. a $\Longrightarrow$ b. Es gibt $M' \leq M|_H$ mit $M|_H = \mathrm{Ke}(\alpha) \oplus M'$. Bezeichnet $\iota : M' \longrightarrow M$ die Inklusion, dann ist $\alpha\iota$ ein KH-Isomorphismus. Wir setzen $\beta := \iota(\alpha\iota)^{-1}$.

b $\Longrightarrow$ a. $M|_H = \mathrm{Ke}(\alpha) \oplus \mathrm{Bi}(\beta)$.

<u>Definition</u> 8.17 . Ein KG-Epimorphismus α, der die Bedingungen von Lemma 8.16 erfüllt, heißt H-zerfallend.

<u>Bemerkung</u>. Ein KG-Epimorphismus ist genau dann G-zerfallend, wenn er zerfällt.

Zu einem KH-Rechtsmodul N sei nun wie in §5 $N^G := N \otimes_{KH} KG$ der induzierte KG-Rechtsmodul. Die Elemente von N^G lassen sich bekanntlich eindeutig in der Form $\sum_{i=1}^{s} n_i \otimes g_i$ mit $n_1, \ldots, n_s \in N$ darstellen.

<u>Lemma</u> 8.18 . a) Sei N ein KH-Rechtsmodul. Dann ist $N \otimes 1$ ($\cong N$) ein direkter Summand von $N^G|_H$, und N^G H-projektiv.

b) Sei M ein KG-Rechtsmodul. Dann ist die Abbildung

$$\alpha : (M|_H)^G \ni \sum_{i=1}^{s} m_i \otimes g_i \longmapsto \sum_{i=1}^{s} m_i g_i \in M$$

ein H-zerfallender KG-Epimorphismus.

Beweis. a) Da $\sum_{i=2}^{s} N \otimes g_i$ ein KH-Untermodul von N^G ist, gilt:

$$N^G|_H = N \otimes 1 \oplus \sum_{i=2}^{s} N \otimes g_i .$$

Sei nun $A := \mathrm{End}_K(N^G)$ und $\pi \in A_H$ die zur obigen Zerlegung gehörende Projektion auf $N \otimes 1$. Dann ist

$$T_{G,H}(\pi)\left(\sum_{i=1}^{s} n_i \otimes g_i\right) = \left(\sum_{j=1}^{s} \pi \circ g_j\right)\left(\sum_{i=1}^{s} n_i \otimes g_i\right) = \sum_{j=1}^{s} \pi\left(\sum_{i=1}^{s} n_i \otimes g_i g_j^{-1}\right)g_j =$$

$$= \sum_{j=1}^{s} (n_j \otimes 1)g_j = \sum_{j=1}^{s} n_j \otimes g_j .$$

Folglich ist $1_A = \mathrm{id}_{N^G} = T_{G,H}(\pi) \in A_{G,H}$ und damit $A_G = A_{G,H}$.

b) Es ist klar, daß α ein KG-Epimorphismus ist. Einen KH-Homomorphismus β mit $\alpha\beta = \mathrm{id}_M$ erhalten wir in der Abbildung

$$M \ni m \longmapsto m \otimes 1 \in (M|_H)^G .$$

__Lemma__ 8.19 . Für KG-Rechtsmoduln $M_1,\ldots,M_n$ gilt:

$$\bigoplus_{i=1}^{n} M_i \quad \text{ist H-projektiv} \iff M_1,\ldots,M_n \text{ sind H-projektiv.}$$

Beweis. Sei $A := \mathrm{End}_K(\bigoplus_{i=1}^{n} M_i)$ und seien $\pi_1,\ldots,\pi_n \in A_G$ die Projektionen auf $M_1,\ldots,M_n$. Dann ist $\sum_{i=1}^{n} \pi_i$ eine Zerlegung der 1 in A, und $\mathrm{End}_K(M_i) \cong \pi_i A \pi_i$ für $i = 1,\ldots,n$.

"$\Longrightarrow$". Wegen $\pi_i \in A_G = A_{G,H}$ ist

$$(\pi_i A \pi_i)_G = \pi_i A_G \pi_i = \pi_i A_{G,H} \pi_i = (\pi_i A \pi_i)_{G,H} \; ;$$

dabei haben wir zweimal Lemma 8.11 benützt.

"$\Longleftarrow$". $\pi_i \in (\pi_i A \pi_i)_G = (\pi_i A \pi_i)_{G,H} \subseteq A_{G,H} \implies 1_A = \sum_{i=1}^{n} \pi_i \in A_{G,H}$

$\implies A_G = A_{G,H}$.

__Satz__ 8.20 (Higman). Sei P ein KG-Rechtsmodul und $H \leq G$. Dann sind äquivalent:

a) P ist H-projektiv.

b) Zu jedem H-zerfallenden KG-Epimorphismus $\nu : M \longrightarrow N$ und jedem KG-Homomorphismus $\alpha : P \longrightarrow N$ existiert ein KG-Homomorphismus $\beta : P \longrightarrow M$ mit $\alpha = \nu\beta$.

c) Jeder H-zerfallende KG-Epimorphismus $\nu : M \longrightarrow P$ zerfällt.

d) P ist isomorph zu einem direkten Summanden von $(P|_H)^G$.

e) Es gibt einen KH-Rechtsmodul N, so daß P isomorph zu einem direkten Summanden von N^G ist.

Beweis. a$\Longrightarrow$b. Da ν H-zerfallend ist, gibt es $\nu' \in \mathrm{Hom}_{KH}(N,M)$ mit $\nu\nu' = \mathrm{id}_N$. Wegen $\mathrm{id}_P \in \mathrm{End}_K(P)_G = \mathrm{End}_K(P)_{G,H}$ gilt:

$$\alpha = \alpha\,\mathrm{id}_P \in \mathrm{Hom}_K(P,N)_G \cdot \mathrm{End}_K(P)_{G,H} \subseteq \mathrm{Hom}_K(P,N)_{G,H} \; .$$

Daher existiert $\alpha' \in \mathrm{Hom}_K(P,N)_H$ mit $\alpha = T_{G,H}(\alpha')$. Wir setzen nun $\beta := T_{G,H}(\nu'\alpha')$ und erhalten

$$\nu\beta = \nu\,T_{G,H}(\nu'\alpha') = T_{G,H}(\nu\nu'\alpha') = T_{G,H}(\alpha') = \alpha \; .$$

b$\Longrightarrow$c. Setze in b) $\alpha := \mathrm{id}_P$.

c$\Longrightarrow$d. Klar nach Lemma 8.18,b).

d$\Longrightarrow$e. Trivial.

e$\Longrightarrow$a. Nach Lemma 8.18,a) ist N^G H-projektiv, und nach Lemma 8.19 auch jeder direkte Summand von N^G.

Bemerkung. Wenn P endlich-dimensional bzw. unzerlegbar ist, so kann in e) gefordert werden, daß auch N endlich-dimensional bzw. unzerlegbar ist.

Folgerung 8.21 . P ist genau dann 1-projektiv, wenn P projektiv ist.

Beweis. "$\Longrightarrow$". Jeder KG-Epimorphismus $\nu : M \longrightarrow N$ ist 1-zerfallend; denn $Ke(\nu)$ ist immer ein K-direkter Summand von M. Da P 1-projektiv ist, folgt aus Satz 8.20,b) die Behauptung.

"$\Longleftarrow$". Klar nach Satz 8.20,b).

Folgerung 8.22 . Sei $H \lhd G$ mit $p \nmid [G : H]$. Wenn N ein einfacher KH-Rechtsmodul ist, dann ist N^G ein halbeinfacher KG-Rechtsmodul.

Beweis. Wir zeigen: Jeder KG-Untermodul U von N^G ist ein KG-direkter Summand von N^G.

Da für alle $g \in G$ $N \otimes g$ ein einfacher KH-Untermodul von $N^G \big|_H$ ist, ist
$$N^G \big|_H = \bigoplus_{i=1}^{s} N \otimes g_i$$
halbeinfach. Somit gibt es einen KH-Untermodul V von $N^G \big|_H$ mit $N^G \big|_H = U \oplus V$; also ist der natürliche KG-Epimorphismus $\nu : N^G \longrightarrow N^G/U$ H-zerfallend. Wegen $p \nmid [G : H]$ ist jeder KG-Modul und daher auch N^G/U H-projektiv, was nach Satz 8.20,c) zur Folge hat, daß ν zerfällt, d.h. U ist ein KG-direkter Summand von N^G.

Satz 8.23 . Sei $H \lhd G$. Dann gilt:

a) $\operatorname{Rad} KH \cdot KG = KG \cdot \operatorname{Rad} KH$.

b) $\operatorname{Rad} KH \cdot KG \subseteq \operatorname{Rad} KG$.

c) $p \nmid [G : H] \Longrightarrow \operatorname{Rad} KH \cdot KG = \operatorname{Rad} KG$.

Beweis. a) Für alle $g \in G$ ist die Abbildung $KH \ni a \longmapsto g^{-1} a g \in KH$ ein Ringautomorphismus. Damit ist $g^{-1} \cdot \operatorname{Rad} KH \cdot g = \operatorname{Rad} KH$ und $\operatorname{Rad} KH \cdot g = g \cdot \operatorname{Rad} KH$ für alle $g \in G$, woraus a) folgt.

b) Für alle $n \in \mathbb{N}$ ist $(\operatorname{Rad} KH \cdot KG)^n = (\operatorname{Rad} KH)^n \cdot KG$. Folglich ist das zweiseitige Ideal $\operatorname{Rad} KH \cdot KG$ nilpotent und liegt daher in $\operatorname{Rad} KG$.

c) Wir zeigen: $KG/(\operatorname{Rad} KH \cdot KG)$ ist halbeinfach.
Da $\overline{KH} := KH/\operatorname{Rad} KH$ halbeinfach ist, schließen wir mit Hilfe von Folgerung 8.22, daß auch $\overline{KH} \otimes_{KH} KG$ halbeinfach ist. Nun ist aber die Abbildung
$$\alpha : \overline{KH} \otimes_{KH} KG \ni \sum_{i=1}^{s} a_i \otimes g_i \longmapsto \sum_{i=1}^{s} a_i g_i \in KG/(\operatorname{Rad} KH \cdot KG)$$
ein KG-Epimorphismus, also $Bi(\alpha) = KG/(\operatorname{Rad} KH \cdot KG)$ halbeinfach.

Für den Rest des Abschnitts seien alle Moduln endlich-dimensional.

__Lemma__ 8.24 . Sei $G = \langle a \mid a^{p^n} = 1 \rangle$ eine zyklische p-Gruppe und seien $G_i := \langle a^{p^i} \rangle$, $i \in \{0,1,\ldots,n\}$, die Untergruppen von G. Dann gilt für $k \in \{0,1,\ldots,p^n\}$:

$$G_i \text{ ist Vertex von } (1-a)^k KG \Longleftrightarrow p^i / k, \ p^{i+1} \nmid k \ .$$

Beweis. Sei $i \in \{0,1,\ldots,n\}$ fest. Nach Folgerung 7.61 sind $(1-a^{p^i})^l KG_i$, $l \in \{0,1,\ldots,p^{n-i}-1\}$, bis auf Isomorphie die einzigen unzerlegbaren KG_i-Rechtsmoduln. Damit folgt nach Satz 8.20,e) aus

$$(1-a^{p^i})^l KG_i \otimes_{KG_i} KG \ \cong \ (1-a^{p^i})^l KG \ = \ (1-a)^{p^i l} KG,$$

daß $(1-a)^k KG$ genau dann G_i-projektiv ist, wenn p^i / k. Daraus ergibt sich die Behauptung.

__Satz__ 8.25 (Michler [15]). Sei $H = \langle h \rangle$ eine zyklische p-Untergruppe von G und M ein unzerlegbarer H-projektiver KG-Rechtsmodul. Dann gibt es ein Idempotent $e \in KG$ und eine nicht-negative ganze Zahl k, so daß

$$M \cong e(1-h)^k KG \quad \text{und} \quad e(1-h)^k KG \leq^* eKG.$$

Beweis. Nach Satz 8.6 und dem vorangegangenen Beweis existiert $k \in \mathbb{N} \cup \{0\}$, so daß M isomorph zu einem direkten Summanden von $(1-h)^k KG$ ($\cong (1-h)^k KH \otimes_{KH} KG$) ist. Ohne Einschränkung sei $M \leq (1-h)^k KG$. Dann gibt es $N \leq (1-h)^k KG$ mit $(1-h)^k KG = M \oplus N$. Da $\mathrm{Soc}(KG_{KG})$ halbeinfach ist, existiert $S \leq \mathrm{Soc}(KG_{KG})$ mit

$$\mathrm{Soc}(M) \oplus \mathrm{Soc}(N) \oplus S \ = \ \mathrm{Soc}(KG_{KG}),$$

und es ist

$$M \oplus N \oplus S \leq^* KG_{KG} \ .$$

Da KG_{KG} injektiv ist, gibt es (siehe Beweis von Satz 7.71) $P_1, P_2, P_3 \leq KG_{KG}$ mit

$$P_1 \oplus P_2 \oplus P_3 = KG_{KG} \quad \text{und} \quad M \leq^* P_1, \ N \leq^* P_2, \ S \leq^* P_3.$$

Ist $e_1 + e_2 + e_3 = 1$ und $e_i \in P_i$ für $i = 1,2,3$, dann sind e_1, e_2, e_3 orthogonale Idempotente und $P_i = e_i KG$ für $i = 1,2,3$. Damit gilt $M \subseteq e_1 KG$, $N \subseteq e_2 KG$ und

$$M = e_1 M \subseteq e_1(M+N) = e_1 M + e_1 N \subseteq e_1 M + e_1 e_2 KG = e_1 M,$$

woraus

$$M = e_1(M+N) = e_1(1-h)^k KG$$

folgt.

<u>Satz</u> 8.26 . Es gibt nur endlich viele Isomorphieklassen von unzerlegba-
ren KG-Rechtsmoduln mit zyklischen Vertices.

Beweis. Wegen $|G| < \infty$ gibt es nur endlich viele zyklische p-Untergruppen
$D = \langle d \rangle$ in G.

Da jeder unzerlegbare KG-Rechtsmodul mit Vertex D isomorph zu einem
direkten Summanden von $(1 - d)^k KG$ mit $k \in \{0,1,\ldots,|D| - 1\}$ ist, und da
nach dem Satz von Krull-Remak-Schmidt die unzerlegbaren direkten Summanden von $(1 - d)^k KG$ zu endlich vielen Isomorphieklassen gehören, gibt
es nur endlich viele Isomorphieklassen von unzerlegbaren KG-Rechtsmoduln mit Vertex D.

<u>Satz</u> 8.27 . Sei P eine p-Sylow-Untergruppe von G.

a) Ist P zyklisch, dann gibt es höchstens $|G|$ paarweise nichtisomorphe
unzerlegbare KG-Rechtsmoduln.

b) Ist P nichtzyklisch, dann gibt es unzerlegbare KG-Rechtsmoduln mit
beliebig großer Dimension.

Beweis. a) Sei M ein unzerlegbarer KG-Rechtsmodul. Da M (bis auf
Isomorphie) ein direkter Summand von $(M|_P)^G$ ist, gibt es einen unzer-
legbaren KP-direkten Summanden N von $M|_P$, so daß M ein direkter Sum-
mand von N^G ist. Außerdem gilt $[N : K] \leq [M : K]$.

Nun existieren aber genau $|P|$ nichtisomorphe unzerlegbare KP-Moduln N,
und zu jedem solchen Modul N hat N^G höchstens $[G : P]$ unzerlegbare
direkte Summanden S mit $[S : K] \geq [N : K]$. Hieraus ergibt sich sofort die
Behauptung.

b) Sei $n \in \mathbb{N}$. Dann gibt es nach Folgerung 7.78 einen unzerlegbaren
KP-Modul N mit $[N : K] = 2n + 1$. Da N ein direkter Summand von $N^G|_P$ ist,
gibt es einen unzerlegbaren KG-direkten Summanden M von N^G, so daß N
ein direkter Summand von $M|_P$ ist, d.h. es ist $2n + 1 = [N : K] \leq [M : K]$.

8.5 <u>Die Green-Korrespondenz</u>

In diesem Abschnitt seien alle Moduln endlich-dimensional über K.
Außerdem sei $H \leq G$.

<u>Satz</u> 8.28 . Sei M ein unzerlegbarer KG-Rechtsmodul mit dem Vertex D,
$M|_H = \bigoplus_{i=1}^{n} M_i$ eine direkte Summe von unzerlegbaren KH-Untermoduln M_i,
und sei $D_i \in \mathfrak{V}_H(M_i)$ für $i = 1,\ldots,n$. Dann gilt:

a) Es gibt $g_1, \ldots, g_n \in G$ mit $D_i \underset{H}{\leqq} H \cap D^{g_i}$; also ist $D_i \underset{G}{\leqq} D$ für $i = 1, \ldots, n$.

b) $D \underset{G}{\leqq} H \Longrightarrow$ es gibt $i_0 \in \{1, \ldots, n\}$ mit $D_{i_0} \underset{G}{=} D$.

c) $D \leqq H \Longrightarrow$ es gibt $i_1 \in \{1, \ldots, n\}$ mit $D_{i_1} \underset{H}{=} D$.

d) $N_G(D) \leqq H \Longrightarrow$ es gibt genau ein $i_1 \in \{1, \ldots, n\}$ mit $D_{i_1} \underset{H}{=} D$.

Beweis. Sei $A := \mathrm{End}_K(M)$ und sei $e_i \in A_H$ die zu der Zerlegung

$$M|_H = \bigoplus_{i=1}^{n} M_i$$ gehörige Projektion auf M_i. Dann ist $A_G = \mathrm{End}_{KG}(M)$ lokal

und $\sum_{i=1}^{n} e_i$ eine lokale Zerlegung der $1 = \mathrm{id}_M$ in A_H; denn es gilt:

$e_i A_H e_i \cong \mathrm{End}_{KH}(M_i)$. Also ergibt sich die Behauptung sofort aus Satz 8.14.

Bemerkung. Sei $A := \mathrm{End}_K(M)$, $A_i := \mathrm{End}_K(M_i)$ und $\mathcal{Y} := \{H \cap D^g \mid g \in G \setminus H\}$. Auf Grund der letzten Bemerkung in Abschnitt 8.3 und des Beweises von Satz 8.14,d) gilt im Fall d) des obigen Satzes weiter:

$$A_G / A_{G,\mathcal{Y}} \cong A_{i_1 H} / A_{i_1 H, \mathcal{Y}} \quad \text{und} \quad M_i \text{ ist } \mathcal{Y}\text{-projektiv für } i \neq i_1.$$

<u>Satz</u> 8.29 . Sei N ein unzerlegbarer KH-Rechtsmodul mit dem Vertex D,

$$N^G = \bigoplus_{i=1}^{n} N_i$$ eine direkte Summe von unzerlegbaren KG-Untermoduln N_i,

und sei $D_i \in \mathcal{V}_G(N_i)$ für $i = 1, \ldots, n$. Dann gilt:

a) $D_i \underset{G}{\leqq} D$ für $i = 1, \ldots, n$.

b) Es gibt $i_0 \in \{1, \ldots, n\}$ mit $D_{i_0} \underset{G}{=} D$.

c) $H \lhd G \Longrightarrow D_i \underset{G}{=} D$ für $i = 1, \ldots, n$.

d) $N_G(D) \leqq H \Longrightarrow$ es gibt genau ein $i_1 \in \{1, \ldots, n\}$ mit $D_{i_1} \underset{G}{=} D$.

Beweis. a) Nach Satz 8.20 gibt es einen KD-Modul P und einen KH-Modul N', so daß $P^H \cong N \oplus N'$. Es folgt:

$$P^G \cong (P^H)^G \cong N^G \oplus N'^G = \bigoplus_{i=1}^{n} N_i \oplus N'^G.$$

Nach Lemma 8.18 ist P^G D-projektiv, woraus sich nach Lemma 8.19 ergibt, daß auch $N_1, \ldots, N_n$ D-projektiv sind.

b) Da N ein unzerlegbarer direkter Summand von $N^G|_H$ ist, gibt es $i_0 \in \{1, \ldots, n\}$, so daß N ein direkter Summand von $N_{i_0}|_H$ ist. Nach Satz 8.28,a) folgt $D \underset{G}{\leqq} D_{i_0}$, woraus sich zusammen mit a) die Behauptung ergibt.

c) Sei $\{g_1,\ldots,g_s\}$ eine Rechtstransversale von H in G. Dann ist

$N^G\big|_H = \bigoplus_{j=1}^{s} N \otimes g_j$ eine direkte Summe von KH-Untermoduln. Da der

K-Algebrenautomorphismus $KH \ni a \longmapsto g_j a g_j^{-1} \in KH$ $\quad$ N bzw. $\operatorname{End}_K(N)$

zu einem KH-Modul macht, der zu $N \otimes g_j$ bzw. $\operatorname{End}_K(N \otimes g_j)$ isomorph

ist, ist $g_j D g_j^{-1}$ "der" Vertex von $N \otimes g_j$. Nach dem Satz von Krull-

Remak-Schmidt ist nun $N_i\big|_H$ für $i = 1,\ldots,n$ eine direkte Summe von un-

zerlegbaren KH-Moduln, die zu gewissen $N \otimes g_j$, $j \in \{1,\ldots,s\}$, isomorph

sind. Somit folgt aus Satz 8.28,b) $D_i \underset{G}{=} D$ für $i = 1,\ldots,n$.

d) Wie im Beweis von Lemma 8.18,a) sei $N^G\big|_H = N \otimes 1 \oplus \sum_{j=2}^{s} N \otimes g_j$,

$A := \operatorname{End}_K(N^G)$, $\pi \in A_H$ die Projektion auf $N \otimes 1$ und $\pi' \in A_H$ die Projek-

tion auf $N' := \sum_{j=2}^{s} N \otimes g_j$, $\mathfrak{X} := \{D \cap D^g \mid g \in G \setminus H\}$, $\mathfrak{Y} := \{H \cap D^g \mid g \in G \setminus H\}$.

Wegen $\pi A \pi \cong \operatorname{End}_K(N)$ ist $\pi \in A_{H,D}$. Daher gilt nach Lemma 8.5,b):

$$\pi' = 1_A - \pi = T_{G,H}(\pi) - \pi \in A_{H,\mathfrak{Y}}.$$

Somit ist N' $\mathfrak{Y}$-projektiv. Nach Lemma 8.19 ist auch jeder unzerlegbare

direkte Summand von N' $\mathfrak{Y}$-projektiv und kann also nicht den Vertex D

haben. Folglich hat $N^G\big|_H$ nur einen unzerlegbaren direkten Summanden mit

Vertex D. Nach Satz 8.28,c) hat dann auch N^G nur einen solchen Summan-

den mit Vertex D.

Bemerkung. Im Fall d) gilt weiter: N_i ist $\mathfrak{X}$-projektiv für $i \neq i_1$.

Beweis. Nach a) kann ohne Einschränkung $D_i \leq D$ angenommen werden. Da

$N_i\big|_H$ $\mathfrak{Y}$-projektiv ist, existiert $g \in G \setminus H$ mit $D_i \underset{H}{\leq} H \cap D^g$, d.h. es gibt

$h \in H$ mit $D_i \leq H \cap D^{gh}$. Also ist $D_i \leq D \cap D^{gh} \in \mathfrak{X}$, was zu zeigen war.

<u>Satz</u> 8.30 (Green). Sei

$\quad$ K ein Körper mit der Charakteristik $p > O$,

$\quad$ G eine endliche Gruppe,

$\quad$ D eine p-Untergruppe von G, und

$\quad$ H eine Untergruppe von G mit $N_G(D) \leq H$.

Weiter sei

$\quad \mathfrak{X} := \{D \cap D^g \mid g \in G \setminus H\}$,

$\quad \mathfrak{Y} := \{H \cap D^g \mid g \in G \setminus H\}$,

$\quad \mathfrak{a} := \{V \mid V \leq D,\ V \nleq D^g$ für alle $g \in G \setminus H\}$, und

$\quad \mathfrak{m}_{KG,\mathfrak{a}}$ bzw. $\mathfrak{m}_{KH,\mathfrak{a}}$ die Menge aller Isomorphieklassen von endlich-

$\quad$ dimensionalen unzerlegbaren KG- bzw. KH-Rechtsmoduln mit Vertex in $\mathfrak{a}$.

Dann gibt es eine Vertex-erhaltende Bijektion $\mathfrak{g} = \mathfrak{g}_D : \mathfrak{m}_{KG,\mathfrak{a}} \longrightarrow \mathfrak{m}_{KH,\mathfrak{a}}$

derart, daß für einen KG-Rechtsmodul M mit $[M] \in \mathfrak{m}_{KG,\mathfrak{a}}$ und einen

KH-Rechtsmodul N mit $[N] \in \mathfrak{M}_{KH,\mathfrak{a}}$ die folgenden Bedingungen äquivalent sind:

a) $\mathfrak{g}([M]) = [N]$.

b) Es gibt $N' \leq M|_H$ mit $M|_H \cong N \oplus N'$.

c) Es gibt $M' \leq N^G$ mit $N^G \cong M \oplus M'$.

Sind die Bedingungen a) bis c) erfüllt, dann ist N' $\mathfrak{y}$-projektiv und M' $\mathfrak{x}$-projektiv; außerdem sind die Radikalfaktorringe von $\mathrm{End}_{KG}(M)$ und $\mathrm{End}_{KH}(N)$ isomorph.

Beweis. Sei $V \in \mathfrak{a}$ der Vertex von M, $M|_H = \bigoplus_{i=1}^{n} M_i$ eine direkte Summe von unzerlegbaren KH-Untermoduln M_i von M, und

$$\mathfrak{x}' := \{V \cap V^g \mid g \in G \setminus H\}, \quad \mathfrak{y}' := \{H \cap V^g \mid g \in G \setminus H\}.$$

Wegen $N_G(V) \leq H$ (denn für alle $g \in N_G(V)$ gilt: $V = V^g \Longrightarrow V \leq D^g \Longrightarrow g \in H$) gibt es nach Satz 8.28,d) genau ein $i_1 \in \{1,\ldots,n\}$ mit $V \in \mathfrak{v}_H(M_{i_1})$; die restlichen M_i, $i \neq i_1$, sind $\mathfrak{y}'$-projektiv, also auch $\mathfrak{y}$-projektiv.

Wir definieren $\mathfrak{g}([M]) := [M_{i_1}]$.

$\mathfrak{g}$ ist nach dem Satz von Krull-Remak-Schmidt wohldefiniert und nach dem Beweis von Satz 8.29,d) surjektiv.

Um zu zeigen, daß $\mathfrak{g}$ injektiv ist, genügt es nachzuweisen, daß M ein direkter Summand von $M_{i_1}^G$ ist. Dafür schreiben wir jetzt $M|M_{i_1}^G$. Da M V-projektiv ist, existiert ein KV-Modul P mit $M|P^G$. Wegen $P^G \cong (P^H)^G$ gibt es daher einen unzerlegbaren V-projektiven KH-Modul Q mit $M|Q^G$. Nach Satz 8.29 muß Q den Vertex V haben. Da nun M_{i_1} der einzige direkte Summand von $M|_H$ mit Vertex V ist, und Q der einzige solche Summand von $Q^G|_H$ (siehe Beweis von Satz 8.29,d)), ist $M_{i_1} \cong Q$, also $M|M_{i_1}^G$.

Damit ist auch die Charakterisierung von $\mathfrak{g}$ durch die Bedingungen a,b,c) klar. Der Rest folgt sofort aus den Bemerkungen nach Satz 8.28 und Satz 8.29.

Zum Schluß wollen wir eine Beziehung zwischen der Green-Korrespondenz $\mathfrak{g}$ und den in Abschnitt 7.9 definierten zueinander inversen Abbildungen ke, kok : $\mathfrak{M}_{KG} \longrightarrow \mathfrak{M}_{KG}$ bzw. ke, kok : $\mathfrak{M}_{KH} \longrightarrow \mathfrak{M}_{KH}$ herstellen. (KG und KH sind Frobenius-Algebren!)

<u>Satz</u> 8.31 . Die Abbildungen ke, kok : $\mathcal{W}_{KG} \longrightarrow \mathcal{W}_{KG}$ erhalten Vertices.

Beweis. Sei $0 \longrightarrow L \xrightarrow{\alpha} M \xrightarrow{\beta} N \longrightarrow 0$ eine kurze exakte Folge von KG-Rechtsmoduln, die die Bedingungen von Satz 7.71 erfüllt, und sei $D \le G$. Es genügt zu zeigen:

$\qquad$ L ist D-projektiv $\Longleftrightarrow$ N ist D-projektiv.

"$\Longrightarrow$". Ohne Einschränkung sei $L \le M$, α die Inklusion, $N = M/L$ und β der natürliche Epimorphismus. Da L D-projektiv ist, existiert $\gamma \in \mathrm{End}_{KD}(L)$ mit $\mathrm{id}_L = T_{G,D}(\gamma)$. Da M 1-projektiv ist, ist nach Satz 8.28 $M|_D$ 1-projektiv, also sogar projektiv und damit auch injektiv. Folglich gibt es $\gamma' \in \mathrm{End}_{KD}(M)$ mit $\gamma'\alpha = \alpha\gamma$. Definieren wir $\gamma'' \in \mathrm{End}_{KD}(N)$ durch

$\qquad \gamma''(m+L) := \gamma'(m) + L \quad$ für alle $m \in M$,

dann ist $\gamma''\beta = \beta\gamma'$. Somit ist jedes "Quadrat" im folgenden Diagramm kommutativ:

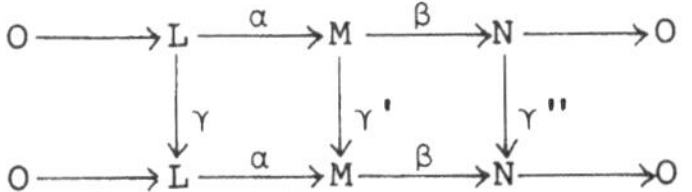

Nach Lemma 8.7,a) bleiben diese Quadrate kommutativ, wenn wir $\gamma, \gamma', \gamma''$ durch $T_{G,D}(\gamma)$, $T_{G,D}(\gamma')$, $T_{G,D}(\gamma'')$ ersetzen. Es gilt nun:

$\qquad T_{G,D}(\gamma) = \mathrm{id}_L$ und $L \le^* M$

$\Longrightarrow \quad T_{G,D}(\gamma')$ ist ein Monomorphismus

$\Longrightarrow \quad T_{G,D}(\gamma')$ ist ein Isomorphismus wegen $l(M) < \infty$

$\Longrightarrow \quad T_{G,D}(\gamma'')$ ist ein Isomorphismus

$\Longrightarrow \quad \mathrm{End}_K(N)_G = \mathrm{End}_K(N)_{G,D}$.

Dies war zu zeigen.

"$\Longleftarrow$". Analog.

Aus dem letzten Satz folgt sofort, daß Quelle und Ziel von ke und kok auf $\mathcal{W}_{KG,\alpha}$ bzw. $\mathcal{W}_{KH,\alpha}$ eingeschränkt werden dürfen.

<u>Satz</u> 8.32 . Seien $K, G, D, H, \alpha, \mathscr{G}$ wie in Satz 8.30. Dann sind die folgenden Diagramme kommutativ:

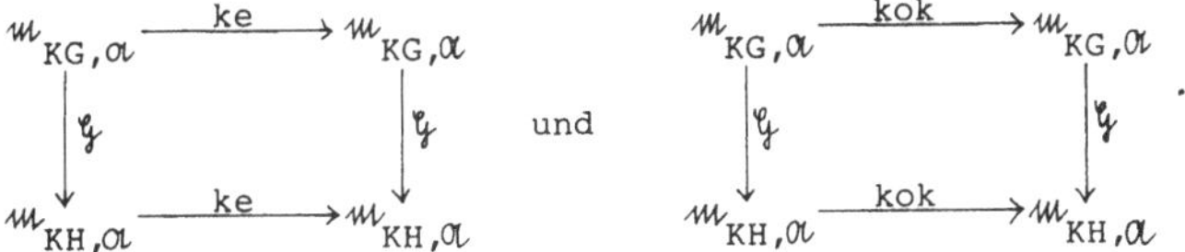

Beweis. Sei $0 \longrightarrow L \overset{\alpha}{\longrightarrow} M \overset{\beta}{\longrightarrow} N \longrightarrow 0$ eine kurze exakte Folge wie im letzten Beweis, sei $V \in \mathcal{a}$ der Vertex von L, $L|_H = L_1 \oplus L_2$ eine direkte Zerlegung von $L|_H$ mit $\mathcal{G}[L] = [L_1]$ und $S \leq M|_H$ mit

$$\mathrm{Soc}(M|_H) = \mathrm{Soc}\, L_1 \oplus \mathrm{Soc}\, L_2 \oplus S .$$

Auf Grund der Injektivität von $M|_H$ gibt es Untermoduln $M_1, M_2, M_3 \leq M|_H$, so daß

$$M|_H = M_1 \oplus M_2 \oplus M_3 \quad \text{und} \quad L_1 \leq M_1,\ L_2 \leq M_2,\ S \leq M_3 .$$

Es folgt:

$$N|_H \cong M_1/L_1 \oplus M_2/L_2 \oplus M_3/S .$$

Nun ist aber $\alpha|_{L_1} : L_1 \longrightarrow M_1$ eine injektive Hülle, also $[M_1/L_1] = \mathrm{kok}[L_1]$ und $V \in \mathcal{W}_H(M_1/L_1)$ nach Satz 8.31. Ebenso gilt $V \in \mathcal{W}_G(N)$. Folglich ist $\mathcal{G}[N] = [M_1/L_1]$ und es gilt:

$$\mathcal{G}\,\mathrm{kok}[L] = \mathcal{G}[N] = [M_1/L_1] = \mathrm{kok}[L_1] = \mathrm{kok}\,\mathcal{G}[L]$$

und

$$\mathcal{G}\,\mathrm{ke}[N] = \mathcal{G}[L] = [L_1] = \mathrm{ke}[M_1/L_1] = \mathrm{ke}\,\mathcal{G}[N] .$$

Hieraus ergibt sich die Behauptung.

§9. <u>Blockdefektgruppen</u>.

In diesem Paragraphen sei K ein Körper mit char K = p > O und G eine
endliche Gruppe.

In Satz 8.12 wurde gezeigt, daß sich jeder lokalen K-G-Algebra eine bis
auf Konjugation eindeutige p-Untergruppe von G, die Defektgruppe,
zuordnen läßt. Dies wurde dann auf die Endomorphismenringe der unzerlegbaren endlich-dimensionalen KG-Moduln angewendet. Hier sollen nun
die Blöcke der Gruppenalgebra KG, deren Zentren ja auch lokale Ringe
sind, untersucht werden.

9.1 <u>Charakterisierung der Blockdefektgruppen</u>

Wir betrachten die Gruppenalgebra KG als K-G-Algebra und schreiben wie
in Abschnitt 8.3 dafür $\underline{KG}$.

Sei $\varepsilon \in KG$ ein zentral-primitives Idempotent, $B := \varepsilon\, KG\, \varepsilon$ der zugehörige
Block und $\underline{B} := \varepsilon\, \underline{KG}\, \varepsilon$ die zugehörige K-G-Algebra ($\varepsilon \in \underline{KG}_G$!). B hat
das Zentrum $\underline{B}_G$. Da ε das einzige Idempotent in dem semiperfekten Ring
$\underline{B}_G$ ist, ist $\underline{B}_G$ ein lokaler Ring.

<u>Definition</u> 9.1 . Eine Defektgruppe D von $\underline{B}$ heißt auch Defektgruppe des
Blocks B bzw. Defektgruppe des zentral-primitiven Idempotents ε.
Schreibe $\delta_G(\underline{B}) =: \delta_G(B) =: \delta_G(\varepsilon)$. Ist $|D| = p^m$, so heißt m der Defekt
des Blocks B bzw. des Idempotents ε.

<u>Bemerkung</u>. Sei $H \leq G$, C eine H-Konjugationsklasse von G, $c \in C$ und
$C_H(c)$ der Zentralisator von c in H. Dann ist $|C| = [H : C_H(c)]$.
Jede p-Sylow-Untergruppe von $C_H(c)$ wird Defektgruppe von c, aber auch
Defektgruppe von C genannt. Die Menge der Defektgruppen von c bzw. C
wird mit $\delta_H(c)$ bzw. $\delta_H(C)$ bezeichnet. Wie früher sei $C^+ := \sum_{g \in C} g$ die
zu C gehörende Klassensumme in KG.

Sind $C_1, \ldots, C_r$ die H-Konjugationsklassen von G, dann bilden offensichtlich $C_1^+, \ldots, C_r^+$ eine K-Basis von $\underline{KG}_H$.

<u>Lemma</u> 9.2 . Sei $U \leq H \leq G$. Dann sind für eine H-Konjugationsklasse C_i
äquivalent:

a) $C_i^+ \in \underline{KG}_{H,U}$.

b) Es gibt $c \in C_i$, so daß $p \nmid [C_H(c) : C_U(c)]$.

c) Zu jedem $c \in C_i$ gibt es $V \in \delta_H(c)$, so daß $V \underset{H}{\leq} U$.

Die Klassensummen C_i^+, die die Bedingungen a,b,c) erfüllen, bilden eine K-Basis von $\underline{KG}_{H,U}$.

Beweis. Sei $\mathcal{C}$ die Menge der U-Konjugationsklassen von G. Dann ist $\{C^+ \mid C \in \mathcal{C}\}$ eine K-Basis von $\underline{KG}_U$ und $\{T_{H,U}(C^+) \mid C \in \mathcal{C}\}$ ein K-Erzeugendensystem von $\underline{KG}_{H,U}$.

Zu $C \in \mathcal{C}$ gibt es ein $i \in \{1,\ldots,r\}$, so daß $C \subseteq C_i$. Sei nun ρ eine Rechtstransversale von U in H. Dann ist

$$T_{H,U}(C^+) = \sum_{h \in \rho} \sum_{c \in C} h^{-1}ch \in \underline{KG}_H .$$

Da $h^{-1}ch \in C_i$ für alle $c \in C$, $h \in \rho$, gibt es $n \in \mathbb{Z}$, so daß

$$T_{H,U}(C^+) = nC_i^+ .$$

Wir vergleichen nun die Anzahl der Summanden auf beiden Seiten und erhalten $|C| \cdot [H:U] = n|C_i|$, woraus $n = [C_H(c) : C_U(c)]$ für beliebiges $c \in C$ folgt.

a$\Longleftrightarrow$b. Nach dem Vorangegangenen ist genau dann $C_i^+ \in \underline{KG}_{H,U}$, wenn es $C \in \mathcal{C}$ mit $C \subseteq C_i$ gibt, so daß $p \nmid [C_H(c) : C_U(c)]$ für $c \in C$.

b$\Longrightarrow$c. Zu $c \in C_i$ gibt es $h \in H$, so daß $p \nmid [C_H(c^h) : C_U(c^h)]$. Damit ist jede p-Sylow-Untergruppe V von $C_U(c^h)$ auch eine p-Sylow-Untergruppe von $C_H(c^h)$. Wegen $C_H(c^h) = C_H(c)^h$ ist $V^{h^{-1}}$ eine p-Sylow-Untergruppe von $C_H(c)$, d.h. $V^{h^{-1}} \in \delta_H(c)$ und $V^{h^{-1}} \underset{H}{\leq} U$.

c$\Longrightarrow$b. Sei $c \in C_i$ und $V \in \delta_H(c)$, so daß $V^h \leq U$ für ein $h \in H$. Da V^h eine p-Sylow-Untergruppe von $C_H(c^h)$ ist, ist V^h auch eine p-Sylow-Untergruppe von $C_U(c^h)$, d.h. $p \nmid [C_H(c^h) : C_U(c^h)]$. Das Element $c^h \in C_i$ hat somit die gewünschte Eigenschaft.

<u>Definition</u> 9.3 . Sei $a = \sum_{g \in G} k_g\, g \in KG$. Dann heißt die Menge $\sup(a) := \{g \mid g \in G,\ k_g \neq 0\}$ der Träger von a.

<u>Satz</u> 9.4 . Sei $\varepsilon \in KG$ ein zentral-primitives Idempotent und sei $D \in \delta_G(\varepsilon)$. Dann gilt:

a) $\varepsilon \in \underline{KG}_{G,D}$.

b) Für alle $g \in \sup(\varepsilon)$ und $V \in \delta_G(g)$ ist $V \underset{G}{\leq} D$.

c) Es gibt $g_o \in \sup(\varepsilon)$ mit $D \in \delta_G(g_o)$.

Beweis. Sei $B = \varepsilon KG\, \varepsilon$. a) $\varepsilon \in \underline{B}_G = \underline{B}_{G,D} = \varepsilon\, \underline{KG}_{G,D}\, \varepsilon \subseteq \underline{KG}_{G,D}$.

b) Sei $g \in \sup(\varepsilon)$ und C die G-Konjugationsklasse mit $g \in C$. Wegen $\varepsilon \in \underline{KG}_{G,D}$ ist auch $C^+ \in \underline{KG}_{G,D}$ (Lemma 9.2). Aus Lemma 9.2,c) und dem Satz von Sylow folgt dann die Behauptung.

c) Sei $\mathfrak{U}$ die Menge aller echten Untergruppen von D. Angenommen, in b) gelte immer $V \underset{G}{\lneqq} D$, dann ist nach Lemma 9.2,a,c) $\varepsilon \in \underline{KG}_{G,\mathfrak{U}}$, woraus sich $\varepsilon \in \underline{B}_{G,\mathfrak{U}} \neq \underline{B}_{G,D}$ ergibt, was aber nicht sein kann. Also gibt es $g_1 \in \sup(\varepsilon)$ und $V \in \delta_G(g_1)$, so daß $V^g = D$ für ein $g \in G$. Für $g_o := gg_1g^{-1}$ gilt dann: $D \in \delta_G(g_o)$.

$\underline{\text{Lemma}}$ 9.5 . Sei $U \leq H \leq G$, $e \in \underline{KG}_{H,U}$ ein Idempotent und M ein KG-Rechtsmodul mit $Me \neq 0$. Dann ist Me ein U-projektiver KH-Rechtsmodul.

Beweis. $e\underline{KG}e$ ist eine K-H-Algebra mit dem Einselement e und Me ist ein KH-Rechtsmodul, weil $eh = he$ für alle $h \in H$. Da die Abbildung

$$\rho : e\underline{KG}e \ni a \longmapsto \cdot a \in \mathrm{End}_K(Me)$$

ein KH-Modulhomomorphismus ist, gilt: $\mathrm{id}_{Me} = \rho(e) \in \mathrm{End}_K(Me)_{H,U}$. Also ist $\mathrm{End}_K(Me)_H = \mathrm{End}_K(Me)_{H,U}$, was zu zeigen war.

$\underline{\text{Satz}}$ 9.6 . Ein KG-Rechtsmodul M, der zu einem Block $B \leq KG$ mit Defektgruppe D gehört, ist D-projektiv.

Beweis. Wir setzen in Lemma 9.5 : $H = G$, $U = D$, $e = 1_B \in \underline{KG}_{G,D}$. Dann ist $M = Me$ D-projektiv.

9.2 Blöcke mit normaler zyklischer Defektgruppe

$\underline{\text{Satz}}$ 9.7 . Sei B ein Block von KG mit einer zyklischen Defektgruppe $D = \langle d \mid d^{p^m} = 1 \rangle$ und sei $D \triangleleft G$. Dann gilt:

a) Für jedes primitive Idempotent $e \in B$ ist

$$eKG \supset e(1-d)KG \supset e(1-d)^2 KG \supset \ldots \supset e(1-d)^{p^m-1} KG \supset 0$$

die einzige Kompositionsreihe von eKG.

b) B_B und $_BB$ sind einreihig zerlegbar.

c) $\mathrm{Rad}\, B = (1-d)B = B(1-d)$ und $\exp(\mathrm{Rad}\, B) = p^m$.

Bezeichnet n die Anzahl der Isomorphieklassen der einfachen B-Rechtsmoduln, dann gilt weiter:

d) Es gibt genau np^m Isomorphieklassen von endlich-dimensionalen unzerlegbaren B-Rechtsmoduln, und jeder solche Modul kommt bis auf Isomorphie in einer Kompositionsreihe von a) vor.

e) $n \mid p - 1$.

Beweis. a) Aus $\operatorname{Rad} KD = (1 - d)KD = KD(1 - d)$ folgt nach Satz 8.23 $(1 - d)KG = KG(1 - d)$ und daraus $(1 - d)B = B(1 - d)$.

1) Sei nun $0 \neq M \leq eKG$ ein Rechtsideal. Da $\operatorname{Soc}(eKG)$ einfach ist, ist $M \leq^* eKG$ und die Inklusion $M \longleftrightarrow eKG$ eine injektive Hülle. M ist nach Satz 9.6 D-projektiv, also existiert nach Satz 8.25 ein Idempotent $e' \in KG$, ein $k \in \mathbb{N} \cup \{0\}$ und ein KG-Isomorphismus $\alpha : M \longrightarrow e'(1 - d)^k KG$. Außerdem ist $e'(1 - d)^k KG \leq^* e'KG$, d.h. die Inklusion $e'(1 - d)^k KG \longleftrightarrow e'KG$ ist ebenfalls eine injektive Hülle. Folglich gibt es einen KG-Isomorphismus $\beta : eKG \longrightarrow e'KG$ mit $\beta|_M = \alpha$, und es gilt:

$$M = \beta^{-1}(e'(1 - d)^k KG) = e\beta^{-1}(e')(1 - d)^k KG \leq e(1 - d)^k KG,$$

$$\beta(M) \leq \beta(e(1 - d)^k KG) = e'\beta(e)(1 - d)^k KG \leq e'(1 - d)^k KG.$$

Da β ein KG-Isomorphismus ist, folgt hieraus $M = e(1 - d)^k KG$.

2) Angenommen $e(1 - d)^k KG = e(1 - d)^{k+1} KG$, dann gilt wegen $(1 - d)KG = KG(1 - d)$:

$$e(1 - d)^k KG = eKG(1 - d)^k = eKG(1 - d)^{k+1} = (eKG(1 - d)^k)(1 - d) = \ldots = 0.$$

3) Wir zeigen: $e(1 - d)^{p^m - 1} KG \neq 0$.

Da eKG ein KG-direkter Summand von KG_{KG} ist, ist $eKG|_D$ ein KD-direkter Summand des freien KD-Moduls $KG|_D$. Daher ist $eKG|_D$ ein endlich erzeugter projektiver KD-Modul. KD ist ein lokaler Ring, also ist $eKG|_D$ ein freier KD-Modul (Satz 7.53). Folglich ist

$$0 \neq eKG(1 - d)^{p^m - 1} = e(1 - d)^{p^m - 1} KG.$$

b) Nach a) ist B_B einreihig. Die Einreihigkeit von $_B B$ zeigt man analog oder mit Satz 7.84.

c) Sei $\sum_{i=1}^{s} e_i$ eine primitive Zerlegung des zentral-primitiven Idempotents $(= 1_B)$ in B. Dann ist

$$\operatorname{Rad} B = \operatorname{Rad}\left(\bigoplus_{i=1}^{s} e_i KG\right) = \bigoplus_{i=1}^{s} \operatorname{Rad}(e_i KG) = \bigoplus_{i=1}^{s} e_i(1 - d)KG = \bigoplus_{i=1}^{s} e_i KG(1 - d)$$
$$= B(1 - d).$$

$\exp(\operatorname{Rad} B) = p^m$ ist klar nach a).

d) Seien $e_1, \ldots, e_n \in B$ primitive Idempotente, so daß $e_1 KG, \ldots, e_n KG$ paarweise nichtisomorph sind. Mit Hilfe von Folgerung 7.59 und Satz 7.60 ergibt sich der erste Teil der Behauptung.

Wir zeigen nun für $1 \leq i,j \leq n$ und $0 \leq k,l < p^m$:

$$e_i(1-d)^k KG \cong e_j(1-d)^l KG \implies i = j, \ k = l.$$

Da KG eine symmetrische Algebra ist, gilt:

$$e_i KG/\mathrm{Rad}(e_i KG) \cong \mathrm{Soc}(e_i KG) = \mathrm{Soc}(e_i(1-d)^k KG) \cong \mathrm{Soc}(e_j(1-d)^l KG)$$

$$\cong e_j KG/\mathrm{Rad}(e_j KG).$$

Hieraus folgt $i = j$. Ein Längenvergleich liefert $k = l$. Damit ist auch der zweite Teil klar.

e) Wir zeigen zuerst für $i = 1,\ldots,n$:

$$(*) \qquad e_i KG / e_i(1-d)KG \cong e_i(1-d)^{p-1} KG / e_i(1-d)^p KG.$$

Dabei unterscheiden wir die Fälle $m = 1$ und $m > 1$.

$m = 1$: $\ e_i(1-d)^p KG = 0 \implies$

$$e_i(1-d)^{p-1} KG = \mathrm{Soc}(e_i KG) \cong e_i KG/e_i(1-d)KG.$$

$m > 1$: $\ U := \langle d^p \rangle$ ist eine charakteristische Untergruppe von D, also

$U \lhd G$. Setze $\overline{G} := G/U$. Der natürliche Epimorphismus $G \longrightarrow \overline{G}$ induziert einen surjektiven Ringhomomorphismus $KG \longrightarrow K\overline{G}$ mit dem Kern $(1-d^p)KG = (1-d)^p KG$. $\overline{KG} := KG/(1-d)^p KG$ ist wegen $\overline{KG} \cong K\overline{G}$ eine symmetrische Algebra. Außerdem ist wegen $(1-d)^p KG \subseteq \mathrm{Rad}\,KG$ jeder einfache KG-Modul auch einfach als $\overline{KG}$-Modul. Nach Satz 7.84 folgt daher

$$e_i KG/e_i(1-d)KG \cong \overline{e}_i \overline{KG}/\mathrm{Rad}(\overline{e}_i \overline{KG}) \cong \mathrm{Soc}(\overline{e}_i \overline{KG}) = \overline{e}_i (\overline{1-d})^{p-1} \overline{KG}$$

$$\cong e_i(1-d)^{p-1} KG / e_i(1-d)^p KG.$$

Da B nach Lemma 7.79,c) eine symmetrische Algebra und B_B einreihig zerlegbar ist, folgt aus $(*)$ und Satz 7.85,d): $n / p - 1$.

<u>Bemerkung</u>. Mit dem Argument in Punkt 3) des Beweises von a) läßt sich auch unmittelbar zeigen: Ist $e \in KG$ ein Idempotent und P die p-Sylow-Untergruppe von G, dann wird $[eKG : K]$ von $|P|$ geteilt.

9.3 Der Brauerhomomorphismus

Zu $D \leq G$, $X \subseteq G$ sei $X^D := \{x^d \mid x \in X, \ d \in D\}$.

<u>Lemma</u> 9.8 . Sei D eine p-Untergruppe von G, seien X,Y Teilmengen von G mit $X^D = X$, $Y^D = Y$, und sei $S_t := \{(x,y) \mid x \in X, \ y \in Y, \ xy = t\}$ für $t \in C_G(D)$. Dann gilt:

$$Y \cap C_G(D) = \emptyset \implies p / |S_t|.$$

Beweis. Wir definieren eine Äquivalenzrelation auf S_t:

$(x,y) \sim (x',y') :\Longleftrightarrow$ es gibt $d \in D$ mit $(x',y') = (x^d,y^d)$.

Sei nun $(x,y) \in S_t$ fest. Dann gilt:

a) $(x^d,y^d) \in S_t$ für alle $d \in D$.

b) $T := \{d \mid d \in D,\ (x,y) = (x^d,y^d)\}$ ist eine Untergruppe von D.
$T = D \cap C_G(x) \cap C_G(y)$.

c) $|\{(x^d,y^d) \mid d \in D\}| = [D:T]$; denn für $d,d' \in D$ gilt:

$(x^d,y^d) = (x^{d'},y^{d'}) \Longleftrightarrow dd'^{-1} \in T \Longleftrightarrow Td = Td'$.

d) $T \nleq D$; denn es gilt:

$Y \cap C_G(D) = \emptyset \Longrightarrow D \nleq C_G(y) \Longrightarrow T = D \cap C_G(x) \cap C_G(y) \nleq D$.

Nach c,d) ist die Anzahl der Elemente jeder Äquivalenzklasse von S_t durch p teilbar, folglich auch $|S_t|$.

Lemma 9.9 . Sei D eine normale p-Untergruppe von G, $\bar{G} := G/D$ die Faktorgruppe, $\nu : G \longrightarrow \bar{G}$ der natürliche Epimorphismus und C eine Konjugationsklasse von G. Dann ist $\nu(C)$ eine Konjugationsklasse von $\bar{G}$. Für den durch ν induzierten surjektiven Ringhomomorphismus

$$\tau :\ KG \ni \sum_{g \in G} k_g\, g \longmapsto \sum_{g \in G} k_g\, \nu(g) \ \in\ K\bar{G}$$

gilt:

a) $\tau(C^+) = \dfrac{|C|}{|\nu(C)|}\, \nu(C)^+$.

b) $\tau(C^+) = 0$, falls $C \cap C_G(D) = \emptyset$.

c) $Ke(\tau) = Rad(KD) \cdot KG$.

Beweis. $\nu(C)$ ist eine Konjugationsklasse von $\bar{G}$, weil

$\nu(g^{-1}cg) = \nu(g)^{-1}\nu(c)\nu(g)$ für alle $c \in C,\ g \in G$.

a) $C^+ \in Z(KG) \Longrightarrow \tau(C^+) \in Z(K\bar{G}) \Longrightarrow$ es gibt $n \in \mathbb{Z}$, so daß $\tau(C^+) = n\nu(C)^+$ ist. Nun vergleichen wir die Anzahl der Summanden auf beiden Seiten und erhalten $n = \dfrac{|C|}{|\nu(C)|}$.

b) Sei $c \in C$. Setze in Lemma 9.8 : $X = c^{-1}D$, $Y = C$, $t = 1 \in C_G(D)$. Wegen $D \lhd G$ ist $X^D = X$; $Y^D = Y$ ist trivial. Somit gilt: $p / |S_1|$. Andererseits haben wir:

$|S_1| = |\{(c^{-1}d,c') \mid d \in D,\ c' \in C,\ c^{-1}dc' = 1\}| =$

$= |\{c' \mid c' \in C,\ Dc' = Dc\}| = \dfrac{|C|}{|\nu(C)|}$.

Zusammen ergibt sich $p / \dfrac{|C|}{|\nu(C)|}$, was zu zeigen war.

c) Aus $\tau(Rad\, KD) = \tau(\sum_{d \in D}(1-d)K) = \sum_{d \in D}\tau(1-d)K = 0$ folgt

Ke(τ) $\supseteq$ Rad KD$\cdot$KG . Außerdem ist

$$[\text{Rad KD}\cdot\text{KG} : K] = (|D| - 1)[G : D] = |G| - [G : D] = [\text{Ke}(\tau) : K].$$

Diese Aussagen liefern zusammen die Behauptung.

<u>Bemerkung</u>. Ist D eine normale p-Untergruppe von G mit $C_G(D) \subseteq D$, dann ist die Gruppenalgebra KG unzerlegbar.

Beweis. Wir verwenden die Bezeichnungen von Lemma 9.9 . Für eine Konjugationsklasse C von G mit $\tau(C^+) \neq 0$ gilt:

$$C \cap C_G(D) \neq \emptyset \implies C \cap D \neq \emptyset \implies C \subseteq D \quad \text{wegen} \quad D \triangleleft G \implies$$

$$\nu(c) = \overline{1} \in \overline{G} \quad \text{für alle } c \in C.$$

Angenommen, es gibt zwei orthogonale zentrale Idempotente $\varepsilon, \varepsilon'$ in KG. Wegen Ke(τ) = Rad KD$\cdot$KG $\subseteq$ Rad KG sind einerseits $\tau(\varepsilon), \tau(\varepsilon')$ auch orthogonale Idempotente in $\overline{KG}$, andererseits muß aber nach oben gelten $\tau(\varepsilon) = \overline{1} = \tau(\varepsilon')$, was einen Widerspruch darstellt.

<u>Lemma</u> 9.10 . Seien D,D' p-Untergruppen von G, $D \triangleleft G$ und $D \not\subseteq D'$. Dann ist $\underline{KG}_{G,D'}$ ein nilpotentes Ideal in $\underline{KG}_G$.

Beweis. $\underline{KG}_{G,D'}$ hat als K-Basis die Klassensummen C^+, bei denen zu jedem $c \in C$ ein $V \in \delta_G(c)$ existiert mit $V \leq D'$. Für eine solche Konjugationsklasse C ist $C \cap C_G(D) = \emptyset$; wäre nämlich $c \in C_G(D)$, so hätten wir wegen

$$D \leq C_G(c) \implies D \leq V \implies D \subseteq D'$$

einen Widerspruch zur Voraussetzung. Somit gilt nach Lemma 9.9 und Lemma 8.23

$$C^+ \in \text{Ke}(\tau) = \text{Rad KD}\cdot\text{KG} \subseteq \text{Rad KG} .$$

Dies ergibt die Behauptung.

<u>Satz</u> 9.11 . Sei D eine normale p-Untergruppe von G. Dann ist D in der Defektgruppe jedes Blocks von KG enthalten.

Beweis. Sei $\varepsilon \in$ KG ein zentral-primitives Idempotent mit Defektgruppe D'. Wegen $\varepsilon \in \underline{KG}_{G,D'}$ ist $\underline{KG}_{G,D'}$ nicht nilpotent. Nach Lemma 9.10 folgt daraus $D \subseteq D'$.

<u>Satz</u> 9.12 . Sei D eine p-Untergruppe von G und $H = N_G(D)$, sei $\mathfrak{C}$ die Menge der G-Konjugationsklassen von G mit Defektgruppe D und $\mathfrak{B}$ die Menge der H-Konjugationsklassen von H mit Defektgruppe D. Dann ist die Abbildung $\zeta : \mathfrak{C} \ni C \longmapsto C \cap C_G(D) \in \mathfrak{B}$ eine Bijektion.

Beweis. a) Wir zeigen: $C \cap C_G(D)$ ist eine Konjugationsklasse von H.

Es ist leicht einzusehen, daß $C_G(D)$ ein Normalteiler von $N_G(D) = H$ ist. D ist eine p-Sylow-Untergruppe von $C_G(c)$ für ein $c \in C$. Somit ist $c^h \in C \cap C_G(D)$ für alle $h \in H$.

Sei nun $t \in C \cap C_G(D)$ ein weiteres Element. Dann gibt es $x \in G$ mit $t = c^x$. Wegen $D \leq C_G(t) = C_G(c)^x$ sind D und D^x p-Sylow-Untergruppen von $C_G(t)$. Folglich existiert $y \in C_G(t)$ mit $D = (D^x)^y = D^{xy}$, d.h. $xy \in N_G(D) = H$. Wegen

$$t = t^y = (c^x)^y = c^{xy}$$

liegen t und c in der gleichen Konjugationsklasse von H.

b) Wir zeigen: D ist Defektgruppe von $C \cap C_G(D)$.

Aus $D \leq C_G(c)$, $D \leq H$ folgt $D \leq H \cap C_G(c) = C_H(c)$. Also ist D auch eine p-Sylow-Untergruppe von $C_H(c)$.

Aus a) und b) folgt, daß ζ wohldefiniert ist.

c) Es ist trivial, daß ζ injektiv ist.

d) Wir zeigen: ζ ist surjektiv.

Sei $C' \in \mathfrak{B}$. Dann existiert $h \in C'$, so daß D eine p-Sylow-Untergruppe von $C_H(h)$ ist. Angenommen, D ist nicht eine p-Sylow-Untergruppe von $C_G(h)$, dann gibt es eine p-Untergruppe D_1 von $C_G(h)$, so daß D ein echter Normalteiler von D_1 ist. Hieraus folgt $D_1 \leq C_G(h) \cap H = C_H(h)$. Dies steht im Widerspruch dazu, daß D eine p-Sylow-Untergruppe von $C_H(h)$ ist.

Somit hat die Konjugationsklasse $C := \{h^g \mid g \in G\}$ die Defektgruppe D, d.h. $C \in \mathfrak{C}$, und wegen $h \in C_G(D)$ ist $\zeta(C) = C'$.

<u>Satz</u> 9.13 . Sei D eine normale p-Untergruppe von G und $\varepsilon \in KG$ ein zentral-primitives Idempotent mit Defektgruppe D. Dann gilt: $\sup(\varepsilon) \subseteq C_G(D)$.

Beweis. Seien $C_1, \ldots, C_r$ die Konjugationsklassen von G und $D_1, \ldots, D_r$ zugehörige Defektgruppen. Dann gibt es $k_1, \ldots, k_r \in K$, so daß

$\varepsilon = \sum\limits_{i=1}^{r} k_i C_i^{+}$ ist. Nach Satz 9.4 ist $k_i = 0$, falls $D_i \not\leq D$. Die Teilsumme

$$x := \sum\limits_{\substack{i=1 \\ D_i \not\leq D}}^{r} k_i C_i^{+} \quad \in \quad \sum\limits_{\substack{i=1 \\ D_i \not\leq D}}^{r} \underline{KG}_{G,D_i}$$

ist nilpotent, da nach Lemma 9.10 $\underline{KG}_{G,D_i} \subseteq \mathrm{Rad}(\underline{KG}_G)$. Es gibt daher $n \in \mathbb{N}$ mit $x^{p^n} = 0$. Somit gilt:

$$\varepsilon = \varepsilon^{p^n} - x^{p^n} = (\varepsilon - x)^{p^n} = \sum_{\substack{i=1 \\ D_i = D}}^{r} k_i \, C_i^+ \, .$$

Die Konjugationsklassen C_i mit $D_i = D$ aber liegen in $C_G(D)$, was man sofort erkennt, wenn man in Satz 9.12 $H = G$ setzt.

<u>Satz</u> 9.14 . Sei D eine p-Untergruppe von G und H eine Untergruppe von G mit $C_G(D) \le H \le N_G(D)$. Die natürliche Projektion

$$KG \ni \sum_{g \in G} k_g \, g \longmapsto \sum_{g \in C_G(D)} k_g \, g \in KC_G(D)$$

induziert einen K-Algebrenhomomorphismus $\sigma = \sigma_D : Z(KG) \longrightarrow Z(KH)$. (Für eine Konjugationsklasse C von G ist $\sigma(C^+) = \sum_{g \in C \cap C_G(D)} g$.) Der

Kern von σ besteht aus allen K-Linearkombinationen von Klassensummen C^+ mit $C \cap C_G(D) = \emptyset$.

Beweis. Seien $C_1, \ldots, C_r$ die Konjugationsklassen von G. Dann ist $\{C_1^+, \ldots, C_r^+\}$ eine K-Basis von $Z(KG)$. Wegen $C_G(D) \lhd H$ ist $C_i \cap C_G(D)$ eine Vereinigung von H-Konjugationsklassen, d.h. $\sigma(C_i^+) \in Z(KH)$. Also ist σ wohldefiniert.

Weiter ist klar, daß σ ein K-Vektorraumhomomorphismus mit dem angegebenen Kern ist.

Daher brauchen wir nur noch zu zeigen:

$$\sigma(C_i^+) \, \sigma(C_j^+) = \sigma(C_i^+ C_j^+) \quad \text{für alle} \quad i,j = 1, \ldots, r.$$

Wir setzen $Z_i := C_i \setminus (C_i \cap C_G(D))$ und $Z_i^+ := \sum_{g \in Z_i} q$ für $i = 1, \ldots, r$.

Dann ist $C_i^+ = \sigma(C_i^+) + Z_i^+$ und

$$C_i^+ C_j^+ = \sigma(C_i^+) \, \sigma(C_j^+) + \sigma(C_i^+) \, Z_j^+ + Z_i^+ \, \sigma(C_j^+) + Z_i^+ Z_j^+ \, .$$

Wir wenden jetzt σ auf diese Gleichung an und erhalten

$$\sigma(C_i^+ C_j^+) = \sigma(C_i^+) \, \sigma(C_j^+) + \sigma(Z_i^+ Z_j^+) \, ,$$

denn $\sup(\sigma(C_i^+) \, Z_j^+) \cap C_G(D) = \emptyset$ und $\sup(Z_i^+ \, \sigma(C_j^+)) \cap C_G(D) = \emptyset$.

Da nun $X = Z_i$ und $Y = Z_j$ die Voraussetzungen von Lemma 9.8 erfüllen, gilt für $t \in C_G(D)$:

$$p / |S_t|, \text{ wobei } S_t := \{(x,y) \mid x \in Z_i, \, y \in Z_j, \, xy = t\}.$$

Es folgt: $\sigma(Z_i^+ Z_j^+) = \sum_{t \in C_G(D)} |S_t| \, t = 0.$

Damit ist der Satz bewiesen.

<u>Definition</u> 9.15 . Der in Satz 9.14 angegebene K-Algebrenhomomorphismus $\sigma = \sigma_D$ heißt der zu D gehörige Brauerhomomorphismus.

9.4 Der Satz von Osima

Lemma 9.16 (Brauer). Sei A eine Algebra über K und $S = \langle ab - ba \mid a,b \in A\rangle$ der von allen Kommutatoren $ab - ba$ erzeugte K-Untervektorraum von A. Dann gilt für $a_1,\dots,a_m \in A$ und $n \in \mathbb{N}$:

$$(a_1 + \dots + a_m)^{p^n} - a_1^{p^n} - \dots - a_m^{p^n} \in S.$$

Beweis. a) Wir zeigen die Behauptung zuerst für $m = 2$ und $n = 1$:

$$(*) \qquad (a_1 + a_2)^p - a_1^p - a_2^p = \sum a_{i_1} a_{i_2} \dots a_{i_p},$$

wobei die p-Tupel $(i_1,\dots,i_p)$ alle Elemente der Menge

$I := \{(i_1,\dots,i_p) \mid i_1,\dots,i_p \in \{1,2\};$ nicht alle $i_1,\dots,i_p$ sind gleich$\}$

durchlaufen. Zwei p-Tupel von I mögen äquivalent heißen, wenn sie durch zyklische Vertauschung ineinander übergehen. Dies liefert eine Äquivalenzrelation auf I. Durchläuft $(i_1,\dots,i_p)$ alle Elemente einer Äquivalenzklasse, dann liegen die zugehörigen Produkte $a_{i_1} a_{i_2} \dots a_{i_p}$ wegen

$$a_{i_1}(a_{i_2}\dots a_{i_p}) - (a_{i_2}\dots a_{i_p})a_{i_1} \in S$$

alle in derselben Restklasse von A/S. Da jede Äquivalenzklasse von I genau p Elemente hat und p die Charakteristik von K ist, liegt die Summe $(*)$ in S

b) Aus a) ergibt sich durch Induktion sofort die Behauptung für beliebiges m und $n = 1$. Wegen

$$(ab - ba)^p \underset{S}{\equiv} (ab)^p - (ba)^p = (a(ba)^{p-1})b - b(a(ba)^{p-1}) \underset{S}{\equiv} 0$$

gilt daher: $s \in S \Longrightarrow s^p \in S$. Damit zeigt man den Rest leicht durch Induktion.

Im folgenden benötigen wir wieder die in Abschnitt 5.7 eingeführten Begriffe p-Element bzw. p'-Element von G.

Satz 9.17 (Osima). Der Träger $\sup(\varepsilon)$ jedes zentralen Idempotents $\varepsilon \in KG$ enthält nur p'-Elemente von G.

Beweis (Passman). Sei $g \in \sup(\varepsilon)$ und $g = g_1 g_2 = g_2 g_1$ eine Zerlegung wie in Lemma 5.29 mit $\operatorname{ord}(g_1) = p^n$ und $\operatorname{ord}(g_2) = q$, wobei $p \nmid q$. Es ist zu zeigen: $g_1 = 1$.

Angenommen $g_1 \neq 1$, dann ist $D := \langle g_1\rangle$ eine nichttriviale p-Untergruppe von G. Außerdem ist $g \in C_G(D)$, weil g_1 eine Potenz von g ist. Bezeichnet $\sigma : Z(KG) \longrightarrow Z(KC_G(D))$ den zu D gehörigen Brauerhomomorphismus, dann ist $\sigma(\varepsilon)$ ein zentrales Idempotent in $KC_G(D)$ und $g \in \sup(\sigma(\varepsilon))$.

Folglich dürfen wir ohne Einschränkung $G = C_G(D)$ und $g_1 \in Z(G)$ annehmen.

Sei nun $|G| = p^a r$ mit $p \nmid r$. Da $p + q\mathbb{Z}$ eine Einheit in $\mathbb{Z}/q\mathbb{Z}$ ist, existiert $m \geq a$, so daß $p^m \underset{q\mathbb{Z}}{\equiv} 1$. Daher gilt für $u := g_2^{-1}\varepsilon =: \sum_{h \in G} k_h\, h \in KG$:

$$g_1 \in \sup(u) \qquad \text{und} \qquad u^{p^m} = (g_2^{-1}\varepsilon)^{p^m} = g_2^{-p^m}\varepsilon^{p^m} = g_2^{-1}\varepsilon = u .$$

Da $u^{p^m} \underset{S}{\equiv} \sum_{h \in G} k_h^{p^m} h^{p^m}$ und h^{p^m} ein p'-Element für alle $h \in G$ ist, gibt es also $s \in S$ mit $g_1 \in \sup(s)$, d.h. es gibt sogar $x,y \in G$ mit $xy \neq yx$ und $g_1 \in \sup(xy - yx)$. Ohne Einschränkung sei $g_1 = xy$. Wegen $g_1 \in Z(G)$ ist dann

$$yx = x^{-1}(xy)x = x^{-1}g_1 x = g_1 = xy .$$

Damit haben wir einen Widerspruch hergeleitet.

9.5 <u>Brauers 1. Hauptsatz über Blöcke</u>

<u>Lemma</u> 9.18 . Sei D eine p-Untergruppe von G, $H = N_G(D)$ und $\sigma : Z(FG) \longrightarrow Z(FH)$ der zu D gehörige Brauerhomomorphismus. Dann gilt für jede Konjugationsklasse C von G:

$$\sigma(C^+) \neq 0 \iff \text{es gibt } D' \in \delta_G(C) \text{ mit } D \leq D'.$$

Ist $\mathcal{U}$ die Menge der echten Untergruppen von D und $\mathcal{B}$ wie in Satz 9.12, so gilt weiter:

a) $\sigma(\underline{KG}_{G,D})$ hat die K-Basis $\{B^+ \mid B \in \mathcal{B}\}$.

b) $\sigma(\underline{KG}_{G,D})$ ist ein Ideal in $\sigma(\underline{KG}_G)$.

c) $\underline{KH}_{H,D} = \sigma(\underline{KG}_{G,D}) \oplus \underline{KH}_{H,\mathcal{U}}$ (als K-Vektorraum).

d) $\underline{KH}_{H,\mathcal{U}}$ ist nilpotent.

e) $\sigma(\underline{KG}_{G,D})$ enthält alle Idempotente von $\underline{KH}_{H,D}$.

Beweis. Es gilt:

$$
\begin{aligned}
\sigma(C^+) \neq 0 &\iff \text{es gibt } g \in C \cap C_G(D) \\
&\iff \text{es gibt } g \in C \text{ mit } D \leq C_G(g) \\
&\iff \text{es gibt } D' \in \delta_G(C) \text{ mit } D \leq D'.
\end{aligned}
$$

a) Nach Lemma 9.2 bilden die Klassensummen C^+ eine K-Basis von $\underline{KG}_{G,D}$, bei denen es $V \in \delta_G(C)$ gibt mit $V \leq D$. Daher hat nach Satz 9.12 und der vorangegangenen Beziehung $\sigma(\underline{KG}_{G,D})$ die K-Basis $\{B^+ \mid B \in \mathcal{B}\}$.

b) Trivial.

c) Klar nach Satz 9.12 .

d) Klar nach Lemma 9.10.

e) Sei $e \in \underline{KH}_{H,D}$ ein Idempotent. Nach c) gibt es $e_1 \in \sigma(\underline{KG}_{G,D})$, $e_2 \in \underline{KH}_{H,u}$ mit $e = e_1 + e_2$. Da e_2 nilpotent ist, existiert $n \in \mathbb{N}$ mit $e_2^{p^n} = 0$. Es folgt: $e = e^{p^n} = e_1^{p^n} + e_2^{p^n} = e_1^{p^n} \in \sigma(\underline{KG}_{G,D})$.

Satz 9.19 (Brauer). Sei D eine p-Untergruppe von G und $H = N_G(D)$. Der zu D gehörige Brauerhomomorphismus σ induziert eine Bijektion

von der Menge $I_{G,D}$ der zentral-primitiven Idempotente von KG mit Defektgruppe D

auf die Menge $I_{H,D}$ der zentral-primitiven Idempotente von KH mit Defektgruppe D,

d.i. die Menge der zentral-primitiven Idempotente von KH mit kleinstem Defekt.

Beweis. a) Sei $\varepsilon \in I_{G,D}$. Wir zeigen: $\sigma(\varepsilon)$ ist ein zentral-primitives Idempotent mit Defektgruppe D.

Nach Satz 9.4 und Lemma 9.18 ist $\sigma(\varepsilon) \neq 0$. Weiter gilt:

$\sigma(\varepsilon) = \sigma(\varepsilon\varepsilon) = \sigma(\varepsilon)\sigma(\varepsilon)$. Angenommen, $\varepsilon_1 + \varepsilon_2$ sei eine Zerlegung von $\sigma(\varepsilon)$ in $Z(KH)$. Nach Satz 9.12 ist $\sigma(\varepsilon) \in \underline{KH}_{H,D}$ und damit auch

$$\varepsilon_i = \sigma(\varepsilon)\varepsilon_i \in \underline{KH}_{H,D} \cdot \underline{KH}_H = \underline{KH}_{H,D} \quad \text{für } i = 1,2.$$

Nach Lemma 9.18,e) sind dann $\varepsilon_1, \varepsilon_2 \in \sigma(\underline{KG}_{G,D}) \subseteq \sigma(Z(KG))$. Daher gilt für $i = 1,2$:

$$\varepsilon_i = \sigma(\varepsilon)\varepsilon_i \in \sigma(\varepsilon)\sigma(Z(KG)) = \sigma(\varepsilon Z(KG)) .$$

Da $\varepsilon Z(KG)$ ein lokaler Ring ist, ist auch $\sigma(\varepsilon Z(KG))$ lokal. Daraus folgt $\varepsilon_1 = \varepsilon_2$. Ein Widerspruch!

Nach Satz 9.4 und Satz 9.12 hat $\sigma(\varepsilon)$ die Defektgruppe D. Außerdem ist nach Satz 9.11 D die kleinste Blockdefektgruppe von KH.

b) Nach a) ist die Abbildung $\sigma' := \sigma\big|_{I_{G,D}} : I_{G,D} \longrightarrow I_{H,D}$ wohldefiniert. σ' ist injektiv, da σ die Orthogonalität von Idempotenten erhält.

Wir zeigen: σ' ist surjektiv.

Sei $I_{G,D} = \{\varepsilon_1, \ldots, \varepsilon_t\}$, $\varepsilon := \varepsilon_1 + \ldots + \varepsilon_t$ und ε' die Summe aller zentral-primitiven Idempotente von KG, die in $\underline{KG}_{G,u}$ liegen. Dann ist

$$\underline{KG}_{G,D} \subseteq \varepsilon Z(KG) + \varepsilon' Z(KG) + \text{Rad } Z(KG),$$

und daher

$$\sigma(\underline{KG}_{G,D}) \subseteq \sigma(\varepsilon Z(KG)) + \sigma(\text{Rad } Z(KG)).$$

Sei nun $e \in I_{H,D}$. Wegen $e \in I_{H,D} \Longrightarrow e \in \underline{KH}_{H,D} \Longrightarrow e \in \sigma(\underline{KG}_{G,D})$ und der Nilpotenz von $\sigma(\text{Rad } Z(KG))$ gilt:

$$e \in \sigma(\varepsilon Z(KG)) = \bigoplus_{i=1}^{t} \sigma(\varepsilon_i Z(KG)) .$$

Da e ein zentral-primitives Idempotent und $\sigma(\varepsilon_i Z(KG))$ lokal ist, gibt
es $i \in \{1,\ldots,t\}$ mit $e = \sigma(\varepsilon_i)$.

Damit ist der Satz bewiesen.

9.6 Greenkorrespondenz und Brauerhomomorphismus

<u>Satz</u> 9.20 . Sei D eine p-Untergruppe von G, $H = N_G(D)$,
$\sigma : Z(KG) \longrightarrow Z(KH)$ der zu D gehörige Brauerhomomorphismus,
$\mathcal{Y}: \mathcal{W}_{KG,\mathcal{O}\mathcal{l}} \longrightarrow \mathcal{W}_{KH,\mathcal{O}\mathcal{l}}$ die Greenkorrespondenz (wie in Satz 8.30),
$\varepsilon \in KG$ ein zentral-primitives Idempotent, M ein endlich-dimensionaler
unzerlegbarer KG-Rechtsmodul mit Vertex D und $N \in \mathcal{Y}[M]$. Dann gilt:

$$M\varepsilon = M \Longleftrightarrow N\sigma(\varepsilon) = N.$$

Beweis. "$\Longleftarrow$". Sei $\varepsilon = \sigma(\varepsilon) + e + e'$ mit $\sup(e) \subsetneqq H \setminus C_G(D)$ und
$\sup(e') \subsetneqq G \setminus H$. Wegen

$$g \in \sup(e) \Longrightarrow g \notin C_G(D) \Longrightarrow D \nsubseteq C_G(g)$$

ist e nach Lemma 9.10 ein nilpotentes Element von KH. Setzen wir

$$f := e\sigma(\varepsilon) = \sigma(\varepsilon)e \quad \text{und} \quad d := \sigma(\varepsilon) - f + f^2 - f^3 + \ldots,$$

dann ist $(\sigma(\varepsilon) + f)d = d(\sigma(\varepsilon) + f) = \sigma(\varepsilon)$.

Sei nun $\{g_1 = 1, g_2, \ldots, g_s\}$ eine Rechtstransversale von H in G. Dann ist

$$(*) \qquad N^G\big|_H = N \otimes 1 \oplus (\sum_{i=2}^{s} N \otimes g_i) = N \otimes \varepsilon \oplus (\sum_{i=2}^{s} N \otimes g_i);$$

denn für alle $n \in N$ gilt:

$$n \otimes 1 = n\sigma(\varepsilon) \otimes 1 = n \otimes \sigma(\varepsilon) = n \otimes d(\sigma(\varepsilon) + f) = nd \otimes (\sigma(\varepsilon) + e) =$$

$$= nd \otimes \varepsilon - nd \otimes e'.$$

Nach dem Satz von Krull-Remak-Schmidt folgt $N \otimes 1 \simeq N \otimes \varepsilon$. Schneiden wir
die Moduln auf beiden Seiten der Gleichung (*) mit $N^G\varepsilon$, dann erhalten
wir mit Hilfe des modularen Gesetzes, daß $N \otimes \varepsilon$ ein direkter Summand von
$N^G\varepsilon\big|_H$ ist.
Da N^G bzw. $N^G\big|_H$ nur einen direkten Summanden besitzt, der zu M bzw. N
isomorph ist, und N ein direkter Summand von $M\big|_H$ ist, so folgt wegen
$N^G = N^G\varepsilon \oplus N^G(1-\varepsilon)$ aus dem Vorangegangenen, daß M ein direkter Summand von $N^G\varepsilon$ sein muß, und hieraus wiederum $M\varepsilon = M$.

"$\Longrightarrow$". Da σ Zerlegungen der 1 erhält, gibt es ein zentral-primitives
Idempotent $\varepsilon' \in KG$ mit $N\sigma(\varepsilon') = N$. Nach vorher gilt dann: $M\varepsilon' = M$.

Aus $M = M\varepsilon = M\varepsilon'$ folgt aber sofort $\varepsilon = \varepsilon'$. Also ist $N\sigma(\varepsilon) = N$.

<u>Satz</u> 9.21 (Hamernik). Sei D eine Untergruppe der Defektgruppe eines zentral-primitiven Idempotents $\varepsilon \in KG$. Dann existiert ein unzerlegbarer KG-Rechtsmodul $M = M\varepsilon$ mit dem Vertex D.

Beweis. Die Bezeichnungen seien dieselben wie in Satz 9.20. K hat als trivialer KD-Modul den Vertex D. Ist $K^H = K_1 \oplus \ldots \oplus K_n$ eine direkte Summe von unzerlegbaren KH-Moduln, dann haben $K_1, \ldots, K_n$ nach Satz 8.29,c) alle den Vertex D. Da die Abbildung

$$\alpha : KH/\mathrm{Rad}\, KD \cdot KH \ni \bar{a} \longmapsto 1 \otimes a \in K^H$$

ein KH-Epimorphismus ist und Quelle und Ziel von α die gleiche K-Dimension haben, ist α ein KH-Isomorphismus. Wegen $\mathrm{Rad}\, KD \cdot KH \subseteq \mathrm{Rad}\, KH$ kommen daher unter den Kompositionsfaktoren von K^H alle einfachen KH-Moduln bis auf Isomorphie vor.

Nach Lemma 9.18 ist $\sigma(\varepsilon) \neq 0$. Also ist $\sigma(\varepsilon)$ ein zentrales Idempotent in KH und es gibt auf Grund der eben durchgeführten Überlegung ein $i \in \{1, \ldots, n\}$, so daß $K_i = K_i \sigma(\varepsilon)$ ist. Wir wählen nun $M \in \mathcal{G}^{-1}([K_i])$. Dann hat M den Vertex D, und nach Satz 9.20 ist $M\varepsilon = M$.

<u>Satz</u> 9.22 . Ein Block B von KG ist genau dann einfach, wenn B den Defekt 0 hat.

Beweis. "$\Longrightarrow$". Da alle zu B gehörenden KG-Rechtsmoduln halbeinfach sind, sind alle auch projektiv. Somit hat jeder endlich-dimensionale unzerlegbare zu B gehörende KG-Modul den Vertex 1, woraus nach Satz 9.21 die Behauptung folgt.

"$\Longleftarrow$". Sei $e \in B$ ein primitives Idempotent. Dann ist $eKG/\mathrm{Rad}(eKG)$ einfach, also unzerlegbar, und nach Satz 9.6 1-projektiv, d.h. projektiv. Daher zerfällt der natürliche Epimorphismus

$$eKG \longrightarrow eKG/\mathrm{Rad}(eKG),$$

und $\mathrm{Rad}(eKG)$ ist ein direkter Summand von eKG, woraus $\mathrm{Rad}(eKG) = 0$ folgt. Somit ist B als KG- und auch als B-Rechtsmodul halbeinfach. Da B nur ein zentral-primitives Idempotent besitzt, ist B ein einfacher Ring.

§ 10. <u>Beziehungen zwischen der gewöhnlichen und der modularen Darstellungstheorie.</u>

Im folgenden wird die klassische Methode beschrieben, mit der man
Ergebnisse über die Struktur der Gruppenalgebra KG von dem Fall
char(K) = O auf den Fall char(K) = p > O übertragen kann.

10.1 <u>Diskrete Bewertungen</u>

Sei K ein Körper und $K^* = K \setminus \{O\}$ die Einheitengruppe von K.

<u>Definition</u> 10.1 . Eine diskrete Bewertung von K ist ein Gruppenepimor-
phismus $v : K^* \longrightarrow \mathbb{Z}$ mit der Eigenschaft

$$v(x + y) \geq \min\{v(x), v(y)\} \quad \text{für alle } x, y \in K^*.$$

<u>Bemerkung</u>. Sei v eine diskrete Bewertung von K.

a) Es ist zweckmäßig, die Definition von v zu erweitern, indem man
$v(O) := +\infty$ setzt.

b) Wegen $v(xy) = v(x) + v(y)$ für alle $x, y \in K^*$ gilt:

$$v(1) \ = \ O;$$

$$v(-1) \ = \ O; \text{ denn } v(-1) + v(-1) = v(-1 \cdot -1) = v(1) = O;$$

$$\left.\begin{array}{l} v(-x) \ = \ v(x) \\[4pt] v(x^{-1}) \ = \ -v(x) \end{array}\right\} \quad \text{für alle } x \in K^*.$$

<u>Beispiel</u>. Sei $K = \mathbb{Q}$ und $p \in \mathbb{N}$ eine Primzahl. Da jedes Element $O \neq x \in \mathbb{Q}$
eindeutig in der Form

$$x = p^i \cdot \frac{s}{t} \quad \text{mit} \quad i, s \in \mathbb{Z}, \ t \in \mathbb{N} \quad \text{und } p, s, t \text{ paarweise teilerfremd}$$

geschrieben werden kann, ist die Abbildung

$$v_p : \mathbb{Q}^* \ni x \longmapsto i \in \mathbb{Z}$$

wohldefiniert. v_p ist eine diskrete Bewertung von $\mathbb{Q}$, die sogenannte
p-adische Bewertung.

<u>Lemma</u> 10.2 . Sei v eine diskrete Bewertung von K und $\pi \in K$ mit
$v(\pi) = 1$. Dann gilt:

a) $R := \{x \mid x \in K, \ v(x) \geq O\}$ ist ein Unterring mit 1 von K, und K ist
Quotientenkörper von R.

b) $R^* := \{x \mid x \in R, v(x) = 0\}$ ist die Einheitengruppe von R.

c) $\text{Rad}\, R = \{x \mid x \in R, v(x) > 0\}$.

d) $F := R/\text{Rad}\, R$ ist ein Körper.

e) $x \in \pi^{v(x)} \cdot R^*$ für alle $x \in K^*$.

f) Die einzigen nichttrivialen Ideale von R sind die Radikalpotenzen $(\text{Rad}\, R)^i$, $i \in \mathbb{N}$. $(\text{Rad}\, R)^i = \pi^i R$. R ist ein Hauptidealring. $\bigcap_{i=1}^{\infty} \pi^i R = 0$.

g) R ist ganz abgeschlossen in K, d.h. genügt $x \in K$ einer Gleichung $x^n + r_1 x^{n-1} + \ldots + r_n = 0$ mit $r_1, \ldots, r_n \in R$, dann ist $x \in R$; insbesondere liegen Einheitswurzeln, die in K enthalten sind, auch in R.

Beweis. a) Seien $x, y \in R$. Dann gilt:

$$v(x + y) \geq \min\{v(x), v(y)\} \geq 0 \implies x + y \in R;$$
$$v(xy) = v(x) + v(y) \geq 0 \implies xy \in R;$$
$$v(1) = 0 \implies 1 \in R.$$

Sei $x \in K$. Im Falle $v(x) \geq 0$ ist $x \in R$; im Falle $v(x) < 0$ ist $v(x^{-1}) > 0$, also $x = \dfrac{1}{x^{-1}}$ mit $1 \in R$ und $x^{-1} \in R$. Folglich ist K Quotientenkörper von R.

b) Sei $x \in R$. Wegen $v(x^{-1}) = -v(x)$ gilt: $x^{-1} \in R \iff v(x) = 0$.

c) $J := \{x \mid x \in R, v(x) > 0\}$ ist ein Ideal in R, das nach b) alle nichtinvertierbaren Elemente von R enthält. Daher ist nach Satz 7.29 $J = \text{Rad}\, R$.

d) Klar nach b) und c).

e) $v(x \cdot \pi^{-v(x)}) = v(x) + v(\pi^{-v(x)}) = v(x) - v(x)v(\pi) = v(x) - v(x) = 0$. Also ist $x \cdot \pi^{-v(x)} \in R^*$ bzw. $x \in \pi^{v(x)} \cdot R^*$.

f) Da jedes zyklische Ideal xR, $0 \neq x \in R$, nach e) die Form $xR = \pi^{v(x)} R$ hat, und die Ideale $\pi^i R$, $i \in \mathbb{N} \cup \{0\}$, eine Kette

$$R \supset \pi R \supset \pi^2 R \supset \pi^3 R \supset \ldots$$

bilden, sind diese Ideale die einzigen Ideale $\neq 0$ von R. R ist also ein Hauptidealring. Weiter folgt $(\text{Rad}\, R)^i = \pi^i R$.

Angenommen $0 \neq x \in \bigcap_{i=1}^{\infty} \pi^i R$, dann ist $v(x) \geq 0$ und $x \in \pi^{v(x)+1} R$, d.h. es gibt $r \in R$ mit $x = \pi^{v(x)+1} r$. Es folgt $v(x) = (v(x) + 1) + v(r)$ und daraus $0 = 1 + v(r)$, was aber nicht sein kann.

g) Angenommen $v(x) < 0$, d.h. $x = \pi^{-i} r$ mit $i \in \mathbb{N}$ und $r \in R^*$, dann ist einerseits $x^n = \pi^{-in} r^n \in \pi^{-in} R^*$, andererseits wegen

$$\ldots \supset \pi^{-2} R \supset \pi^{-1} R \supset R \supset \pi R \supset \pi^2 R \supset \ldots$$

aber

$$x^n = - r_1 x^{n-1} - \ldots - r_n \in \pi^{-i(n-1)} R = \pi^{-in}(\pi^i R).$$

Ein Widerspruch!

<u>Definition</u> 10.3 . Der Ring R in Lemma 10.2,a) heißt Bewertungsring von v. Ein Ring, der Bewertungsring einer diskreten Bewertung ist, wird auch diskreter Bewertungsring genannt.

<u>Lemma</u> 10.4 . Sei K[X] der Polynomring über K in einer Unbestimmten X, K(X) der Quotientenkörper von K[X], und v eine diskrete Bewertung von K. Dann läßt sich die Abbildung

$$w : K[X] \setminus \{0\} \ni \sum_{i=0}^{m} k_i X^i \longmapsto \min\{v(k_i) \mid i = 0, \ldots, m\} \in \mathbb{Z}$$

zu einer diskreten Bewertung v' von K(X) erweitern.

Beweis. Sei $\pi \in K$ mit $v(\pi) = 1$, $0 \neq x = \sum_{i=0}^{m} k_i X^i \in K[X]$ und $0 \neq y = \sum_{i=0}^{m} l_i X^i \in K[X]$, und R der Bewertungsring von v. Dann gilt:

a) $w(x + y) = \min\{v(k_i + l_i) \mid i = 0, \ldots, m\} \geq$

$\qquad \geq \min(\{v(k_i) \mid i = 0, \ldots, m\} \cup \{v(l_i) \mid i = 0, \ldots, m\}) =$

$\qquad = \min\{w(x), w(y)\}.$

b) $w(x) = w(y) = 0 \implies x, y \in R[X] \setminus \pi R[X]$

$\implies xy \in R[X] \setminus \pi R[X]$, da $R[X]/\pi R[X]$ ($\cong F[X]$) nullteilerfrei ist

$\implies w(xy) = 0.$

c) $w(x\pi^h) = \min\{v(k_i \pi^h) \mid i = 0, \ldots, m\} =$

$\qquad = \min\{v(k_i) + h \mid i = 0, \ldots, m\} = w(x) + h$ für alle $h \in \mathbb{Z}$.

Aus b) und c) folgt

d) $w(xy) = w((x\pi^{-w(x)} y\pi^{-w(y)})\pi^{w(x)+w(y)}) =$

$\qquad = (w(x\pi^{-w(x)}) + w(y\pi^{-w(y)})) + w(x) + w(y) = w(x) + w(y).$

Wir definieren nun die Abbildung $v' : K(X)^* \longrightarrow \mathbb{Z}$ durch

$$v'(\frac{x}{y}) := w(x) - w(y) \quad \text{für alle } x, y \in K[X] \setminus \{0\}.$$

Wegen d) ist v' wohldefiniert und ein Gruppenhomomorphismus. v' ist surjektiv, weil v surjektiv ist. Weiter haben wir für $x, y, x_1, y_1 \in K[X] \setminus \{0\}$

$$v'(\frac{x}{y} + \frac{x_1}{y_1}) = v'(\frac{xy_1 + yx_1}{yy_1}) = w(xy_1 + yx_1) - w(yy_1) \geq$$

$$\geq \min\{w(xy_1), w(yx_1)\} - w(yy_1) = \min\{v'(\frac{x}{y}), v'(\frac{x_1}{y_1})\},$$

wobei der vorletzte Schritt nach a) und der letzte nach d) gilt. Somit ist v' eine diskrete Bewertung von K(X).

<u>Satz</u> 10.5 . Seien K , v , R , F wie in Lemma 10.2. Zu jeder Körpererweiterung $F \subset F'$ existiert eine Körpererweiterung $K \subset K'$ und eine diskrete Bewertung v' von K' mit einem zugehörigen Bewertungsring R', so daß

$$v'|_K = v \quad \text{und} \quad R'/\text{Rad}\,R' \cong F'.$$

Beweis. Wir zeigen die Behauptung zuerst für einfache Körpererweiterungen $F \subset F'$, wobei wir in a_1) transzendente, in a_2) algebraische Erweiterungen behandeln, und beweisen dann in b) den allgemeinen Fall mit Hilfe des Zornschen Lemmas.

a_1) Ohne Einschränkung sei $F' = F(X)$ der Körper der rationalen Funktionen in einer Unbestimmten über F. Wir setzen $K' := K(X)$ und wählen v' wie im Beweis des letzten Lemmas. Dann ist offensichtlich $v'|_K = v$. Wegen $R' = \{\frac{x}{y} \mid x,y \in R[X],\ v'(y) = 0\}$ erhalten wir aus dem surjektiven natürlichen Ringhomomorphismus $\nu : R[X] \longrightarrow F[X]$ den surjektiven Ringhomomorphismus

$$\varphi : R' \ni \frac{x}{y} \longmapsto \frac{\nu(x)}{\nu(y)} \in F(X).$$

Da $F(X)$ ein Körper ist, ist $\text{Ke}(\varphi) = \text{Rad}\,R'$. Nach dem Homomorphiesatz folgt $R'/\text{Rad}\,R' \cong F(X)$.

a_2) Sei $F' = F(x)$ eine endliche einfache Körpererweiterung von F, sei $X^m + f_1 X^{m-1} + \ldots + f_m$ das Minimalpolynom von x über F und seien $r_i \in R$ mit $\bar{r}_i := r_i + \text{Rad}\,R = f_i$ für $i = 1,\ldots,m$ gegeben. Dann ist das Polynom $P := X^m + r_1 X^{m-1} + \ldots + r_m$ irreduzibel in $R[X]$, und, da K Quotientenkörper von R ist, auch irreduzibel in $K[X]$. Wir setzen nun $K' := K[X]/(P)$. Mit $y := X + (P) \in K'$ gilt $K' = K(y)$ und eine diskrete Bewertung v' von K' wird durch

$$v'(\sum_{i=0}^{m-1} k_i y^i) = \min\{v(k_i) \mid i = 0,\ldots,m-1\}$$

gegeben. Dies zeigt man analog zu den Beweisschritten a) - d) von Lemma 10.4; man ersetzt lediglich in b) $R[X]$ durch $R(y)$, d.i. die von y erzeugte R-Unteralgebra von K', und das Argument

"$R[X]/\pi R[X]$ nullteilerfrei" durch "$R(y)/\pi R(y)$ ($\cong F(x)$) Körper".

Weiter ist $v'|_K = v$, $R' = R(y)$ der Bewertungsring von v', $\text{Rad}\,R' = \pi R(y)$ und $R'/\text{Rad}\,R' \cong F(x)$.

b) Die Menge $\mathfrak{M}$ bestehe aus allen Tripeln (L,w,φ), wobei L ein Zwischenkörper einer festen Körpererweiterung $K \subset K^o$ mit genügend großem algebraisch abgeschlossenen Körper K^o ist, w eine diskrete Bewertung von L mit $w|_K = v$, und φ ein surjektiver Ringhomomorphismus vom Bewertungsring R_w von w auf einen Körper F_φ mit $F \subset F_\varphi \subset F'$. $\mathfrak{M}$ sei geordnet: $(L,w,\varphi) \leq (L',w',\varphi')$, falls $L \subset L'$, $w'|_L = w$, $F_\varphi \subset F_{\varphi'}$, und $\varphi'(r) = \varphi(r)$ für alle $r \in R_w$. (Offensichtlich gilt auch $R_w \subseteq R_{w'}$.)

Dann ist $\mathfrak{M} \neq \emptyset$ und zu einer Kette $\mathfrak{k} = \{(L_i, w_i, \varphi_i) \mid i \in I\}$ ist

$(\bigcup_{i \in I} L_i, w_{\mathfrak{k}}, \varphi_{\mathfrak{k}})$ eine obere Schranke von $\mathfrak{k}$ in $\mathfrak{M}$, wobei

$$w_{\mathfrak{k}}: \bigcup_{i \in I} L_i \longrightarrow \mathbf{Z} \qquad \text{durch} \quad w_{\mathfrak{k}}(l_i) := w_i(l_i) \quad \text{für } l_i \in L_i \text{ und}$$

$$\varphi_{\mathfrak{k}}: \bigcup_{i \in I} R_{w_i} \longrightarrow \bigcup_{i \in I} F_{\varphi_i} \qquad \text{durch} \quad \varphi_{\mathfrak{k}}(r_i) := \varphi_i(r_i) \quad \text{für } r_i \in R_{w_i}$$

definiert ist. Also besitzt $\mathfrak{M}$ ein maximales Element (L_0, w_0, φ_0). Es gilt $F_{\varphi_0} = F'$; die Annahme $F_{\varphi_0} \subsetneq F'$ führt nämlich mit Hilfe von $a_1)$ bzw. $a_2)$ zu einem Widerspruch.

10.2 Vollständige diskrete Bewertungen

<u>Definition</u> 10.6 . Sei R ein beliebiger Ring und M ein R-Rechtsmodul bzw. eine R-Algebra (im zweiten Fall muß R kommutativ sein!).

a) Eine Folge $\mathfrak{F} = (M_i \mid i \in \mathbf{Z})$ von R-Untermoduln bzw. zweiseitigen Idealen $M_i \leq M$ heißt Filter von M, falls gilt:

$$\ldots \supseteq M_{-2} \supseteq M_{-1} \supseteq M_0 \supseteq M_1 \supseteq M_2 \supseteq \ldots \quad ,$$

$$\bigcup_{i \in \mathbf{Z}} M_i = M \qquad \text{und} \qquad \bigcap_{i \in \mathbf{Z}} M_i = 0.$$

Sei im folgenden $\mathfrak{F} = (M_i \mid i \in \mathbf{Z})$ ein Filter von M.

b)
$$w(x) := \begin{cases} n, & \text{falls } x \in M_n \setminus M_{n+1} \\ \infty, & \text{falls } x = 0 \end{cases}$$

heißt der $\mathfrak{F}$-Wert von x.

c) Eine Folge $(x_i \mid i \in \mathbf{N})$ in M heißt $\mathfrak{F}$-Cauchy-Folge, falls $\lim_{i \to \infty} w(x_{i+1} - x_i) = \infty$ ist.

d) Eine Folge $(x_i \mid i \in \mathbf{N})$ in M heißt $\mathfrak{F}$-konvergent, wenn $x \in M$ existiert, so daß $\lim_{i \to \infty} w(x - x_i) = \infty$ ist. In diesem Fall wird x der $\mathfrak{F}$-Limes der Folge $(x_i \mid i \in \mathbf{N})$ genannt; schreibe $x = \lim_{i \to \infty} x_i$.

e) M heißt $\mathfrak{F}$-vollständig, wenn jede $\mathfrak{F}$-Cauchy-Folge in M einen Limes, genauer $\mathfrak{F}$-Limes, besitzt.

Der Beweis des nächsten Lemmas ist eine leichte Übung.

<u>Lemma</u> 10.7 . a) Der $\mathfrak{F}$-Limes einer Folge ist eindeutig bestimmt, falls er existiert.

b) Seien $(x_i \mid i \in \mathbf{N})$, $(y_i \mid i \in \mathbf{N})$ $\mathfrak{F}$-konvergente Folgen in M mit

$x = \lim_{i\to\infty} x_i$, $y = \lim_{i\to\infty} y_i$. Dann gilt:

$$\lim_{i\to\infty} (x_i r + y_i r') = xr + yr' \quad \text{für alle } r, r' \in R.$$

Ist M eine R-Algebra, dann gilt zusätzlich:

$$\lim_{i\to\infty} x_i y_i = xy.$$

c) Sei $\mathfrak{F}' = (M'_i \mid i \in \mathbb{Z})$ Filter eines weiteren R-Moduls M'. Dann ist $\mathfrak{F}'' := (M_i \oplus M'_i \mid i \in \mathbb{Z})$ Filter von $M \oplus M'$. Ist M $\mathfrak{F}$-vollständig und M' $\mathfrak{F}'$-vollständig, dann ist $M \oplus M'$ $\mathfrak{F}''$-vollständig.

Beispiel. Sei v eine diskrete Bewertung eines Körpers K, R der Bewertungsring von v und $\pi \in R$ ein Element mit $v(\pi) = 1$. Dann ist $(\pi^i R \mid i \in \mathbb{Z})$ ein Filter von K als R-Modul.

Wenn wir im folgenden von einer Cauchy-Folge in einem diskret bewerteten Körper sprechen, so bezieht sich diese immer auf einen solchen Filter, d.h. eine Folge $(x_i \mid i \in \mathbb{N})$ in dem obigen Körper K ist eine Cauchy-Folge, wenn $\lim_{i\to\infty} v(x_{i+1} - x_i) = \infty$ ist.

<u>Definition</u> 10.8 . Eine diskrete Bewertung eines Körpers K heißt vollständig, wenn jede Cauchy-Folge in K einen Limes besitzt.
Ein Ring, der Bewertungsring einer vollständigen diskreten Bewertung ist, heißt auch vollständiger diskreter Bewertungsring.

<u>Satz</u> 10.9 . Seien K , v , R , F wie in Lemma 10.2. Dann existiert eine Körpererweiterung $K \subset \hat{K}$ und eine vollständige diskrete Bewertung $\hat{v}$ von $\hat{K}$ mit einem zugehörigen Bewertungsring $\hat{R}$, so daß

$$\hat{v}\big|_K = v \quad \text{und} \quad \hat{R}/\mathrm{Rad}\,\hat{R} \cong F .$$

Beweis. 1) Auf der Menge $\mathcal{C}$ aller Cauchy-Folgen in K wird durch

$$(x_i \mid i \in \mathbb{N}) \sim (y_i \mid i \in \mathbb{N}) : \Longleftrightarrow \lim_{i\to\infty} v(x_i - y_i) = \infty$$

eine Äquivalenzrelation $\sim$ gegeben. Die Menge der Äquivalenzklassen $\hat{K} := \mathcal{C}/_\sim$ wird bei "komponentenweiser" Addition und Multiplikation der Folgen zu einem Körper; dabei bezeichne $[x_i]$ die Klasse aller zu $(x_i) := (x_i \mid i \in \mathbb{N})$ äquivalenten Cauchy-Folgen.

Wir definieren nun eine diskrete Bewertung $\hat{v}$ von $\hat{K}$ durch

$$\hat{v}([x_i]) := \lim_{i\to\infty} v(x_i) \quad \text{für alle } [x_i] \in \hat{K},$$

und zeigen dazu nur

a) $(x_i) \in \mathcal{C} \Longrightarrow \lim_{i\to\infty} v(x_i)$ existiert, und

b) $(x_i), (y_i) \in \mathcal{C}$, $(x_i) \sim (y_i) \Longrightarrow \lim_{i\to\infty} v(x_i) = \lim_{i\to\infty} v(y_i)$.

Zu a: Sei $(x_i) \in \mathcal{C}$. Dann gibt es $i_o \in \mathbb{N}$, so daß $v(x_{j+1} - x_j) > 0$ für alle $j \geq i_o$. Damit gilt für alle $j \geq i_o$:

$$v(x_{j+1}) = v((x_{j+1} - x_j) + x_j) \geq \min\{v(x_{j+1} - x_j), v(x_j)\} \geq$$
$$\geq \min\{0, v(x_j)\} \geq \min\{0, v(x_{i_o})\},$$

wobei der letzte Schritt durch Induktion gezeigt wird. Es folgt

$$s_i := \min\{v(x_j) \mid j \geq i\} > -\infty \quad \text{für } i \in \mathbb{N}.$$

Also ist $(s_i \mid i \in \mathbb{N})$ eine monoton wachsende Folge in $\mathbb{Z} \cup \{\infty\}$. Im Fall $\lim\limits_{i \to \infty} s_i = \infty$ ist auch $\lim\limits_{i \to \infty} v(x_i) = \infty$, d.h. $[x_i] = 0$. Im Fall $\lim\limits_{i \to \infty} s_i =: t < \infty$ gibt es $i_1 \in \mathbb{N}$, so daß $v(x_{i_1}) = t$ und $v(x_{j+1} - x_j) \geq t$ für alle $j \geq i_1$; hieraus folgt $v(x_j) = t$ für alle $j \geq i_1$.

Zu b: Wir betrachten nur den Fall $\lim\limits_{i \to \infty} v(x_i) =: t_1 < \infty$ und $\lim\limits_{i \to \infty} v(y_i) =: t_2 < \infty$. Sei $i_2 \in \mathbb{N}$ so gewählt, daß $v(x_j) = t_1$, $v(y_j) = t_2$ und $v(x_j - y_j) > \max\{t_1, t_2\}$ für alle $j \geq i_2$. Dann ist für alle $j \geq i_2$

$$v(x_j) = v((x_j - y_j) + y_j) \geq \min\{v(x_j - y_j), v(y_j)\} = v(y_j),$$

also $t_1 \geq t_2$. Vertauschung von x_j und y_j in der letzten Zeile liefert $t_2 \geq t_1$.

2) Die Bewertung $\hat{v}$ von $\hat{K}$ ist vollständig: Sei

$$(*) \qquad ([x_i^{(1)}], [x_i^{(2)}], \ldots, [x_i^{(h)}], \ldots)$$

eine Cauchy-Folge in $\hat{K}$, d.h. $\lim\limits_{h \to \infty} \hat{v}([x_i^{(h+1)}] - [x_i^{(h)}]) = \infty$, was gleichbedeutend ist mit $\lim\limits_{h \to \infty} \lim\limits_{i \to \infty} v(x_i^{(h+1)} - x_i^{(h)}) = \infty$. Zu $m \in \mathbb{N}$ gibt es also $h_m \in \mathbb{N}$, $h_m \geq m$, so daß für alle $h \geq h_m$ gilt $\lim\limits_{i \to \infty} v(x_i^{(h+1)} - x_i^{(h)}) \geq m$. Da $(x_i^{(h)})$ für jedes $h \in \mathbb{N}$ eine Cauchy-Folge ist, existiert eine Folge

$$N_1 < N_2 < \ldots < N_h < \ldots$$

von natürlichen Zahlen, so daß für $i \geq N_h$ gilt $v(x_{i+1}^{(h)} - x_i^{(h)}) \geq h$, woraus wiederum für $i \geq N_h$ folgt

$$v(x_i^{(h)} - x_{N_h}^{(h)}) \geq \min\{v(x_{j+1}^{(h)} - x_j^{(h)}) \mid i > j \geq N_h\} \geq h.$$

Die Folge $(x_{N_i}^{(i)}) = (x_{N_1}^{(1)}, x_{N_2}^{(2)}, \ldots)$ ist nun eine Cauchy-Folge in K, denn für alle $h \geq h_m$ und alle $i \in \mathbb{N}$ gilt

$$v(x_{N_{h+1}}^{(h+1)} - x_{N_h}^{(h)}) \geq \min\{v(x_{N_{h+1}}^{(h+1)} - x_i^{(h+1)}), v(x_i^{(h+1)} - x_i^{(h)}), v(x_i^{(h)} - x_{N_h}^{(h)})\},$$

so daß wir bei genügend großem i erhalten

$$v(x_{N_{h+1}}^{(h+1)} - x_{N_h}^{(h)}) \geq \min\{h+1, m, h\} \geq m.$$

Außerdem ist die Äquivalenzklasse $[x_{N_i}^{(i)}] \in \hat{K}$ der Limes der Cauchy-Folge (*), denn für $h \geq h_m$ gilt

$$\hat{v}([x_{N_i}^{(i)}] - [x_i^{(h)}]) = \lim_{i \to \infty} v(x_{N_i}^{(i)} - x_i^{(h)}) \geq$$

$$\lim_{i \to \infty} \min\{v(x_{N_i}^{(i)} - x_{N_h}^{(h)}), \ v(x_{N_h}^{(h)} - x_i^{(h)})\} \geq \min\{m,h\} \geq m.$$

3) Wir betten nun K vermöge der natürlichen Abbildung

$$K \ni x \longmapsto [x,x,x,\ldots] \in \hat{K}$$

in $\hat{K}$ ein und erhalten sofort $\hat{v}|_K = v$.

4) Schließlich existiert zu jeder Cauchy-Folge (x_i) in K ein $i_o \in \mathbb{N}$, so daß $x_{j+1} - x_j \in \pi R$ für alle $j \geq i_o$. Es folgt

$$x_j - x_{i_o} \in \pi R \quad \text{und} \quad x_j + \pi R = x_{i_o} + \pi R \quad \text{für alle } j \geq i_o.$$

Damit sieht man leicht, daß die Abbildung

$$\hat{R} = \{[x_i] \in \hat{K} \mid \lim_{i \to \infty} v(x_i) \geq 0\} \ni [x_i] \longmapsto \lim_{i \to \infty} (x_i + \pi R) \in F$$

ein wohldefinierter surjektiver Ringhomomorphismus ist.

Damit ist der Satz bewiesen.

<u>Definition</u> 10.10 . Sei $p \in \mathbb{N}$ eine Primzahl. Ein Tripel (K,R,F) heißt p-modulares System, wenn K ein Körper mit $\mathrm{char}(K) = 0$, R der Bewertungsring einer vollständigen diskreten Bewertung von K, $F \cong R/\mathrm{Rad}\,R$ und $\mathrm{char}(F) = p$ ist.

<u>Satz</u> 10.11 . Zu jedem Körper F' mit $\mathrm{char}(F') = p > 0$ gibt es ein p-modulares System (K,R,F) mit $F \cong F'$.

Beweis. Sei v_p die p-adische Bewertung von $\mathbb{Q}$ mit dem Bewertungsring $\mathbb{Q}_p$. Dann ist bekanntlich $\mathbb{Q}_p/\mathrm{Rad}\,\mathbb{Q}_p \cong \mathbb{Z}/p\mathbb{Z}$. Auf die Körpererweiterung $\mathbb{Z}/p\mathbb{Z} \subset F'$ wenden wir Satz 10.5 an und erhalten K',v',R' mit $R'/\mathrm{Rad}\,R' \cong F'$. Wir vervollständigen nun K' gemäß Satz 10.9 und bekommen "das" gewünschte p-modulare System.

<u>Definition</u> 10.12 . Sei M ein Modul über einem Integritätsring R. $TM := \{m \mid m \in M, \text{ es gibt } 0 \neq r \in R \text{ mit } mr = 0\}$ heißt Torsionsuntermodul von M. Ist $TM = 0$, so heißt M torsionsfrei.

<u>Lemma</u> 10.13 . Für einen Modul M über einem Integritätsring R gilt:

a) $T(M/TM) = 0$.

b) $U \leq M, \ TM = 0 \implies TU = 0$.

c) Ist $TM = 0$ und $M = \sum_{i=1}^{n} m_i R$ mit $m_1, \ldots, m_n \in R$, dann gibt es einen Monomorphismus $\alpha : M \longrightarrow R^n$.

Beweis. a,b) Trivial.

c) Durch Induktion nach n.

n = 1: Die Einbettung wird gegeben durch

$$m_1 R \ni m_1 r \longmapsto r \in R;$$

sie ist wegen $TM = 0$ wohldefiniert.

$n-1 \Longrightarrow n$: Wir betrachten die kurze exakte Folge

$$0 \longrightarrow \sum_{i=1}^{n-1} m_i R \overset{\iota}{\longrightarrow} M \overset{\nu}{\longrightarrow} M/(\sum_{i=1}^{n-1} m_i R) \longrightarrow 0,$$

wobei ι die Inklusion und ν der natürliche Epimorphismus ist. Außerdem ist $M/(\sum_{i=1}^{n-1} m_i R) = (m_n + \sum_{i=1}^{n-1} m_i R)R =: \bar{m}_n R$ ein zyklischer Modul.

1. Fall: $T(\bar{m}_n R) = 0$. Dann ist $\bar{m}_n R \cong R$, also $\bar{m}_n R$ projektiv. Nach Lemma 7.37 zerfällt daher ν und es gilt: $M \cong (\sum_{i=1}^{n-1} m_i R) \oplus \bar{m}_n R$. Dabei läßt sich der erste Summand nach Induktionsvoraussetzung in R^{n-1} einbetten und der zweite wegen $\bar{m}_n R \cong R$ in R.

2. Fall: $T(\bar{m}_n R) \neq 0$. Dann gibt es $0 \neq r \in R$ mit $\bar{m}_n r = 0$, d.h. $m_n r \in \sum_{i=1}^{n-1} m_i R$. Wegen $TM = 0$ liefert daher die Rechtsmultiplikation $- \cdot r$ einen Monomorphismus von M in $\sum_{i=1}^{n-1} m_i R$. Wenden wir nun die Induktionsvoraussetzung auf $\sum_{i=1}^{n-1} m_i R$ an, so erhalten wir sogar einen Monomorphismus $M \longrightarrow R^{n-1}$.

<u>Lemma</u> 10.14 . Sei R ein Hauptidealring, $n \in \mathbb{N}$ und $M \leq R^n$. Dann ist M ein freier Modul.

Beweis (durch Induktion nach n).

n = 1: Da R ein Hauptidealring ist, gibt es $r \in R$ mit $M = rR$, und da R ein Integritätsring ist, gilt weiter $rR \cong R$ oder $rR = 0$.

$n-1 \Longrightarrow n$: Wir betrachten den Homomorphismus

$$\alpha : M \ni (r_1, \ldots, r_n) \longmapsto r_n \in R,$$

schränken das Ziel von α auf $\mathrm{Bi}(\alpha)$ ein und erhalten den Epimorphismus

$$M \ni (r_1, \ldots, r_n) \longmapsto r_n \in \mathrm{Bi}(\alpha).$$

Dieser zerfällt, da $\mathrm{Bi}(\alpha)$ als Ideal von R frei ist. Es folgt $M \cong \mathrm{Bi}(\alpha) \oplus \mathrm{Ke}(\alpha)$. Wegen $\mathrm{Ke}(\alpha) = \{(r_1, \ldots, r_n) \in M \mid r_n = 0\}$ können wir $\mathrm{Ke}(\alpha)$ als Untermodul von R^{n-1} auffassen. Also ist $\mathrm{Ke}(\alpha)$ nach Induktionsvoraussetzung frei, und damit auch M.

$\underline{\text{Satz}}$ 10.15 . Sei R ein diskreter Bewertungsring mit Rad R $= \pi$R und sei M ein endlich erzeugter R-Modul. Dann ist $M \cong (M/TM) \oplus TM$; dabei ist M/TM frei, und es gibt $n_1,\ldots,n_k \in \mathbb{N}$, so daß $TM \cong \bigoplus_{i=1}^{k} (R/\pi^{n_i}R)$.

Beweis. Da R ein Hauptidealring ist, ist M/TM als endlich erzeugter torsionsfreier Modul nach Lemma 10.13,c) und 10.14 sogar frei. Folglich zerfällt der natürliche Epimorphismus $M \longrightarrow M/TM$, und es gilt $M \cong (M/TM) \oplus TM$.

Da R als diskreter Bewertungsring noethersch ist, ist auch TM endlich erzeugt, d.h. es gibt $m_1,\ldots,m_l \in M$ mit $TM = \sum_{i=1}^{l} m_i R$. Wegen $m_1,\ldots,m_l \in TM$ sind die Homomorphismen $\alpha_i : R \ni r \longmapsto m_i r \in M$ keine Monomorphismen, also gibt es $e_1,\ldots,e_l \in \mathbb{N}$ derart, daß $\pi^{e_i} \in Ke(\alpha_i)$ für $i = 1,\ldots,l$ ist. Sei nun $e = \max\{e_1,\ldots,e_l\}$. Wegen $TM\pi^e = 0$ kann dann TM als endlich erzeugter Modul über dem einreihigen Ring $R/\pi^e R$ betrachtet werden. Nach Satz 7.60 ist daher TM einreihig zerlegbar und hat die oben angegebene Gestalt, auch als R-Modul; denn in TM stimmen die $R/\pi^e R$-Untermoduln mit den R-Untermoduln überein.

$\underline{\text{Lemma}}$ 10.16 . Sei R ein vollständiger diskreter Bewertungsring mit Rad R $= \pi$R , A eine endlich erzeugte R-Algebra, und $\mathcal{F} := (M_i \mid i \in \mathbb{Z})$ die Folge von Idealen in A, die durch
$$M_i := \pi^i A \quad \text{für } i \in \mathbb{N} \quad \text{und} \quad M_i := A \quad \text{für } i \in \mathbb{Z} \setminus \mathbb{N}$$
gegeben ist. Dann gilt:

a) $\mathcal{F}$ ist ein Filter von A.

b) A ist $\mathcal{F}$-vollständig.

c) $\pi A \subseteq \text{Rad} A$, und es gibt k $\in \mathbb{N}$, so daß $(\text{Rad} A)^k \subseteq \pi A$.

d) Zu jedem Idempotent $f \in A/\pi A$ gibt es ein Idempotent $e \in A$ mit $\bar{e} := e + \pi A = f$.

Beweis. a) Es ist nur zu zeigen $\bigcap_{i=0}^{\infty} \pi^i A = 0$. Der Rest ist trivial. Nach Satz 10.15 gibt es $a_1,\ldots,a_m \in A$ mit $A = \bigoplus_{j=1}^{m} a_j R$. Wegen
$$\bigcap_{i=0}^{\infty} \pi^i A = \bigoplus_{j=1}^{m} (\bigcap_{i=0}^{\infty} \pi^i a_j R)$$
dürfen wir m=1 annehmen. Sei dazu $\varphi : R \longrightarrow a_1 R$ der natürliche Epimorphismus.

Wenn φ ein Isomorphismus ist, so gilt:

$$\bigcap_{i=0}^{\infty} \pi^i a_1 R = \bigcap_{i=0}^{\infty} \varphi(\pi^i R) = \varphi\left(\bigcap_{i=0}^{\infty} \pi^i R\right) = \varphi(0) = 0.$$

Wenn φ kein Isomorphismus ist, dann gibt es ein $i_0 \in \mathbb{N}$ mit $\pi^{i_0} R = Ke(\varphi)$, woraus zuerst $a_1 \pi^{i_0} R = 0$ und darauf $\bigcap_{i=0}^{\infty} \pi^i a_1 R = 0$ folgt.

b) Wegen Lemma 10.7,c) dürfen wir wie in a) $A = a_1 R$ setzen. Auch hier bezeichne $\varphi : R \longrightarrow a_1 R$ den natürlichen Epimorphismus.

Sei (x_i) eine $\mathfrak{F}$-Cauchy-Folge in A. Wenn φ ein Isomorphismus ist, so ist $(\varphi^{-1}(x_i))$ eine Cauchy-Folge in R mit einem Limes y und $\varphi(y) = \lim_{i \to \infty} x_i$.
Wenn φ kein Isomorphismus ist, dann gibt es ein $i_0 \in \mathbb{N}$ mit $a_1 \pi^{i_0} R = 0$ und ein $i_1 \in \mathbb{N}$, so daß $x_{i+1} - x_i \in a_1 \pi^{i_0} R = 0$ für alle $i \geq i_1$, d.h. $\lim_{i \to \infty} x_i = x_{i_1}$.

c) A, als R-Rechtsmodul betrachtet, werde nun mit A_R bezeichnet. Wegen $Rad(A_R) = A \cdot Rad R = A(\pi R) = \pi A <^\cdot A_R$ ist $\pi A <^\cdot A_A$, also $\pi A \leq Rad A$.
Da $A/\pi A$ als endlich erzeugte Algebra über dem Körper $R/\pi R$ auf beiden Seiten artinsch ist, ist $Rad(A/\pi A) = (Rad A)/\pi A$ nilpotent. Dies liefert die zweite Aussage.

d) Sei $\nu : A \longrightarrow A/\pi A$ der natürliche Epimorphismus. Wir konstruieren induktiv eine Folge $(e_0, e_1, e_2, \ldots)$ in A mit $e_{i+1} - e_i \in \pi^{2^i} A$ und $e_i^2 - e_i \in \pi^{2^i} A$ für alle $i \in \mathbb{N} \cup \{0\}$.
Wir wählen $e_0 \in \nu^{-1}(f)$ beliebig. Dann ist $e_0^2 - e_0 \in \pi A$.
Sei nun e_i gefunden. Wir setzen $e_{i+1} := e_i + (1 - 2e_i)(e_i^2 - e_i)$ und zur Abkürzung $y_i := e_i^2 - e_i$. Dann gilt:

$$e_{i+1} - e_i = (1 - 2e_i)(e_i^2 - e_i) \in \pi^{2^i} A,$$
$$e_{i+1}^2 - e_{i+1} = e_i^2 + 2e_i(1 - 2e_i)y_i + (1 - 2e_i)^2 y_i^2 - e_i - (1 - 2e_i)y_i =$$
$$= 4y_i^2 + (1 - 2e_i)^2 y_i^2 \in Ay_i^2 \subseteq \pi^{2^{i+1}} A.$$

Also ist (e_i) eine $\mathfrak{F}$-Cauchy-Folge. Diese besitzt, da A $\mathfrak{F}$-vollständig ist, einen Limes e. Zu diesem existiert $i_0 \in \mathbb{N}$ mit $e - e_{i_0} \in \pi A$. Somit erhalten wir:

$$e - e_0 = (e - e_{i_0}) + (e_{i_0} - e_0) \in \pi A, \text{ d.h. } \bar{e} = \nu(e) = \nu(e_0) = f,$$

und

$$e^2 - e = \lim_{i \to \infty} e_i^2 - \lim_{i \to \infty} e_i = \lim_{i \to \infty} (e_i^2 - e_i) = 0.$$

<u>Satz</u> 10.17 . Sei R ein vollständiger diskreter Bewertungsring mit dem Radikal πR und A eine endlich erzeugte R-Algebra. Dann gilt:

a) A ist semiperfekt.

b) Jeder endlich erzeugte unzerlegbare A-Rechtsmodul hat einen lokalen Endomorphismenring.

c) Jeder endlich erzeugte A-Rechtsmodul kann bis auf Reihenfolge und Isomorphie eindeutig als endliche direkte Summe von unzerlegbaren Untermoduln geschrieben werden.

Beweis. a) Wegen $\pi A \subseteq \operatorname{Rad} A$ ist $A/\operatorname{Rad} A \cong (A/\pi A)/\operatorname{Rad}(A/\pi A)$. Daher ist $A/\operatorname{Rad} A$ halbeinfach.

Sei $\sum\limits_{i=1}^{n} f_i'$ eine Zerlegung des Einselements in $A/\operatorname{Rad} A$. Da $A/\pi A$ semi-perfekt ist, gibt es eine Zerlegung $\sum\limits_{i=1}^{n} f_i$ des Einselementes in $A/\pi A$, so daß $\nu(f_i) = f_i'$ für $i = 1,\ldots,n$, wobei $\nu : A/\pi A \longrightarrow A/\operatorname{Rad} A$ den natürlichen Epimorphismus bezeichnet. Wir zeigen nun durch Induktion nach n, daß sich diese Zerlegung nach A hochheben läßt.

Der Induktionsanfang $n = 1$ ist trivial. Um den Schluß von $n - 1$ nach n durchzuführen, wenden wir zunächst die Induktionsvoraussetzung auf die Zerlegung

$$(f_1 + f_2) + f_3 + \ldots + f_n$$

des Einselementes von $A/\pi A$ an und erhalten eine Zerlegung

$$e + e_3 + \ldots + e_n$$

der 1 in A mit $e + \pi A = f_1 + f_2$ und $e_i + \pi A = f_i$ für $i = 3,\ldots,n$. Wir ersetzen jetzt in Lemma 10.16,d) A durch eAe und f durch $a_1 + \pi eAe$, wobei $a_1 = ea_1 e \in A$ so gewählt ist, daß $f_1 = a_1 + \pi A$ ist. Dann existiert ein Idempotent $e_1 \in eAe$ mit $e_1 - a_1 \in \pi eAe$. Setzen wir $e_2 := e - e_1$, dann ist $\sum\limits_{i=1}^{n} e_i$ die gesuchte Zerlegung.

b) Sei M ein endlich erzeugter unzerlegbarer A-Rechtsmodul. Wir zeigen zuerst: $\operatorname{End}_A(M)$ ist als R-Modul endlich erzeugt.

Sei $\nu : A^n \longrightarrow M$ ein A-Epimorphismus. Dann ist

$$S := \{\alpha \mid \alpha \in \operatorname{End}_A(A^n),\ \alpha(\operatorname{Ke} \nu) \subseteq \operatorname{Ke} \nu\}$$

ein endlich erzeugter R-Untermodul von $\operatorname{End}_A(A^n)$; denn $\operatorname{End}_A(A^n)$ ist isomorph zu $A_{n \times n}$ und daher als R-Modul endlich erzeugt; außerdem ist R noethersch.

Weiter ist die Abbildung

$$S \ni \alpha \longmapsto (m \longmapsto \nu\alpha\nu^{-1}(m)) \in \operatorname{End}_A(M),$$

da A^n projektiv ist, ein R-Epimorphismus. (Betrachte dazu das Diagramm

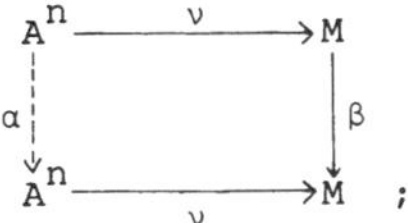

zu $\beta \in \text{End}_A(M)$ gibt es $\alpha \in S$ mit $\beta\nu = \nu\alpha$.)

Folglich ist $\text{End}_A(M)$ eine endlich erzeugte R-Algebra und somit nach
a) semiperfekt. Da nun id_M das einzige Idempotent in $\text{End}_A(M)$ ist, muß
$\text{End}_A(M)$ als Ring lokal sein.

c) Da R ein noetherscher Ring ist und A als R-Modul und M als A-Modul
endlich erzeugt ist, ist M ein noetherscher A-Rechtsmodul, d.h. M läßt
sich als endliche direkte Summe unzerlegbarer A-Untermoduln schreiben.
Der Rest ergibt sich nun sofort aus b) und dem Satz von Krull-Remak-
Schmidt.

10.3 Das Reziprozitätsgesetz von Brauer

__Definition__ 10.18 . Sei R der Bewertungsring einer diskreten Bewertung
eines Körpers K, A eine R-Algebra, die endlich erzeugt und frei über R
ist, $B := K \otimes_R A$ die Tensoralgebra und M ein endlich erzeugter
B-Rechtsmodul. Ein A-Untermodul von M, der eine R-Basis besitzt, die
zugleich K-Basis von M ist, heißt R-Form von M.

__Bemerkung.__ In der voranstehenden Definition wird M auch als A- bzw. R-
bzw. K-Modul betrachtet. Dazu werden A , R , K auf natürliche Weise in B
eingebettet:

$$A \ni a \longmapsto 1 \otimes a \in B, \quad R \ni r \longmapsto r \otimes 1 \in B, \quad K \ni k \longmapsto k \otimes 1 \in B.$$

__Beispiele.__ 1) Die R-Algebra A ist eine R-Form von B.

2) Sei $G = \langle g \mid g^2 = 1 \rangle$ die Gruppe mit 2 Elementen, R der Bewertungsring einer diskreten Bewertung v eines Körpers K mit der Eigenschaft
$\frac{1}{2} \notin R$ (z.B. $K = \mathbb{Q}$, $v = v_2$), A bzw. B die Gruppenalgebra RG bzw. KG,
und $M = KG_{KG}$. Dann besitzt M die R-Formen

$$U_1 = 1 \cdot R \oplus g \cdot R \qquad \text{und} \qquad U_2 = \frac{1+g}{2}R \oplus \frac{1-g}{2}R \ ,$$

von denen man leicht feststellt, daß sie als RG-Moduln nicht isomorph
sind.

__Lemma__ 10.19 . Seien R , K , A , B , M wie in 10.18. Ein A-Untermodul $U \le M$,
der als R-Modul endlich erzeugt ist und für den $U \cdot K = M$ gilt, ist
eine R-Form von M; außerdem ist $[U : R] = [M : K]$.

Beweis. Da M ein Vektorraum über K ist, ist M torsionsfrei über R. Somit ist auch U torsionsfrei über R. Da U endlich erzeugt ist, folgt nach Lemma 10.13 und Lemma 10.14, daß U frei über R ist.

Sei nun $\{m_1,\ldots,m_n\}$ eine R-Basis von U. Wegen $U \cdot K = M$ ist $\{m_1,\ldots,m_n\}$ ein K-Erzeugendensystem von M. Aber $\{m_1,\ldots,m_n\}$ ist sogar eine K-Basis von M:

Angenommen $0 = \sum_{i=1}^{n} m_i k_i$ mit $k_1,\ldots,k_n \in K$, dann gibt es $e \in \mathbb{N}$, so daß $k_i \pi^e \in R$ für $i = 1,\ldots,n$ ist (Rad R = πR). Also ergibt sich der Reihe nach $0 = \sum_{i=1}^{n} m_i (k_i \pi^e)$, $k_1 \pi^e = \ldots = k_n \pi^e = 0$ und $k_1 = \ldots = k_n = 0$.

<u>Satz</u> 10.20 . Seien R , K , A , B , M wie in 10.18. Dann besitzt M mindestens eine R-Form.

Beweis. Sei $\{m_1,\ldots,m_n\}$ eine K-Basis von M und $\{1 = a_1,\ldots,a_l\}$ eine R-Basis von A. Dann ist

$$U := \sum_{i=1}^{n} \sum_{j=1}^{l} m_i (1 \otimes a_j) R$$

ein A-Untermodul von M, der endlich erzeugt über R ist, und für den $U \cdot K = M$ gilt. Also ist U eine R-Form von M.

<u>Satz</u> 10.21 . Sei R der Bewertungsring einer vollständigen diskreten Bewertung eines Körpers K, Rad R = πR, F = R/πR und A,B,M wie in 10.18. Wenn U und U' R-Formen von M sind, dann haben $U/U\pi$ und $U'/U'\pi$ als Moduln über der F-Algebra A/πA die gleichen Kompositionsfaktoren.

Beweis. Es ist zu zeigen, daß für alle primitiven Idempotente $e \in A$ die Längen der eAe-Moduln $(U/U\pi)e$ und $(U'/U'\pi)e$ gleich sind.

Die R-Algebra eAe ist endlich erzeugt und torsionsfrei, also sogar frei über R. Weiter ist der eAe-Modul Ue eine R-Form des eBe-Moduls Me; denn Ue ist als Untermodul des noetherschen R-Moduls U endlich erzeugt, und es ist $(Ue)K = (UK)e = Me$. Damit gilt:

$$[Me : K] = [Ue : R] = [(Ue/Ue\pi) : F] = [(U/U\pi)e : F]$$

$$= l((U/U\pi)e) \cdot [(eAe/Rad(eAe)) : F] \quad \text{(nach Lemma 7.56)} .$$

An dieser Gleichung sieht man, daß die Länge von $(U/U\pi)e$ unabhängig von der gewählten R-Form U ist. Daraus ergibt sich die Behauptung.

<u>Satz</u> 10.22 (Brauersches Reziprozitätsgesetz). Seien K , R , π , F , A , B
wie in 10.21 und sei B halbeinfach. Weiter sei

$e \in A$ ein primitives Idempotent, $\overline{eAe} := eAe/\mathrm{Rad}(eAe)$,

$f \in B$ ein primitives Idempotent,

$\widehat{fB}$ eine R-Form von fB,

$\delta_{f,e}$ die Anzahl der Kompositionsfaktoren von $\widehat{fB}/\widehat{fB}\pi$, die isomorph zu
$eA/\mathrm{Rad}\,eA$ sind, und

$\Delta_{f,e}$ die Anzahl der Kompositionsfaktoren von Be bzw. eB, die isomorph
zu Bf bzw. fB sind.

Dann gilt: $\qquad [\overline{eAe} : F]\delta_{f,e} \; = \; [fBf : K]\Delta_{f,e}$.

Beweis. Sei $\sum_{i=1}^{n} f_i$ eine primitive Zerlegung des Idempotents e in B
($e \in A \subseteq B$) derart, daß

$$Bf_i \cong Bf \quad \text{für } i = 1,\dots,m \quad \text{und} \quad Bf \not\cong Bf_i \quad \text{für } i = m+1,\dots,n.$$

Es ist also $fBf_i = 0$ für $i = m+1,\dots,n$. Setzen wir jetzt in Satz
10.21 $M = fB$ und $U = \widehat{fB}$, dann gilt

$$[\overline{eAe} : F]\delta_{f,e} = [fBe : K] = [\, \bigoplus_{i=1}^{m} fBf_i : K] = [fBf : K]m =$$
$$= [fBf : K]\Delta_{f,e} \; ,$$

was zu zeigen war.

Da $\overline{eAe}$ bzw. fBf der Endomorphismenring des einfachen A-Moduls eA/Rad eA
bzw. des einfachen B-Moduls fB ist, ergibt sich aus Satz 10.22 unmittelbar

<u>Folgerung</u> 10.23 . Wenn K Zerfällungskörper für B ist und F Zerfällungs-
körper für A/Rad A , dann ist $\delta_{f,e} = \Delta_{f,e}$.

<u>Definition</u> 10.24 . Seien K und F wie in 10.23. Weiter seien

$f_1,\dots,f_m \in B$ primitive Idempotente, so daß $\{f_iB \mid i = 1,\dots,m\}$ eine
$\qquad\qquad$ Transversale von einfachen B-Rechtsmoduln ist, und

$e_1,\dots,e_n \in A$ primitive Idempotente, so daß $\{e_iA/\mathrm{Rad}\,e_iA \mid i = 1,\dots,n\}$
$\qquad\qquad$ eine Transversale von einfachen A-Rechtsmoduln ist.

Wenn wir $d_{ij} := \delta_{f_i,e_j}$ setzen, so heißt die m×n-Matrix $D := (d_{ij})$
Zerlegungsmatrix von A.

<u>Beispiel</u>. Sei G eine endliche abelsche p-Gruppe und sei (K,R,F) ein
p-modulares System mit der Eigenschaft, daß K ein Zerfällungskörper
für G ist. KG_{KG} ist also eine direkte Summe von $|G|$ nichtisomorphen
1-dimensionalen Untermoduln und FG ist ein lokaler Ring mit

FG/Rad FG $\cong$ F. Wenn wir in Satz 10.22 A mit RG, A/πA mit FG und B
mit KG identifizieren, erhalten wir unmittelbar, daß die Zerlegungs-
matrix von RG eine |G|×1-Matrix ist mit d_{i1} = 1 für i = 1,...,|G|.

10.4 Die Blockzugehörigkeit einfacher KG-Moduln

Sei G eine endliche Gruppe und (K,R,F) ein p-modulares System, wobei
K Zerfällungskörper für G sei. Wie vorher sei Rad R = πR.

Die Rolle der Algebren B , A , A/πA im vorangegangenen Abschnitt wird
nun von den Gruppenalgebren

$$KG , RG , FG$$

bzw. von deren Zentren

$$Z(KG), \; Z(RG), \; Z(FG)$$

übernommen. Eine geeignete K- bzw. R- bzw. F-Basis ist bei den Grup-
penalgebren jeweils {g | g $\in$ G} und bei deren Zentren jeweils
$\{C_1^+,...,C_r^+\}$, wobei $\{C_1,...,C_r\}$ die Menge der Konjugationsklassen von
G ist. (Die Koeffizienten der Gruppenelemente in den Klassensummen liegen dabei in R bzw. in F.)

Wir identifizieren im folgenden F mit R/πR, FG mit RG/πRG, Z(FG) mit
Z(RG)/πZ(RG) und setzen in diesen Fällen

$$\overline{a} := a + \pi R \qquad \text{für } a \in R,$$
$$\overline{b} := b + \pi RG \qquad \text{für } b \in RG, \text{ und}$$
$$\overline{c} := c + \pi Z(RG) \qquad \text{für } c \in Z(RG).$$

Nun bezeichne

$\{\varepsilon_1,...,\varepsilon_r\}$ die Menge der primitiven Idempotente von Z(KG), d.i.
   die Menge der zentral-primitiven Idempotente von KG,

$\{E_1,...,E_r\}$ eine Menge von einfachen KG-Rechtsmoduln mit $E_j\varepsilon_j = E_j$
   für j = 1,...,r, und

$\{\delta_1,...,\delta_s\}$ die Menge der primitiven Idempotente von Z(RG).

Dann gibt es zu jedem Idempotent δ_i eine Teilmenge $I_i \subseteq \{1,...,r\}$,
so daß $\delta_i = \sum_{j\in I_i} \varepsilon_j$. $\{1,...,r\}$ ist dann die disjunkte Vereinigung
von $I_1,...,I_s$. Weiter ist

$\{\overline{\delta}_1,...,\overline{\delta}_s\}$ die Menge der primitiven Idempotente von Z(FG); denn jede
   Zerlegung des Einselements $\overline{1}$ in Z(FG) kann zu einer Zer-
   legung der 1 in Z(RG) hochgehoben werden.

__Lemma__ 10.25 . Sei $j \in I_i$ und $\hat{E}_j$ eine R-Form von E_j. Für den FG-Modul $\overline{E}_j := \hat{E}_j/\hat{E}_j\pi$ gilt:

$$\overline{E}_j\,\overline{\delta}_h = \begin{cases} \overline{E}_j & \text{für } h = i, \\ O & \text{sonst} \end{cases}$$

Beweis. Aus $E_j\varepsilon_j = E_j$ folgt

$$E_j\,\delta_i = E_j \quad \text{und} \quad E_j\,\delta_h = O \quad \text{für } h \neq i;$$

also gilt auch

$$\hat{E}_j\,\delta_i = \hat{E}_j \quad \text{und} \quad \hat{E}_j\,\delta_h = O \quad \text{für } h \neq i.$$

Hieraus ergibt sich sofort die Behauptung.

__Definition__ 10.26 . Wenn $j \in I_i$ ist, dann sagt man, der einfache KG-Rechtsmodul E_j bzw. sein Charakter gehöre zum Block $\overline{\delta}_i FG \overline{\delta}_i$ von FG.

Zu jedem $j \in \{1,\ldots,r\}$ läßt sich wegen $Z(KG)\varepsilon_j = K\varepsilon_j$ ein K-Algebrenhomomorphismus $\omega_j : Z(KG) \longrightarrow K$ erklären durch

$$a\varepsilon_j =: \omega_j(a)\varepsilon_j \quad \text{für alle } a \in Z(KG).$$

Da für jede Konjugationsklasse C von G nach dem Beweis von Lemma 4.27

$$\omega_j(C^+) = \frac{|C|\,\chi_j(C)}{\chi_j(1)}$$

ganz über $\mathbb{Z}$ ist (χ_j bezeichne den Charakter von E_j), ergibt sich aus Lemma 10.2,g): $\omega_j(C^+) \in R$. Somit erhalten wir durch Einschränkung von Quelle und Ziel von ω_j einen R-Algebrenhomomorphismus $\hat{\omega}_j : Z(RG) \longrightarrow R$. Dieser wiederum induziert einen F-Algebrenhomomorphismus $\overline{\omega}_j : Z(FG) \longrightarrow F$. Auf Grund von

$$\omega_j(\delta_i) = \begin{cases} 1 & \text{für } j \in I_i, \\ O & \text{sonst} \end{cases}$$

gilt

$$\overline{\omega}_j(\overline{\delta}_i) = \begin{cases} \overline{1} & \text{für } j \in I_i, \\ O & \text{sonst} \end{cases}$$

Daher gibt es unter den F-Algebrenhomomorphismen $\overline{\omega}_1,\ldots,\overline{\omega}_r$ mindestens s verschiedene.

Wegen $\mathrm{Bi}(\overline{\omega}_j) = F$ muß $\mathrm{Ke}(\overline{\omega}_j)$ ein maximales Ideal in $Z(FG)$ sein. Wir setzen jetzt zur Abkürzung $\overline{Z} := Z(FG)$. Da jeder Block $\overline{\delta}_i \overline{Z} \overline{\delta}_i$ von $\overline{Z}$ ein lokaler Ring ist und $\overline{Z} = \bigoplus_{i=1}^{s} \overline{\delta}_i \overline{Z} \overline{\delta}_i$, gilt für $j \in I_i$:

$$\mathrm{Ke}(\overline{\omega}_j) = \mathrm{Rad}(\overline{\delta}_i \overline{Z} \overline{\delta}_i) \oplus \bigoplus_{h \neq i} \overline{\delta}_h \overline{Z} \overline{\delta}_h \ .$$

Folglich ist $\overline{\delta}_h \overline{Z} \overline{\delta}_h = \overline{\delta}_h F \oplus \mathrm{Rad}(\overline{\delta}_h \overline{Z} \overline{\delta}_h)$ für $h = 1,\ldots,s$. Weiter hat jedes maximale Ideal von $\overline{Z}$ die Gestalt

$$\mathrm{Rad}(\overline{\delta}_i \overline{Z} \overline{\delta}_i) \oplus \bigoplus_{h \neq i} \overline{\delta}_h \overline{Z} \overline{\delta}_h \quad \text{mit } i \in \{1, \ldots, s\}.$$

Somit gibt es genau s verschiedene surjektive F-Algebrenhomomorphismen von $\overline{Z}$ auf F.

Nun ist das folgende Kriterium für die Blockzugehörigkeit einfacher KG-Moduln nicht schwer zu zeigen. (Unter einer p-regulären Konjugationsklasse von G verstehen wir dabei eine Konjugationsklasse, die nur aus p'-Elementen besteht.)

<u>Satz</u> 10.27 . Seien $j,k \in \{1, \ldots, r\}$. Dann sind äquivalent:

a) E_j und E_k gehören zum gleichen Block von FG.

b) $\overline{\omega}_j = \overline{\omega}_k$.

c) $\overline{\omega}_j$ und $\overline{\omega}_k$ stimmen auf allen Klassensummen von p-regulären Konjugationsklassen von G überein.

Beweis. a$\Longleftrightarrow$b. Auf Grund der Vorbemerkung gilt:

$$j,k \in I_i \Longleftrightarrow \omega_j(\delta_i) = \omega_k(\delta_i) = 1 \Longleftrightarrow \overline{\omega}_j(\overline{\delta}_i) = \overline{\omega}_k(\overline{\delta}_i) = \overline{1} \Longleftrightarrow$$

$$\Longleftrightarrow \overline{\omega}_j = \overline{\omega}_k .$$

b$\Longrightarrow$c. Trivial.

c$\Longrightarrow$b. Sei $\overline{\delta}_i = \sum_{l=1}^{r} f_{il} C_l^+$ mit $f_{il} \in F$. Nach dem Satz von Osima ist $f_{il} = 0$, falls C_l keine p-reguläre Konjugationsklasse von G ist. Daher gilt für $i = 1, \ldots, s$:

$$\overline{\omega}_j(\overline{\delta}_i) = \sum_{l=1}^{r} f_{il} \cdot \overline{\omega}_j(C_l^+) = \sum_{l=1}^{r} f_{il} \cdot \overline{\omega}_k(C_l^+) = \overline{\omega}_k(\overline{\delta}_i) .$$

Hieraus dürfen wir nach der Vorbemerkung auf $\overline{\omega}_j = \overline{\omega}_k$ schließen.

<u>Folgerung</u> 10.28 . Wenn E_j und E_k zu Blöcken von FG mit gleicher Defektgruppe D gehören, dann sind äquivalent:

a) E_j und E_k gehören zum gleichen Block von FG.

b) $\overline{\omega}_j$ und $\overline{\omega}_k$ stimmen auf allen Klassensummen von p-regulären Konjugationsklassen von G, die D als Defektgruppe haben, überein.

Beweis. a$\Longrightarrow$b. Satz 10.27.

b$\Longrightarrow$a. Sei $j \in I_i$, $H = N_G(D)$ und $\sigma : Z(FG) \longrightarrow Z(FH)$ der zu D gehörende Brauerhomomorphismus. Nach Lemma 9.18 ist $\sigma(\overline{\delta}_i) \neq 0$ und damit $\mathrm{Ke}(\sigma) \subseteq \mathrm{Ke}(\overline{\omega}_j)$. Nach Lemma 9.18 liegt weiter eine Klassensumme C_l^+ in $\mathrm{Ke}(\sigma)$, wenn D in keiner Defektgruppe von C_l enthalten ist. Zusammen mit Satz 9.4 folgt daraus, daß in der Summe

$$\overline{\omega}_j(\overline{\delta}_i) = \sum_{l=1}^{r} f_{il} \cdot \overline{\omega}_j(C_l^{+})$$

ein Summand $f_{il} \cdot \overline{\omega}_j(C_l^{+})$ nur dann von Null verschieden sein kann, wenn C_l eine p-reguläre Konjugationsklasse von G mit Defekt D ist. Somit erhalten wir

$$\overline{1} = \overline{\omega}_j(\overline{\delta}_i) = \overline{\omega}_k(\overline{\delta}_i) ,$$

woraus die Behauptung folgt.

<u>Satz</u> 10.29 . I) Zu jedem einfachen Block B von FG existiert genau ein $j \in \{1,\dots,r\}$, so daß $\varepsilon_j \in RG$ und $B = \overline{\varepsilon}_j FG \overline{\varepsilon}_j$ ist. Außerdem ist dann $\overline{E}_j$ ein einfacher FG-Modul, der zu B gehört, mit $\mathrm{End}_{FG}(\overline{E}_j) \cong F$.

II) Für $j \in \{1,\dots,r\}$ sind äquivalent:

a) $p \nmid \dfrac{|G|}{x_j(1)}$.

b) $\varepsilon_j \in RG$.

c) E_j gehört zu einem einfachen Block von FG.

d) Es gibt ein Idempotent $e \in RG$, so daß $E_j \cong eKG$ ist.

Beweis. I) Sei $\overline{\delta}_i FG \overline{\delta}_i$ $(= \overline{\delta}_i FG)$ ein einfacher Block von FG und U ein einfacher FG-Modul, der zu diesem Block gehört: $U\overline{\delta}_i = U$. Dann gilt nach den Sätzen 1.20 und 1.21:

$$(*) \qquad [\overline{\delta}_i FG : F] = \frac{[U : F]^2}{[\mathrm{End}_{FG}(U) : F]} \quad .$$

Wegen $\delta_i = \sum_{j \in I_i} \varepsilon_j$ ist $\delta_i RG$ eine R-Form von $\bigoplus_{j \in I_i} \varepsilon_j KG$, d.h.

$$(**) \qquad [\overline{\delta}_i FG : F] = \sum_{j \in I_i} [\varepsilon_j KG : K] = \sum_{j \in I_i} [E_j : K]^2 .$$

Außerdem gilt: $[E_j : K] = [\overline{E}_j : F]$ für $j \in I_i$.

Für $j \in I_i$ ist aber nun $\overline{E}_j$ eine Summe von Kopien von U, d.h. es gibt $t_j \in \mathbb{N}$ mit $[\overline{E}_j : F] = t_j[U : F]$.

Setzen wir die beiden letzten Gleichungen in (**) ein und vergleichen die rechten Seiten von (*) und (**), so erhalten wir

$$1 = [\mathrm{End}_{FG}(U) : F] \cdot \sum_{j \in I_i} t_j^2 ,$$

woraus sich leicht die gesamte Behauptung ergibt.

II) a $\Longrightarrow$ b. Sei $v : K^{*} \longrightarrow \mathbb{Z}$ eine zu dem p-modularen System (K,R,F) gehörende Bewertung. Nach Satz 4.8 gilt

$$\varepsilon_j = \frac{x_j(1)}{|G|} \sum_{g \in G} x_j(g^{-1}) g .$$

Die Werte von χ_j liegen nach Lemma 10.2,g) in R, da sie ganz über $\mathbb{Z}$ sind. Wegen char(F) = p ist p $\in$ Rad R , also v(p) > 0. Auf Grund der Voraussetzung a) muß für die ganze Zahl $\frac{|G|}{\chi_j(1)}$ daher $v(\frac{|G|}{\chi_j(1)}) = 0$ sein. Folglich liegt $\frac{\chi_j(1)}{|G|}$ in R und somit ε_j in RG.

b $\Longrightarrow$ c. Es ist klar, daß $\bar{\varepsilon}_j$ ein Blockidempotent von FG ist, und daß E_j zu dem Block $\bar{\varepsilon}_j FG \bar{\varepsilon}_j$ gehört. Aus Z(RG)ε_j = Rε_j folgt, daß das Zentrum des Blocks $\bar{\varepsilon}_j FG \bar{\varepsilon}_j$ ein Körper ist:

$$Z(\bar{\varepsilon}_j FG \bar{\varepsilon}_j) = Z(FG)\bar{\varepsilon}_j = F\bar{\varepsilon}_j \cong F \ .$$

Da aber jeder Block einer Gruppenalgebra nach Lemma 7.79,c) eine symmetrische Algebra ist, ergibt sich nach Satz 7.83, daß $\bar{\varepsilon}_j FG \bar{\varepsilon}_j$ als Ring einfach ist.

c $\Longrightarrow$ d. E_j gehöre zu dem einfachen Block $\bar{\delta}_i FG \bar{\delta}_i$. Dann wissen wir nach I): $\delta_i = \varepsilon_j$, und $\bar{E}_j$ ist bis auf Isomorphie ein direkter Summand von $\bar{\varepsilon}_j$FG. Da sich Idempotente von FG nach RG heben lassen, existiert also ein Idempotent e $\in$ RG, so daß $\bar{E}_j \cong \bar{e}$FG ist. Wegen $\bar{e}\bar{\varepsilon}_j \neq 0$ ist auch $e\varepsilon_j \neq 0$. Da eRG eine R-Form von eKG ist, gilt weiter

$$[eKG : K] = [\bar{E}_j : F] = [E_j : K],$$

woraus zusammen mit $e\varepsilon_j \neq 0$ folgt, daß eKG ein einfacher KG-Modul ist, der zu dem Block $\varepsilon_j KG \varepsilon_j$ gehört, d.h. $E_j \cong$ eKG.

d $\Longrightarrow$ a. Nach Lemma 4.9 gilt für den Koeffizienten k_1 des Idempotents

$$e =: \sum_{g \in G} k_g g : \qquad k_1 = \frac{[eKG : K]}{|G|} = \frac{\chi_j(1)}{|G|} \ .$$

Wegen $k_1 \in R$ und $k_1^{-1} \in \mathbb{Z}$ ist $v(k_1^{-1}) = 0$, was wegen v(p) > 0 die Aussage a) liefert.

__Lemma__ 10.30 . Sei M ein endlich-dimensionaler KG-Rechtsmodul, $\hat{M}$ eine R-Form von M und $\bar{M}$ der FG-Rechtsmodul $\hat{M}/\hat{M}\pi$. Wenn $\bar{M}$ ein freier FG-Rechtsmodul ist, dann ist $\hat{M}$ ein freier RG-Rechtsmodul und M ein freier KG-Rechtsmodul.

Beweis. Sei f : $\bigoplus_{i \in I} FG_{FG} \longrightarrow \bar{M}$ ein FG-Isomorphismus. f kann auf natürliche Weise als RG-Isomorphismus angesehen werden. In dem Diagramm mögen ν , ν' die natürlichen RG-Epimorphismen bezeichnen. Aufgrund der Projektivität von $\bigoplus_{i \in I} RG$ existiert ein RG-Homomorphismus g: $\bigoplus_{i \in I} RG \longrightarrow \hat{M}$, so daß $\nu'g = f\nu$.

Da ν , ν' als R-Epimorphismen projektive Hüllen sind, ist g ein R-Isomorphismus, also auch ein RG-Isomorphismus. Damit ist $\hat{M}$ ein freier RG-Rechtsmodul und es existiert zu jedem $i \in I$ ein $m_i \in \hat{M}$,

so daß $\quad \hat{M} = \bigoplus_{i \in I} m_i RG \quad$ und $\quad m_i RG \cong RG_{RG} \quad$ für alle $i \in I$,

woraus $\quad M = \bigoplus_{i \in I} m_i KG \quad$ und $\quad m_i KG \cong KG_{KG} \quad$ für alle $i \in I$

folgt. M ist also ein freier KG-Rechtsmodul.

$\underline{\text{Satz}}$ 10.31 . Sei $g \in G$ ein p-Element mit $g^p = 1$, $H = C_G(g)$ und $\epsilon \in RH$ ein zentral-primitives Idempotent. Dann gehören alle einfachen KG-Rechtsmoduln E_j , $j = 1,\ldots,r$, deren Charaktere χ_j die Bedingung $\chi_j(\epsilon g) \neq 0$ erfüllen, zum gleichen Block von FG.

Bemerkung. χ_j ist hier linear von G auf KG fortgesetzt worden, d.h. $\chi_j = Sp((-) \pi_{E_j,B_j})$, wobei B_j eine K-Basis von E_j ist. Dieser Satz ist ein Spezialfall von Brauers 2. Hauptsatz über Blöcke ([17],Th. 6.5).

Beweis. Sei

$\quad E \in \{E_1,\ldots,E_r\} \qquad$ ein einfacher KG-Rechtsmodul,

$\quad \chi_E \in \{\chi_1,\ldots,\chi_r\} \qquad$ der Charakter von E,

$\quad \delta \in \{\delta_1,\ldots,\delta_s\} \qquad$ das zentral-primitive Idempotent in RG mit $\qquad\qquad\qquad\qquad\qquad E\delta = E$, und

$\quad \sigma : Z(FG) \longrightarrow Z(FH)$ der zu der p-Untergruppe $U := \langle g \rangle$ gehörige $\qquad\qquad\qquad\qquad\qquad$ Brauerhomomorphismus.

Im Fall $\sigma(\bar{\delta}) \neq 0$ sei $\epsilon_\delta \in RH$ das zentrale Idempotent mit $\overline{\epsilon_\delta} = \sigma(\bar{\delta})$, im Fall $\sigma(\bar{\delta}) = 0$ setzen wir $\epsilon_\delta = 0$. Wir werden zeigen:

$$\epsilon(1-\epsilon_\delta) = \epsilon \implies \chi_E(\epsilon g) = 0.$$

Da dies äquivalent ist zu

$$\chi_E(\epsilon g) \neq 0 \implies \epsilon\epsilon_\delta = \epsilon ,$$

folgt daraus die Aussage des Satzes; denn es gibt offensichtlich genau ein zentral-primitives Idempotent $\delta_i \in RG$, $i \in \{1,\ldots,s\}$ mit $\epsilon\epsilon_{\delta_i} = \epsilon$.

Der F-Unterraum $\underline{FG}_U$ der F-U-Algebra $\underline{FG}$ hat als Basis die Klassensummen C^+ von U-Konjugationsklassen C von G. Für diese gilt erstens $|C| = 1$ oder $|C| = p$, und zweitens

$$(|C| = 1 \iff C \subseteq H) \quad \text{und} \quad (|C| = P \iff C \subseteq G\setminus H).$$

Weiter folgt aus Lemma 9.2

$$|C| = p \iff C_U(c) = \{1\} \text{ für ein } c \in C \iff c^+ \in \underline{FG}_{U,1} \,.$$

Damit erhalten wir $\underline{FG}_U = FH \oplus \underline{FG}_{U,1}$, und hieraus wiederum nach Lemma 8.11,d)

$$(*) \quad \bar{\delta}(\bar{1}-\overline{\varepsilon_\delta})\,\bar{\varepsilon} = (\bar{\delta}-\sigma(\bar{\delta}))\,(\bar{1}-\sigma(\bar{\delta}))\bar{\varepsilon} \in \underline{FG}_{U,1} \cdot \underline{FG}_U \cdot \underline{FG}_U \subseteq \underline{FG}_{U,1} \,,$$

denn $\bar{\delta} - \sigma(\bar{\delta})$ ist eine F-Linearkombination von Klassensummen von H-Konjugationsklassen von $G \setminus H$.

Sei nun $\varepsilon(1-\varepsilon_\delta) = \varepsilon$. Es bezeichne $\chi_{E\varepsilon}$ den Charakter des KU-Rechts-moduls $E\varepsilon$, $\hat{E}$ eine R-Form von E und $\bar{E}$ den FG-Rechtsmodul $\hat{E}/\hat{E}\pi$. Wegen $\chi_{E\varepsilon}(g) = \chi_E(\varepsilon g)$ ist die Behauptung im Fall $E\varepsilon = 0$ klar. Sei also $E\varepsilon \neq 0$.

Wegen $\bar{E}\bar{\varepsilon} = \bar{E}\,\bar{\delta}(\bar{1}-\overline{\varepsilon_\delta})\bar{\varepsilon}$ ist nach (*) und Lemma 9.5 $\bar{E}\bar{\varepsilon}$ als FU-Rechtsmodul 1-projektiv, also projektiv und damit frei, da FU lokal ist. Da $\hat{E}\varepsilon$ eine R-Form von $E\varepsilon$ ist und $\bar{E}\bar{\varepsilon} \cong \hat{E}\varepsilon/\hat{E}\varepsilon\pi$, ist nach Lemma 10.30 $E\varepsilon$ ein freier KU-Rechtsmodul, woraus sich nach Lemma 4.6,c) und Lemma 4.7 ergibt:

$$\chi_{E\varepsilon}(g) = 0 \,.$$

Damit ist der Satz bewiesen.

<u>Satz</u> 10.32 (Osima). Sei I eine Teilmenge von $\{1,\ldots,r\}$ mit der Eigen-schaft, daß

$$(*) \qquad \sum_{j \in I} \chi_j(h)\,\chi_j(g) = 0$$

für alle p-regulären Elemente $h \in G$ und alle nicht-p-regulären Elemente $g \in G$.

Dann liegt das zentrale Idempotent $\sum_{j \in I} \varepsilon_j$ in RG, d.h. I ist eine disjunkte Vereinigung von gewissen I_i , $i \in \{1,\ldots,s\}$.

Beweis. Nach Satz 4.8 gilt

$$\sum_{j \in I} \varepsilon_j = \sum_{j \in I} \frac{[E_j:K]}{|G|} \sum_{u \in G} \chi_j(u^{-1})\,u = \sum_{u \in G} \left(\frac{1}{|G|} \sum_{j \in I} \chi_j(1)\,\chi_j(u^{-1})\right) u$$

$$=: \sum_{u \in G} k_u\,u \,.$$

1. Fall. u nicht-p-regulär: Nach (*) ist $k_u = 0$, d. h. $k_u \in R$.

2. Fall. u p-regulär: Sei D eine p-Sylow-Untergruppe von G und e das Idempotent $\frac{1}{|D|} \sum\limits_{d \in D} d$ in KD. Nach Voraussetzung gilt

$$\sum\limits_{j \in I} x_j(d) \, x_j(u^{-1}) = 0 \quad \text{für alle } d \in D, \ d \neq 1.$$

Daher erhalten wir durch Summation

$$k_u = \frac{1}{|G|} \sum\limits_{j \in I} x_j(1) \, x_j(u^{-1}) = \frac{1}{|G|} \sum\limits_{d \in D} \sum\limits_{j \in I} x_j(d) \, x_j(u^{-1}) =$$

$$= \frac{1}{|G|} \sum\limits_{j \in I} x_j(\sum\limits_{d \in D} d) \, x_j(u^{-1}) = \frac{|D|}{|G|} \sum\limits_{j \in I} x_j(e) \, x_j(u^{-1}) \, .$$

Somit liegt k_u in R, denn $p \nmid \frac{|G|}{|D|}$ und $x_j(e) = [E_j e : K] \in \mathbb{Z}$.

Lemma 10.33 . Sei $e \in RG$ ein Idempotent und χ der Charakter des KG-Rechtsmoduls $e\,KG$. Dann gilt:

a) Für jede p-Untergruppe D von G und jedes Idempotent $f \in RG$ mit der Eigenschaft
$$fd = df \quad \text{für alle } d \in D$$
ist $e\,RG\,f$ ein freier RD-Rechtsmodul und $e\,KG\,f$ ein freier KD-Rechtsmodul.

b) Für jedes nicht-p-reguläre Element $g \in G$ ist $\chi(g) = 0$.

Beweis. a) Wegen $\pi\,RD \subseteq \text{Rad } RD$ gilt

$$RD/\text{Rad } RD \cong RD/\pi\,RD\big/\text{Rad } RD/\pi\,RD \cong FD/\text{Rad } FD \cong F.$$

Folglich ist RD lokal. Da $RG|_D$ endlich erzeugt und projektiv ist, ist zunächst $e\,RG|_D$ als direkter Summand von $RG|_D$, und dann $e\,RGf$ als direkter Summand von $e\,RG|_D$ endlich erzeugt und projektiv. Damit ist nach Satz 7.53 $e\,RG\,f$ sogar frei über RD. Da $e\,RG\,f$ eine R-Form von $e\,KG\,f$ ist, folgt, daß $e\,KG\,f$ frei über KD ist.

b) Ohne Einschränkung sei $\sqrt[q]{1} \in K$, wobei $|G| = p^n q$ mit $p \nmid q$. (Sonst gehen wir gemäß Satz 10.5 und Satz 10.9 zu einer Körpererweiterung K' von K über, der Quotientenkörper eines vollständigen diskreten Bewertungsrings R' ist. Für den Charakter χ' des K'G-Rechtsmoduls $e\,K'G$ gilt dann $\chi'(g) = \chi(g)$.)

Nach Lemma 5.29 läßt sich g in der Form $g = g_1 g_2 = g_2 g_1$ schreiben, wobei $g_1 \neq 1$ ein p-Element und g_2 ein p'-Element ist. Wir bezeichnen mit U, D, V der Reihe nach die von g, g_1, g_2 erzeugten zyklischen Untergruppen von G und mit $\{e_1, \ldots, e_m\}$ die Menge der zentral-primitiven Idempotente von RV ($m = \mathrm{ord}(g_2)$).

Wegen $\qquad e_k RV = e_k R \qquad$ für $k = 1, \ldots, m$

gibt es $\qquad r_1, \ldots, r_m \in R$,

so daß $\qquad e_k g_2 = e_k r_k \qquad$ für $k = 1, \ldots, m$.

Wegen $\qquad e_k g = g e_k \qquad$ für $k = 1, \ldots, m$

ist $\qquad e\, KG = e\, KG\, e_1 \oplus \ldots \oplus e\, KG\, e_m$

eine direkte Summe der KU-Rechtsmoduln $e\, KG\, e_k$, deren Charaktere mit ξ_k bezeichnet seien. Damit erhalten wir

$$\chi(g) = \xi_1(g) + \ldots + \xi_m(g) = r_1 \xi_1(g_1) + \ldots + r_m \xi_m(g_1),$$

woraus die Behauptung b) folgt, da die Moduln $e\, KG\, e_k$, $k = 1, \ldots, m$ nach a) frei über KD sind und sich somit nach Lemma 4.6,c)

$$\xi_k(g_1) = 0 \quad \text{für} \quad k = 1, \ldots, m$$

ergibt.

<u>Bemerkung.</u> In dem Beweis des voranstehenden Lemmas haben wir die Voraussetzung, daß K ein Zerfällungskörper für G ist, nicht verwendet. Der nächste Satz ist eine stärkere Version des Satzes 9.17.

<u>Satz</u> 10.34 (Osima). Der Träger jedes zentralen Idempotents von RG enthält nur p'-Elemente von G.

Beweis. Es genügt, die Behauptung für die zentral-primitiven Idempotente $\delta_i = \sum\limits_{j \in I_i} \varepsilon_j \in RG$ zu zeigen.

Da der halbeinfache KG-Rechtsmodul $\delta_i KG$ jeden einfachen KG-Rechtsmodul E_j, $j \in I_i$, bis auf Isomorphie genau $[E_j : K]$-mal als direkten Summanden enthält, gilt für den Charakter χ von $\delta_i KG$:

$$\chi = \sum\limits_{j \in I_i} [E_j : K]\, \chi_j .$$

Nach Satz 4.8 hat daher δ_i die Form

$$\delta_i = \sum_{j \in I_i} \frac{[E_j : K]}{|G|} \sum_{g \in G} \chi_j(g^{-1}) g = \frac{1}{|G|} \sum_{g \in G} \chi(g^{-1}) g \, ,$$

woraus nach Lemma 10.33,b) die Behauptung folgt.

<u>Satz</u> 10.35 . Für alle p-regulären Elemente $h \in G$ und alle nicht-p-regulären Elemente $g \in G$ gilt:

$$(*) \qquad \sum_{j \in I_i} \chi_j(h) \, \chi_j(g) = 0 \quad \text{für} \quad i = 1, \ldots, s \, .$$

Beweis. Nach dem am Ende von Abschnitt 4.6 gegebenen zweiten Beweis der Orthogonalitätsrelation 4.13 ist die linke Seite von (*) gleich dem Wert des Charakters χ_{B_i} des KH-Rechtsmoduls $B_i := \delta_i KG$ an der Stelle $(h^{-1}, g) \in H := G \times G$, wenn K ein Zerfällungskörper für G ist.

Wir können nun wie oben ohne Einschränkung annehmen: $\sqrt[q]{1} \in K$, wobei $|G| = p^n q$ mit $p \nmid q$. Sei weiter $W = \langle h \rangle$ und $\{f_1, \ldots, f_n\}$ die Menge der zentral-primitiven Idempotente in RW. Dann existieren wegen

$$RW f_l = R f_l \qquad \text{für} \quad l = 1, \ldots, n$$

Elemente $r_1, \ldots, r_n \in R$, so daß

$$hf_l = r_l f_l \qquad \text{für} \quad l = 1, \ldots, n \, .$$

Somit ist

$$B_i = f_1 \delta_i KG \ \oplus \ \ldots \ \oplus \ f_n \delta_i KG$$

eine direkte Summe von KH'-Rechtsmoduln, wobei $H' := W \times G$ gesetzt ist. Es folgt

$$\chi_{B_i}(h^{-1}, g) = \sum_{l=1}^{n} \chi_{f_l B_i}(h^{-1}, g) = \sum_{l=1}^{n} r_l \chi_{f_l B_i}(g) \, ;$$

dabei wird $\chi_{f_l B_i}$ im zweiten Ausdruck als Charakter von $f_l B_i$ als KH'-Rechtsmodul, im dritten Ausdruck nur noch als Charakter von $f_l B_i$ als KG-Rechtsmodul aufgefaßt; letzterer verschwindet an der Stelle g nach Lemma 10.33,b), womit die Behauptung gezeigt ist.

10.5 Der Satz von Brauer-Robinson

Im folgenden bezeichne $\mathcal{S}_n$ wie in § 6 die symmetrische Gruppe und
(K,R,F) ein beliebiges p-modulares System. K ist dann nach Folgerung
6.13 immer Zerfällungskörper für $\mathcal{S}_n$.

Der in diesem Abschnitt angegebene Beweis für die Blockzugehörigkeit
der einfachen $K\mathcal{S}_n$-Moduln basiert auf der Arbeit [13] von Meier und
Tappe, die wiederum die in Satz 6.38 angegebene Rekursionsformel von
Murnaghan und Nakayama für die Berechnung der irreduziblen Charaktere
von $\mathcal{S}_n$ als Grundlage hat.

Zu einer Partition λ von n und dem zu λ gehörenden Rahmen F^λ sei die
Folge von Rahmen

$$F_0 := F^\lambda, F_1, \ldots, F_a$$

und eine Folge von Haken der Länge p

$$H_1, \ldots, H_a$$

dadurch definiert, daß für $i = 0, \ldots, a-1$ der Rahmen F_{i+1} aus dem Rahmen
F_i durch Entfernen des Hakens H_{i+1} entsteht, und daß F_a keinen Haken
der Länge p besitzt. $(F_0, \ldots, F_a)$ nennen wir dann volle p-Rahmenfolge
von F^λ bzw. λ.

Sei nun $(F_0' := F^\lambda, \ldots, F_b')$ eine weitere solche Rahmenfolge mit der dazugehörigen Hakenfolge $(H_1', \ldots, H_b')$.

Außerdem seien die Beinlängen der Haken $H_1, \ldots, H_a$ mit $l(H_1), \ldots, l(H_a)$
und die Beinlängen der Haken $H_1', \ldots, H_b'$ mit $l(H_1'), \ldots, l(H_b')$ bezeichnet.

<u>Lemma</u> 10.36 . Es gilt: $\qquad a = b,$

$$F_a = F_b',$$

$$\sum_{i=1}^{a} l(H_i) = \sum_{j=1}^{b} l(H_j') \mod 2.$$

Beweis. Die Behauptungen sind trivial, wenn F_0 keinen Haken der Länge
p enthält (a=b=0). Dies tritt immer ein, falls n < p ist.

Den allgemeinen Fall zeigen wir durch vollständige Induktion nach n.

Induktionsanfang: $n \leq p$. F_0 enthält genau dann einen Haken der Länge p,
falls F_0 selbst ein Haken ist, d.h. F_0 stimmt mit dem Haken F_{11}^λ überein, der zu dem Feld (1,1) gehört.

Dann ist offensichtlich:

$$H_1 = H_1' = F_{11}^\lambda = F_O \quad , \ a = b' = 1 \quad , \ F_a = F_b' = \emptyset \ .$$

Induktionsannahme: Die Behauptungen gelten für $1,2,\ldots,n-1$, wobei $p \le n-1$ ist.

Induktionsschritt:

1. **Fall.** $H_1 = H_1'$: Dann ist $l(H_1) = l(H_1')$ und $F_1 = F_1'$. Somit kann die Induktionsannahme auf $(F_1,\ldots,F_a)$ und $(F_1',\ldots,F_b')$ angewendet werden, was sofort die Behauptung liefert.

2. **Fall.** $H_1 \cap H_1' \neq \emptyset$, $H_1 \neq H_1'$ (siehe nachstehende Skizze):

Sei $H_1 = F_{ij}^\lambda$ und $H_1' = F_{kl}^\lambda$, wobei ohne Einschränkung $i < k$ und daher $j > l$ sei. Außerdem reiche der Haken H_1 bis in die Zeile s und der Haken H_1' bis in die Zeile t. Es gilt $t \ge s$.

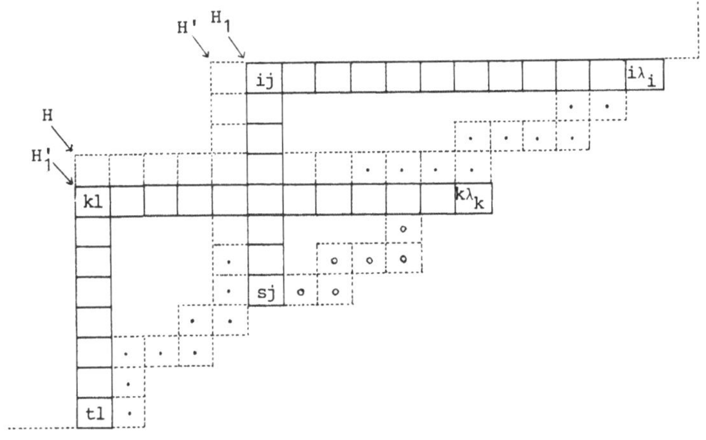

Bezeichnet H den zu dem Feld $(k-1,l)$ gehörenden Haken von $F_1 = F_O \diagdown H_1$ und H'den zu dem Feld $(i,j-1)$ gehörenden Haken von $F_1' = F_O \diagdown H_1'$, so gilt offensichtlich $|H| = |H'| = p$ und für die Beinlängen

$$l(H) = l(H_1') + 1 \quad , \quad l(H') = l(H_1) - 1 \ ,$$

d.h.

$$(*) \qquad l(H_1) + l(H) \equiv l(H_1') + l(H') \quad \mod 2 \ .$$

Wir zeigen jetzt: $\quad (F_O \diagdown H_1) \diagdown H = (F_O \diagdown H_1') \diagdown H' =: F_2^* \ .$

Dies können wir uns an Hand der obigen Zeichnung klar machen, denn die mit "." bzw. "∘" versehenen Felder werden sowohl beim Entfernen von H_1 und H als auch beim Entfernen von H_1' und H' um ein bzw. zwei Felder nach links oben verschoben. (Der Rahmen $F_1 = F_0 \diagdown H_1$ gehört zur Partition

$$(\lambda_1, \ldots, \lambda_{i-1}, \lambda_{i+1}-1, \ldots, \lambda_s-1, j-1, \lambda_{s+1}, \ldots, \lambda_h) \ ,$$

und der Rahmen $F_1' = F_0 \diagdown H_1'$ zur Partition

$$(\lambda_1, \ldots, \lambda_{k-1}, \lambda_{k+1}-1, \ldots, \lambda_t-1, 1-1, \lambda_{t+1}, \ldots, \lambda_h) \ .$$

Daher gehören $F_1 \diagdown H$ und $F_1' \diagdown H'$ zur Partition

$$(\lambda_1, \ldots, \lambda_{i-1}, \lambda_{i+1}-1, \ldots, \lambda_{k-1}-1, \lambda_{k+1}-2, \ldots, \lambda_s-2, j-2, \lambda_{s+1}-1, \ldots,$$

$$\lambda_t - 1, 1 - 1, \lambda_{t+1}, \ldots, \lambda_h) \ .$$

Sei nun $(F_2^*, F_3^*, \ldots, F_u^*)$ eine volle p-Rahmenfolge von F_2^* mit der dazugehörigen Hakenfolge $(H_3^*, \ldots, H_u^*)$. Dann wenden wir die Induktionsvoraussetzung auf die Paare

$$(F_1, F_2, \ldots, F_a) \ , \quad (F_1, F_2^*, \ldots, F_u^*)$$

und

$$(F_1', F_2', \ldots, F_b') \ , \quad (F_1', F_2^*, \ldots, F_u^*)$$

an und erhalten

$$a = u = b \ , \ F_a = F_u^* = F_b' \ ,$$

und

$$\sum_{i=2}^{a} l(H_i) = l(H) + \sum_{i=3}^{a} l(H_i^*) \ , \quad \sum_{i=2}^{a} l(H_i') = l(H') + \sum_{i=3}^{a} l(H_i^*) \ ,$$

woraus sich mit (*) die Behauptung ergibt.

<u>3. Fall.</u> $H_1 \cap H_1' = \emptyset$. Setzen wir $H := H_1'$, $H' := H_1$, so gilt offensichtlich

$$(F_0 \diagdown H_1) \diagdown H = (F_0 \diagdown H_1') \diagdown H' \ .$$

Der Rest verläuft wie im 2. Fall.

<u>Definition</u> 10.37 . Der Rahmen F_a ($= F_b'$) heißt p-Kern des Rahmens F^λ und die zu $F_a = F_b'$ gehörende Partition $\tilde{\lambda}$ heißt p-Kern der Partition λ.

(Wir schreiben $F^{\tilde{\lambda}} = F_a = F'_b$.) a (=b) heißt das Gewicht von λ bzw. F^{λ}.

Bemerkung. 1) Nach Lemma 10.36 sind der p-Kern $\tilde{\lambda}$ und das Gewicht a von λ sowie die Zahl

$$(-1)^{\lambda} := (-1)^{\sum_{i=1}^{a} l(H_i)}$$

unabhängig von der gewählten vollen p-Rahmenfolge.

2) Im Fall $F^{\tilde{\lambda}} = \emptyset$ schreiben wir $\tilde{\lambda} = \emptyset$.

<u>Lemma</u> 10.38 . Sei $c \in \mathbb{N}$ und H ein Haken von F^{λ} mit der Länge cp. Dann stimmen die p-Kerne von F^{λ} und $F^{\lambda} \smallsetminus H$ überein.

Beweis (durch vollständige Induktion nach c). Da der Induktionsanfang c = 1 nach Lemma 10.36 für alle Rahmen klar ist, genügt es zu zeigen, daß man $F^{\lambda} \smallsetminus H$ auch dadurch erhalten kann, daß man von F^{λ} zuerst einen Haken der Länge p und dann noch einen Haken der Länge (c-1)p entfernt oder umgekehrt.

Der Haken H gehöre zum Feld $(i,j) \in F^{\lambda}$, d.h. $H = F_{ij}^{\lambda}$. Wie im zweiten Teil des Beweises von Satz 6.36 betrachten wir die Randfelder $(s,t) \in F^{\lambda}$ mit $s \geq i$ und die Längen $l_{s,t} = 1 + (\lambda_i - t) + (s-i)$ der eventuell "unvollständigen" Haken $K_{s,t}$ mit den Eckfeldern (s,t) , (i,t) und (i,λ_i). Diese Längen $l_{s,t}$ nehmen der Reihe nach die Werte $1,2,\ldots,cp,\ldots$ an, wenn (s,t) die Randfelder von rechts oben nach links unten durchläuft. Es gibt also ein Randfeld (s_o,t_o) mit $l_{s_o,t_o} = p$.

<u>1. Fall</u>: K_{s_o,t_o} ist vollständig. Dann stimmt der zu dem Feld (i,t_o) gehörende Haken H_1 von F^{λ} mit K_{s_o,t_o} überein und hat die Länge p. Außerdem hat der zu dem Feld (s_o,j) gehörende Haken H_2 von $F^{\lambda} \smallsetminus H_1$ die Länge (c-1)p und es gilt:

$$(F^{\lambda} \smallsetminus H_1) \smallsetminus H_2 = F^{\lambda} \smallsetminus H .$$

<u>2. Fall</u>: K_{s_o,t_o} ist unvollständig. Dann hat der zu dem Feld (s_o+1,j) gehörende Haken H'_1 von F^{λ} die Länge (c-1)p und der zu dem Feld (i,t_o) von $F^{\lambda} \smallsetminus H'_1$ gehörende Haken H'_2 die Länge p und es gilt:

$$(F^{\lambda} \smallsetminus H'_1) \smallsetminus H'_2 = F^{\lambda} \smallsetminus H .$$

Damit ist die Behauptung klar. (Die beiden Fälle sind in der folgenden Skizze veranschaulicht, wobei c = 3 und p = 5 gewählt ist, und
die Zahlen $l_{s,t}$ eingetragen sind.)

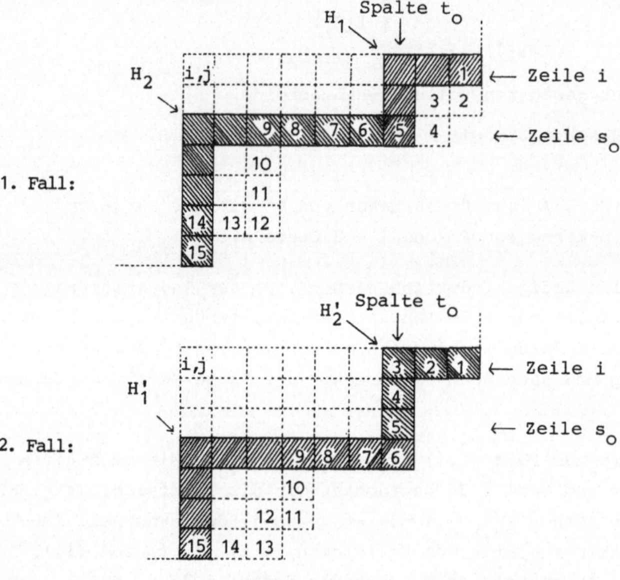

__Satz__ 10.39 . Sei λ eine Partition von n mit dem p-Kern $\tilde{\lambda}$ und dem Gewicht a, z die Anzahl aller vollen p-Rahmenfolgen von λ, und χ_λ der
Charakter eines zu λ gehörenden einfachen $K\mathcal{T}_n$-Rechtsmoduls. Dann gilt
für die a paarweise elementfremden Zyklen

$$\tau_1 = (1,2,\dots,p)\ ,\ \tau_2 = (p+1,p+2,\dots,2p),\dots,\tau_a = ((a-1)p+1,\dots,ap)$$

in $\mathcal{T}_{ap}$ und alle $\pi \in S := \mathcal{T}_{\{ap+1\ ,\ ap+2,\dots,n\}}$:

$$\chi_\lambda(\pi\tau_1\cdot\ \dots\ \cdot\tau_a) = (-1)^\lambda\, z\, \chi_{\tilde{\lambda}}(\pi)$$

($\chi_{\tilde{\lambda}}$ ist der Charakter eines zu $\tilde{\lambda}$ gehörenden einfachen KS-Rechtsmoduls.
Im Fall n = ap ist $\tilde{\lambda}$ = $\emptyset$ und wir setzen S = 1 und $\chi_{\tilde{\lambda}}$ = 1; im Fall a = 0
setzen wir z = 1.)

Beweis. Nach der Rekursionsformel 6.38 von Murnaghan und Nakayama gilt

(*) $$\chi_\lambda\ (\pi\tau_1\cdot\ \dots\ \cdot\tau_a) = \Sigma\ \chi_{\tilde{\lambda}}\ (\pi)\cdot\chi_{H_1}(\tau_1)\cdot\ \dots\ \cdot\chi_{H_a}\ (\tau_a)\ ,$$

wobei über alle Hakenfolgen $(H_1, \ldots, H_a)$ zu summieren ist, die zu
vollen p-Rahmenfolgen gehören. Nach Lemma 6.37 gilt

$$\chi_{H_i}(\tau_i) = (-1)^{l(H_i)} \quad \text{für} \quad i = 1, \ldots, a \ .$$

Somit sind nach Lemma 10.36 alle Summanden in (*) gleich

$$(-1)^\lambda \, \chi_{\tilde{\lambda}}(\pi) \ ,$$

woraus sich die Behauptung ergibt.

__Lemma__ 10.40 . Seien $\tau_1, \ldots, \tau_a$ und S wie in Satz 10.39 und sei
$P = \langle \tau_1, \ldots, \tau_a \rangle$ die von $\tau_1, \ldots, \tau_a$ erzeugte (abelsche) p-Untergruppe
von Υ_n , $H = C_{\Upsilon_n}(\tau)$ der Zentralisator von $\tau := \tau_1 \tau_2 \cdot \ldots \cdot \tau_a$ in Υ_n und
$Q = C_{\Upsilon_{ap}}(\tau)$ der Zentralisator von τ in Υ_{ap}, wobei wir Q, Υ_{ap} und S
als Untergruppen von Υ_n auffassen. Dann gilt:

a) $H = Q \times S.$
b_1) $P \lhd Q$ und b_2) $C_Q(P) = P \ .$

Beweis. a) "$\supseteq$". Trivial.
"$\subseteq$". Sei $\pi \in H$. Dann gilt nach Lemma 6.2
$$\tau_1 \tau_2 \cdot \ldots \cdot \tau_a = \tau = \pi\tau\pi^{-1} = \pi\tau_1\pi^{-1} \cdot \pi\tau_2\pi^{-1} \cdot \ldots \ \pi\tau_a\pi^{-1} =$$
$$= (\pi(1), \pi(2), \ldots, \pi(p)) \ (\pi(p+1), \ldots, \pi(2p)) \cdot \ldots \cdot (\ldots, \pi(ap)) \ .$$

Folglich ist $\{\tau_1, \tau_2, \ldots, \tau_a\} = \{\pi\tau_1\pi^{-1}, \pi\tau_2\pi^{-1}, \ldots, \pi\tau_a\pi^{-1}\}$ und daher

$\pi(\{1, 2, \ldots, ap\}) = \{1, 2, \ldots, ap\}$, $\pi(\{ap+1, \ldots, n\}) = \{ap+1, \ldots, n\}$.
Hieraus folgt "$\subseteq$".

b_1) Klar nach dem Beweis von a).
b_2) "$\supseteq$". P ist abelsch.
"$\subseteq$". Sei $\pi \in C_Q(P)$. Wegen $\pi\tau_i\pi^{-1} = \tau_i$ für $i=1, \ldots, a$ gilt

$$\pi(\{(i-1)p+1, \ldots, ip\}) = \{(i-1)p+1, \ldots, ip\} \quad \text{für} \quad i=1, \ldots, a$$

und es gibt für die Permutationen

$$\pi\big|_{\{(i-1)p+1, \ldots, ip\}} \ , \quad i=1, \ldots, a \ ,$$

höchstens je p Möglichkeiten, woraus sich die Inklusion "$\subseteq$" ergibt.

<u>Lemma</u> 10.41 . Seien H und S wie in Lemma 10.40. Der Träger jedes zentralen Idempotents von RH liegt in S.

Beweis. Ohne Einschränkung sei F algebraisch abgeschlossen (siehe Beweis von Lemma 10.33,b).

Aufgrund von Lemma 10.40,b_1) und b_2) und der Bemerkung vor Lemma 9.10 hat FQ nur einen Block, d.h. Z(FQ) ist lokal und es gilt:

$$Z(FQ) = F \cdot 1_Q \oplus \operatorname{Rad} Z(FQ) .$$

Damit ist die natürliche Abbildung $\alpha : Z(FS) \longrightarrow Z(FH)/J$, wobei J das Ideal $\operatorname{Rad} Z(FQ) \cdot Z(FH)$ bezeichnet, ein F-Algebrenisomorphismus, denn α ist surjektiv und $[Z(FS) : F] = [Z(FH)/J : F]$. Wegen $J \subseteq \operatorname{Rad} Z(FH)$ folgt daraus, daß Z(FS) und Z(FH) die gleiche Anzahl von zentral-primitiven Idempotenten haben, und ebenso Z(RS) und Z(RH). Hieraus ergibt sich wegen $Z(RS) \subseteq Z(RH)$ die Behauptung.

<u>Satz</u> 10.42 (Brauer-Robinson). Seien λ,μ Partitionen von n und χ_λ, χ_μ die zugehörigen irreduziblen Charaktere von $\mathcal{T}_n$. χ_λ und χ_μ gehören genau dann zum gleichen Block von $F\mathcal{T}_n$, wenn die p-Kerne von λ und μ übereinstimmen.

Beweis. "$\Longleftarrow$". Sei $\tilde{\lambda}$ der p-Kern von λ, a das Gewicht von λ und τ , H , S wie in Lemma 10.39. Ohne Einschränkung sei $\tilde{\lambda} \neq \lambda$.
Zu dem in Satz 10.39 auftretenden irreduziblen Charakter $\chi_{\tilde{\lambda}}$ von S existiert ein zentral-primitives Idempotent $\varepsilon \in RS$, so daß $\chi_{\tilde{\lambda}}(\varepsilon) = \chi_{\tilde{\lambda}}(1) \neq 0$. Durch Summation folgt nun aus Satz 10.39

$$\chi_\lambda(\varepsilon\tau) = (-1)^\lambda z \, \chi_{\tilde{\lambda}}(\varepsilon) = (-1)^\lambda z \, \chi_{\tilde{\lambda}}(1) \neq 0 .$$

Da $\tilde{\lambda}$ auch mit dem p-Kern von μ übereinstimmt, erhalten wir analog

$$\chi_\mu(\varepsilon\tau) \neq 0 .$$

Nun ist aber $\tau^p = 1$ und ε nach Lemma 10.41 auch zentral-primitiv in RH. Somit gehören χ_λ und χ_μ nach Satz 10.31 zum gleichen Block von $F\mathcal{T}_n$.

"$\Longrightarrow$". Sei $m \in \mathbb{N}$ und $\mathcal{X}_m$ (wie in § 6) die Menge aller Partitionen von m. Zu einer festen Partition $\varkappa$ mit $\varkappa = \tilde{\varkappa}$ sei $\mathcal{R}_m$ die Menge aller Partitionen von m mit $\varkappa$ als p-Kern.

Da nach oben alle Charaktere χ_α , $\alpha \in \mathcal{R}_n$, zu dem gleichen Block $B_\varkappa$ von $F\mathcal{T}_n$ gehören, genügt es zu zeigen, daß nur diese Charaktere zu $B_\varkappa$ gehören.

Dies ist nun nach Satz 10.32 gleichbedeutend damit, daß

$$\sum_{\alpha \in \hat{R}_n} \chi_\alpha(\pi) \chi_\alpha(\rho) = 0$$

für alle p-regulären Elemente $\pi \in \Upsilon_n$ und alle nicht-p-regulären Elemente $\rho \in \Upsilon_n$.

Das Element $\rho \in \Upsilon_n$ ist genau dann nicht-p-regulär, wenn es einen Zykel enthält, dessen Länge durch p teilbar ist. Sei also $\rho = \sigma\tau$, wobei ohne Einschränkung $\tau = (1,2,\ldots,cp)$ ein Zykel der Länge cp ist und $\sigma \in \Upsilon_{\{cp+1,\ldots,n\}}$.

Zu $\alpha \in \mathcal{K}_n$ bezeichne jetzt $\mathcal{H}_\alpha$ die Menge aller Haken von α, die die Länge cp haben, Setzen wir

$$\mathcal{K}_n' := \{\alpha \mid \alpha \in \mathcal{K}_n , \mathcal{H}_\alpha \neq \emptyset \} ,$$

$$R_\alpha := \{\beta \mid \beta \in \mathcal{K}_{n-cp} , \beta = \alpha \smallsetminus H \text{ für ein } H \in \mathcal{H}_\alpha\} \quad \text{für} \quad \alpha \in \mathcal{K}_n$$

und

$$I_\beta := \{\alpha \mid \alpha \in \mathcal{K}_n , \beta \in R_\alpha\} \qquad \text{für} \quad \beta \in \mathcal{K}_{n-cp},$$

so gilt

$$\mathcal{K}_{n-cp} = \bigcup_{\alpha \in \mathcal{K}_n'} R_\alpha \quad , \quad \mathcal{K}_n' = \bigcup_{\beta \in \mathcal{K}_{n-cp}} I_\beta$$

und wegen Lemma 10.38

$$\hat{R}_n' := \mathcal{K}_n' \cap \hat{R}_n = \bigcup_{\beta \in \hat{R}_{n-cp}} I_\beta .$$

Da ein Haken H von α eindeutig durch α und $\alpha \smallsetminus H =: \beta$ bestimmt ist, dürfen wir für χ_H auch $\chi_{\alpha,\beta}$ schreiben. Damit erhalten wir aus den Orthogonalitätsrelationen 4.13 zusammen mit Satz 6.38

$$O = \sum_{\alpha \in \mathcal{K}_n} \chi_\alpha(\pi) \chi_\alpha(\sigma\tau) = \sum_{\alpha \in \mathcal{K}_n'} \chi_\alpha(\pi) \sum_{\beta \in R_\alpha} \chi_\beta(\sigma) \chi_{\alpha,\beta}(\tau)$$

$$= \sum_{\beta \in \mathcal{K}_{n-cp}} \chi_\beta(\sigma) \sum_{\alpha \in I_\beta} \chi_\alpha(\pi) \chi_{\alpha,\beta}(\tau) .$$

Da diese Gleichung für jedes $\sigma \in \Upsilon_{\{cp+1,\ldots,n\}}$ gilt, ergibt sich aufgrund der linearen Unabhängigkeit der Charaktere $\chi_\beta, \beta \in \mathcal{K}_{n-cp}$, zunächst

$$O = \sum_{\alpha \in I_\beta} \chi_\alpha(\pi) \chi_{\alpha,\beta}(\tau) \quad \text{für alle} \quad \beta \in \mathcal{K}_{n-cp}$$

und daraus wiederum durch Multiplikation mit $\chi_\beta(\sigma)$ und Summation

$$O = \sum_{\beta \in \mathcal{R}_{n-cp}} \chi_\beta(\sigma) \sum_{\alpha \in I_\beta} \chi_\alpha(\pi) \chi_{\alpha,\beta}(\tau) = \sum_{\alpha \in \mathcal{R}_n'} \chi_\alpha(\pi) \sum_{\beta \in R_\alpha} \chi_\beta(\sigma) \chi_{\alpha,\beta}(\tau)$$

$$= \sum_{\alpha \in \mathcal{R}_n'} \chi_\alpha(\pi) \chi_\alpha(\sigma\tau) = \sum_{\alpha \in \mathcal{R}_n} \chi_\alpha(\pi) \chi_\alpha(\rho).$$

Damit ist der Satz vollständig bewiesen.

Literatur

[1]   Boerner, H.: Representations of groups. Amsterdam: North
      Holland Publ. Comp. 1970.

[2]   Conlon, S.B.: Twisted group algebras and their representations.
      J. Austr. Math. Soc. 4, 152-173 (1964).

[3]   Curtis, C.W. und Reiner, I.: Representation theory of finite
      groups and associative algebras. New York: Interscience 1962.

[4]   Dornhoff, L.: Group representation theory, Part A and Part B.
      New York: Dekker 1971.

[5]   Green, J.A.: A transfer theorem for modular representations.
      J. Algebra 1, 73-84 (1964).

[6]   Green, J.A.: Axiomatic representation theory for finite groups.
      J. Pure Applied Algebra 1, 41-77 (1971).

[7]   Green, J.A.: Vorlesungen über Modulare Darstellungstheorie
      endlicher Gruppen. Vorlesungen aus dem Math. Institut Giessen.
      Giessen 1974.

[8]   Hamernik, W.: Group algebras of finite groups - Defect groups
      and vertices. Vorlesungen aus dem Math. Institut Giessen.
      Giessen 1974.

[9]   Hamernik, W.: Indecomposable modules with cyclic vertex.
      Math. Z. 142, 87-90 (1975).

[10] Kasch, F.: Darstellungstheorie von Gruppen. Seminarausarbei-
      tung. Univ. München. WS 1966/67.

[11] Kasch, F.: Moduln und Ringe. Stuttgart: Teubner 1976.

[12] Littlewood, D.E.: The theory of group characters. Oxford:
      Clarendon Press 1950.

[13] Meier, N. und Tappe, J.: Ein neuer Beweis der Nakayama-
      Vermutung über die Blockstruktur symmetrischer Gruppen.
      Bull. London Math. Soc. 8, 34-37 (1976).

[14]   Michler, G.O.: Blocks and centers of group algebras. S. 429-
         563 in "Lectures on rings and modules". Lect. Notes in Math.
         246. Berlin-Heidelberg-New York: Springer 1972.

[15]   Michler, G.O.: Green correspondence between blocks with
         cyclic defect groups. In "Proceedings of the international
         conference on representations of algebras". Carleton Math.
         Lect. Notes 9. Ottawa 1974.

[16]   Müller, W.: Unzerlegbare Moduln über artinschen Ringen.
         Math. Z. 137, 197-226 (1974).

[17]   Puttaswamaiah, B.M. und Dixon, J.D.: Modular representations
         of finite groups. New York, Academic Press 1977.

[18]   Robinson, G. de B.: Representation theory of the symmetric
         group. Toronto, University of Toronto Press 1961.

[19]   Serre, J.P.: Lineare Darstellungen endlicher Gruppen.
         Braunschweig: Vieweg 1972.

[20]   Weyl, H.: The classsical groups. Princeton: Univ. Press 1946.

Ausführliche Zusammenstellungen von Originalarbeiten zur Darstellungstheorie sind beispielsweise in den oben angegebenen Lehrbüchern von
Curtis und Reiner [3], Dornhoff [4] und Puttaswamaiah und Dixon [17]
enthalten.

Symbole

Index

Einführung in die harmonische Analyse

Von Prof. Dr. rer. nat. W. SCHEMPP, Universität Siegen (Gesamthochschule), und Priv.-Doz. Dr. sc. math. B. DRESELER, Universität Siegen (Gesamthochschule)

1980. 300 Seiten mit 3 Bildern, 205 Aufgaben und 116 Beispielen.
(Mathematische Leitfäden)
Kart. DM 48,—

Der Inhalt dieses neuen Lehrbuchs gliedert sich in zwei Teile. Der erste Teil (Kapitel I und II) behandelt die Theorie der Fourier-Reihen und Fourier-Integrale in mehreren Variablen etwa in dem Umfang, wie sie für Anwendungen (z. B. in der mathematischen Physik) benötigt werden. Die grundlegenden Begriffe sind so gefaßt, daß ihre Erweiterungsfähigkeit auf den Fall beliebiger lokalkompakter topologischer Gruppen deutlich wird. Ausgehend von der Konstruktion des Haar-Maßes führt der zweite Teil (Kapitel III bis V) an die harmonische Analyse auf nichtkommutativen lokalkompakten Gruppen heran. Dabei werden besonders die Beziehungen zu den speziellen Funktionen der mathematischen Physik (Kugel-Funktionen, Bessel-Funktionen) herausgearbeitet.

Aus dem Inhalt: Harmonische Analyse auf den kompakten Torusgruppen / Harmonische Analyse auf dem n-dimensionalen reellen euklidischen Raum $\mathbf{R}^n$ / Das Haar-Maß auf lokalkompakten topologischen Gruppen / Harmonische Analyse auf kompakten topologischen Gruppen / Harmonische Analyse zu Gelfand-Paaren

Methode der finiten Elemente

Eine Einführung unter besonderer Berücksichtigung der Rechenpraxis

Von Prof. Dr. sc. math. H. R. SCHWARZ, Universität Zürich

1980. 320 Seiten mit 155 Bildern, 49 Tabellen und zahlreichen Beispielen.
(Leitfäden der angewandten Mathematik und Mechanik, Bd. 47 — Teubner Studienbücher)
Kart. DM 29,80

Mit der gewählten Darstellung im vorliegenden Lehrbuch soll eine einfache aber anwendungsorientierte Einführung in die Methode der finiten Elemente vermittelt werden mit der Zielsetzung, die konkreten Hilfsmittel bereitzustellen, um Probleme der Physik und Technik bearbeiten zu können. Aus diesem Grund ist der Bogen gespannt worden von der effizienten Berechnung der Elementmatrizen und der Aufstellung der algebraischen Systeme bis zur praktischen Lösung der großen linearen Gleichungssysteme und der Eigenwertaufgaben. Die Beispiele mit vollständigen Ergebnissen sollen die Methoden illustrieren.

Aus dem Inhalt: Mathematische Grundlagen, Extremalprinzipien / Elemente und Elementmatrizen, praktische Berechnung, Formfunktionen, krummlinige Elemente / Kompilation der Gesamtmatrizen, optimale Numerierung, Kondensation / Rechentechniken zur Lösung der großen linearen Gleichungssysteme, direkte und iterative Methoden / Behandlung der Eigenwertaufgaben / Praxisbezogene Beispiele, repräsentative Anwendungen mit Resultaten

Preisänderungen vorbehalten

B. G. Teubner Stuttgart

Lehrbuch der Algebra
Unter Einschluß der linearen Algebra

Von Prof. Dr. rer. nat. G. SCHEJA, Universität Tübingen, und Prof. Dr. rer. nat. U. STORCH, Universität Osnabrück

Das Buch bietet eine einheitliche Einführung in die Grundlagen der Algebra, welche die vielfach noch übliche Trennung des Stoffes in Lineare Algebra, Lineare Geometrie, Modultheorie und Klassische Algebra aufhebt. Es soll vom Lernenden der Mathematik und Physik von Anfang an für das Grundstudium benutzt werden.

In den beiden ersten Teilen des Buches werden die Grundbegriffe der Algebra in aufeinander aufbauenden Kapiteln mit der gebotenen Ausführlichkeit und Allgemeinheit abgehandelt.

Der dritte Teil des Buches ist eine Sammlung von in sich geschlossenen Anhängen zu den Kapiteln der ersten beiden Teile. Diese Anhänge behandeln weiterführende Themen und dienen dem vertiefenden Selbststudium und der Seminararbeit im zweiten und dritten Studienjahr. Die ersten beiden Teile sind unabhängig vom dritten Teil.

Teil 1: 1980. 408 Seiten mit 15 Bildern, 254 Beispielen und 579 Aufgaben. (Mathematische Leitfäden) Kart. DM 48,—

Aus dem Inhalt des ersten Teiles

Grundbegriffe der Mengenlehre: Äquivalenzrelationen / Ordnungsrelationen / Induktions-Methoden / Kardinalzahlen / Mächtigkeit unendlicher Mengen

Gruppen und Ringe: Primfaktorzerlegung rationaler Zahlen / Gruppen / Untergruppen / Indexsätze / Zyklische Gruppen / Ringe / Divisionsbereiche

Moduln und Algebren: Moduln und Vektorräume / Untermoduln / Ideale / Lineare Gleichungen / Basen / Dimension von Vektorräumen / Freie Moduln / Assoziative Algebren / Strukturkonstanten

Homomorphismen von Gruppen und Ringen: Isomorphismen und Homomorphismen / Restklassengruppen / Restklassenringe / Operieren von Monoiden

Homomorphismen von Moduln: Rangsatz / Restklassenmoduln / Ringe und Moduln mit Kettenbedingungen / Zerlegung in direkte Summen / Matrizen-Kalkül / Dual und Bidual / Exakte Sequenzen / Affine Räume

Determinanten: Permutationen / Multilineare Abbildungen / Determinanten-Kalkül / Entwicklungssätze / Cramersche Gleichungssysteme / Norm bei Algebren

Teil 2: In Vorbereitung. ca. 400 Seiten (Mathematische Leitfäden)

Aus dem Inhalt des zweiten Teiles

Kommutative Algebra (Polynomringe, Nullstellen von Polynomen, Primfaktorzerlegung) / Lineare Operatoren (Zerlegungssätze, Eigenwerttheorie) / Dualitätstheorie (Quadratische und hermitesche Formen, Räume mit Skalarprodukt) / Körpertheorie (Körpererweiterungen, Galois-Theorie) / Multilineare Algebra (Tensorprodukt, Graßmann-Algebra)

Teil 3: In Vorbereitung (Mathematische Leitfäden)

Anhänge zu den Kapiteln der Teile 1 und 2. Einzelthemen über Gruppentheorie, Strukturtheorie von Ringen und Moduln, Zahlentheorie, Lineare Geometrie, Kommutative Algebra, Algebraischen Geometrie u. a. m.

Preisänderungen vorbehalten

B. G. Teubner Stuttgart

Teubner Studienbücher

Mathematik Fortsetzung

Krabs: **Optimierung und Approximation**
208 Seiten. DM 26,80

Müller: **Darstellungstheorie von endlichen Gruppen**
IX, 211 Seiten. DM 24,80

Rauhut/Schmitz/Zachow: **Spieltheorie**
Eine Einführung in die mathematische Theorie strategischer Spiele
400 Seiten. DM 28,80 (LAMM)

Schwarz: **Methode der finiten Elemente**
320 Seiten. DM 29,80 (LAMM)

Stiefel: **Einführung in die numerische Mathematik**
5. Aufl. 292 Seiten. DM 26.80 (LAMM)

Stiefel/Fässler: **Gruppentheoretische Methoden und ihre Anwendung**
Eine Einführung mit typischen Beispielen aus Natur- und Ingenieurwissenschaften
256 Seiten. DM 25,80 (LAMM)

Stummel/Hainer: **Praktische Mathematik**
299 Seiten. DM 28,80

Topsøe: **Informationstheorie**
Eine Einführung. 88 Seiten. DM 14,80

Velte: **Direkte Methoden der Variationsrechnung**
Eine Einführung unter Berücksichtigung von Randwertaufgaben bei partiellen
Differentialgleichungen. 198 Seiten. DM 26,80 (LAMM)

Walter: **Biomathematik für Mediziner**
148 Seiten. DM 15,80

Witting: **Mathematische Statistik**
Eine Einführung in Theorie und Methoden. 3. Aufl. 223 Seiten. DM 26,80 (LAMM)

Preisänderungen vorbehalten